科学出版社"十四五"普通高等教育本科规划教材

食品科学与工程类系列教材

# 食品安全管理学

罗云波 吴广枫 主编

科 学 出 版 社

北 京

# 内 容 简 介

本书围绕食品安全管理的基础知识展开介绍,以食品安全基本概念作为铺垫引入当下我国乃至全球食品安全管理体系建立的背景,进一步分别从食品安全法律法规体系、食品安全标准体系和食品安全风险分析体系等 10 个不同方面对食品安全管理支撑体系展开介绍,随后介绍食品安全管理成效的现状、评价方法和国际标准化组织管理体系。此外,总结了良好操作规范与卫生标准操作程序和危害分析与关键控制点的主要内容。最后落脚到食品安全社会共治层面,针对参与食品安全管理各方资源的合理配置进行讨论,以更好地实现食品安全水平的升级。

本书可作为食品科学、食品安全和管理学等相关专业广大师生的参考教材,同时也可作为食品安全管理学研究人员的参考书和公众的科普读物。

**图书在版编目(CIP)数据**

食品安全管理学 / 罗云波,吴广枫主编. —北京:科学出版社,2023.6
科学出版社"十四五"普通高等教育本科规划教材 食品科学与工程类系列教材
ISBN 978-7-03-075546-9

Ⅰ. ①食… Ⅱ. ①罗… ②吴… Ⅲ. ①食品安全-安全管理-高等学校-教材 Ⅳ. ①TS201.6

中国国家版本馆 CIP 数据核字(2023)第 085000 号

责任编辑:席 慧 韩书云 / 责任校对:严 娜
责任印制:吴兆东 / 封面设计:蓝正设计

**科学出版社** 出版
北京东黄城根北街 16 号
邮政编码:100717
http://www.sciencep.com

三河市春园印刷有限公司印刷
科学出版社发行 各地新华书店经销

\*

2023 年 6 月第 一 版 开本:787×1092 1/16
2024 年 7 月第三次印刷 印张:12 1/4
字数:314 000
**定价:49.80 元**
(如有印装质量问题,我社负责调换)

# 《食品安全管理学》编写人员名单

**主　编**　罗云波（中国农业大学）

　　　　　吴广枫（中国农业大学）

**副主编**　程　楠（中国农业大学）

　　　　　唐春红（重庆工商大学）

　　　　　梁志宏（中国农业大学）

**编写人员**（按姓氏汉语拼音排序）

　　　　　陈　思（国家食品安全风险评估中心）

　　　　　程　楠（中国农业大学）

　　　　　程菲儿（山西农业大学）

　　　　　冯　敏（重庆工商大学）

　　　　　郭明璋（北京工商大学）

　　　　　梁志宏（中国农业大学）

　　　　　罗云波（中国农业大学）

　　　　　祁潇哲（国家粮食和物资储备局标准质量中心）

　　　　　商　颖（昆明理工大学）

　　　　　石　慧（西南大学）

　　　　　唐春红（重庆工商大学）

　　　　　王蔚然（中国航天员科研训练中心）

　　　　　吴广枫（中国农业大学）

　　　　　徐瑷聪（北京工业大学）

　　　　　朱龙佼（中国农业大学）

# 前 言

安全的概念古已有之，所谓"无危则安，无缺则全"，也就是没有危险，并追求尽善尽美、万无一失。事实上，这种绝对化的安全是不存在的，审时度势、鉴机识变的动态安全才是常态。食品安全管理学就是研究动态安全的科学，旨在保障整个食物供给系统的有序运转，确保系统中各方免遭不可承受风险的伤害，具体展现结果是消费者的食品安全和消费安全感。

为了达成此主旨，政府作为食品安全的管理者，需要选用科学的安全决策技术和策略，来确定食品安全行动方案，同时因地制宜、与时俱进，根据不断变化的复杂情况，制定出最具可操作性的备选方案，最终在多个方案的比较中，获得切实有效的食品安全保障举措；更重要的是力保安全管理措施落地后的效果，食品安全管理通过全过程管理模式实现对结果的把控。企业作为安全食品的生产经营者，是食品安全链条上最重要且最需要建立安全管理责任意识的主体，需要更多地发挥产业链价值，采用系统的管理体系和操作规范来控制各个环节的安全风险，提高企业的食品安全管理水平。此外，还有其他利益相关方作为食品安全社会共治的参与者，需要从旁观者的角色转变成为合作者的角色，共同努力管好"舌尖上的安全"。当然，安全有限度，管理有边界，食品安全管理的内核应该是风险管理，当风险低于某个阈值时，就可认为是安全的，而不是盲目地追求并不存在的绝对安全。

本书依据不同角色分为上、中、下三个篇章，上篇为政府的食品安全管理，中篇为食品企业的食品安全管理，下篇为其他利益相关方的食品安全社会共治。教材内容涉及食品安全管理体系、食品安全管理支撑体系、食品安全管理成效评价体系、国际标准化组织管理体系和社会共治等内容，力求宏观着眼，细微入手，追求实用、真实、高效，努力用浅显朴素的文字把盘根错节的知识归纳得简单明了，讲清楚每一个概念的诞生和演变，每一个名词的内涵和外延，把理论的意义，以及与其他领域和后续理论的联系讲清楚。每章末的思考题，试图通过问题设计，给读者建立食品安全管理的分场景和分镜头的现场感。

每一位编者开放又谨慎，毕竟这是教材，是帮助学生树立食品安全管理价值观的重要载体，打基础的时候根正苗壮方能枝繁叶茂。本书中的每一个知识点、每一个二维码、每一个思考题都凝结着编者反复推敲的心血。在编写过程中，大家默契地认为，写给学生的教材，要舍弃信马由缰的孤芳自赏，要摒弃惜墨如金的故弄玄虚，不要让学生费时费力去猜、去悟，必须做到文字清晰准确，看得明白。每个章节前面有内容提要做内容导览，遇到生涩术语有来龙去脉的说明，或者有生动形象的比喻。

当然，通俗易懂还要兼顾深度和广度，食品安全管理的门槛低、天花板高，为素来讲究深入浅出的教材编写提供了足够大的空间和挑战。本书同时还融入了编者的经验阅历和独立思考，以期让学生此刻的学习训练能够为未来工作夯实基础，学会依据国家法律和标准、采用危害分析与关键控制点等食品安全控制技术，在食品生产、餐饮服务和食品流通等活动中，对食品安全风险进行精准控制。

事实上，绝大部分一直没改行的食品工程师和技术人员，后来都会成为不同层级的行业管理者，食品安全管理将是其工作中最关键和棘手的问题。坦率地说，食品安全管理者的素质和担当，是食品安全管理学中最大的变量，一只绵羊率领 100 只雄狮，或许还斗不过一只雄狮率领的 100 只绵羊。管理就是把事情做好，领导力就是把事情越做越好，食品安全管理亦然。

至于食品安全管理者的必备素质，本书里没有专门立章节阐述，但我想在这里做一个补充和强调。在食品安全管理体系中，管理者"为政以德，譬如北辰，居其所而众星共之"，毋庸置疑，我认为责任和担当是食品安全管理者最宝贵的素质。食品安全管理者担负着国家赋予的责任，担责任，始成长；尽责任，方进步。可以想见，有责任心、勇于担当者会做出更大贡献，同时获得更多的发展机会。所谓成就和担当同在，能承担多少责任，为食品安全事业奉献多少，决定了能站在多高处，拥有多大的成就。

感谢看到本书的同道，我们在这里以这样的方式遇见，期待着年轻学子茁壮成长，成为国之栋梁，共祝愿食品安全管理学在中国日臻完善、发展壮大。

希望使用本书的老师，批判性地发挥教材的力量，培养学生的创新能力，在课堂实践中帮助教材逐年完善提高。另外，本书内容兼顾了专业性与科普性，希望不只是高校学生，普通读者也能够在阅读中获益。

编　者

2023 年 1 月

# 目　录

前言

## 上篇　政府的食品安全管理

## 中篇　食品企业的食品安全管理

## 下篇　其他利益相关方的食品安全社会共治

## 教学课件索取单

　　凡使用本书作为教材的主讲教师，可获赠教学课件一份。欢迎通过以下两种方式之一与我们联系。

**1. 关注微信公众号"科学 EDU"索取教学课件**
　　关注→"教学服务"→"课件申请"

科学 EDU　食品专业教材最新书目

**2. 填写教学课件索取单，拍照发送至联系人邮箱**

| 姓名： | | 职称： | | 职务： |
|---|---|---|---|---|
| 学校： | | 院系： | | |
| 电话： | | 本课程学生数： | | |
| 电子邮箱（重要）： | | | | |
| 所授其他课程： | | | 学生数： | |
| 课程对象：□研究生　□本科（＿＿＿年级）□其他＿＿＿ | | | 授课专业： | |

联系人：席　慧　　　　咨询电话：010-64000815　　　　回执邮箱：xihui@mail.sciencep.com

# 上 篇
## 政府的食品安全管理

# 第一章 食品安全管理体系

**【本章内容提要】**食品安全管理是近年来新兴的研究领域，该学科立足于食品科学基本规律，同时借鉴现代管理学理念，属于食品科学与管理科学的交叉学科。由于食品安全的特殊属性，食品安全管理和一般工程管理又有所不同，主要体现在：食品安全管理是依法管理；食品安全管理是动态式（循环上升式）管理；食品安全各利益相关方通过社会共治共同参与食品安全管理。随着国内食品安全监管体系的不断完善，适合我国特殊国情和文化背景的管理思想、理念、方法和手段逐步形成，各基础科学理论在食品安全领域的应用也极大地促进了食品安全管理理念的发展。随着经济的发展，食品安全管理水平也必须与时俱进地不断改进，以提高政府公信力、实现社会资源的合理配置，有助于促进国际贸易，维护国家权益。

## 第一节 食品安全

根据《中华人民共和国食品安全法》，食品是指各种供人食用或者饮用的成品和原料，以及按照传统既是食品又是中药材的物品，但是不包括以治疗为目的的物品。我国国家标准《食品工业基本术语》（GB/T 15091—1994）中对食品的定义为：可供人类食用或饮用的物质，包括加工食品、半成品和未加工食品，不包括烟草或只作药品用的物质。

广义角度的食品还包括加工食品的原材料，食品原材料在种植、养殖过程中接触的农业投入品和环境，食品添加物，直接或间接接触食品的包装材料、设备设施等。由此可见，食品不仅自身种类繁多，相关的行业链条上也涉及众多利益相关方。人类社会发展的多个方面都能通过食物供给链映射到食品安全上，时至今日，食品安全性的问题已远远超越了传统的食品卫生或食品污染的范畴，而成为自然科学和社会科学所共同关心的问题。

### 一、食品安全的定义

食品安全的概念最早出现在 1974 年联合国粮食及农业组织在罗马召开的世界粮食大会上，当时主要强调的是食品数量供给的安全。1996 年，世界卫生组织将食品安全定义为"任何人在任何时候均能切实地获得充分、安全且营养的粮食，以满足其饮食和健康生活需求"，这表明国际社会对食品安全问题的研究兼顾数量安全（food security）和质量安全（food safety）。

广义上的食品安全可分为 3 个层次：①食品数量安全，是指一个国家或地区能够保障民众基本生存对膳食的需求；②食品质量安全，是指提供的食品在营养卫生方面能满足和保障人群的健康需要；③食品可持续安全，是指从发展的角度要求食品的获取需要注重生态环境的良好保护和资源可持续利用。

目前，全球大多数国家食物的供应量基本能够满足其国民的需要，因此，狭义的食品安全主要指的是食品"质"的安全。国际社会已经基本对食品安全概念形成共识：食品的种植、养殖、加工、包装、储藏、运输、销售、消费等活动符合国家强制标准和要求，不存在可能损害或威胁人体健康的有毒有害物质而导致消费者生病甚至死亡，或者危及消费者及其后代的隐患。按照《中华人民共和国食品安全法》对食品安全的定义，食品安全是指食品无毒、无害，符合应当有的营养要求，对人体健康不造成任何急性、亚急性或者慢性危害。

综上，食品的安全至少应满足以下基本要求：首先，无毒、无害是安全食品的必备条件，也就是说，在正常的食用条件下，正常人摄入该食品不会对其身体造成任何的伤害。但需注意的是，无毒、无害不是绝对意义上的，而是指不能超过国家规定的限量标准。其次，安全的食品应当有一定的营养价值，要包含人体代谢所需要的水、蛋白质、脂肪、碳水化合物、维生素、矿物质等基本营养素。最后，安全的食品不应对人体造成任何急性、亚急性和慢性危害。

## 二、食品安全的属性

由上述食品安全的定义可知，食品安全承载了丰富的内涵和外延。由于食品安全本身的特点，食品安全管理和一般行业管理又有所不同。把握以下4个方面的食品安全属性对于食品安全管理的准确定位至关重要。

### （一）食品安全的综合属性

通过比较食品安全与食品营养、食品卫生或食品质量等相关概念可以发现，食品安全包括的内容相对较宽，涉及食物种植、养殖及加工、包装、贮运、销售一直到消费的所有环节，而食品卫生、食品营养和食品质量中的任何一个概念均无法涵盖其他概念，或涵盖上述的所有环节。另外，这4个概念也存在许多交叉。例如，食品中蛋白质含量达不到营养标签中标示的含量，这类问题首先是一个食品质量和食品营养问题，然而，具体到婴幼儿配方乳粉时，由于目标人群的膳食组成单一、对蛋白质的需求量大，蛋白质含量不足将导致不可逆的身体损害，这样一来，看似简单的食品质量和食品营养问题就变成了食品安全问题，需要在食品安全工程的框架范围内予以解决。

### （二）食品安全的时空属性

食品安全具有典型的时空属性，在不同的国家或者经济社会和文化发展的不同时期，食品安全所要解决的突出问题和治理要求相去甚远。在大多数的发达国家，农业生产和食品工业中常常会引入新技术、新工艺和新材料，这些创新措施的应用有可能导致食品被污染，其中以微生物为主的生物污染占很大比例，多呈现散在、偶发的特点。在经济快速发展的发展中国家，则同时存在着化学污染和生物污染。一方面，由于经济发展速度与环境承载能力之间的矛盾，环境污染加剧，以重金属和其他环境污染物为主的有害因素严重影响到农产品安全；另一方面，则是市场经济发育不成熟所引发的问题，如违规使用农业投入品、违规使用食品添加剂、假冒伪劣、非法生产经营等。在欠发达国家，食物短缺的现象时有发生，食品领域的主要矛盾是生存需求和食品供给不足之间的矛盾，食品质量安全问题大多还没有被提上议事日程。

### （三）食品安全的政治属性

联合国粮食及农业组织的《罗马宣言》指出：人人享有获取安全和富有营养的食物的权利。

而生命权和温饱权是公民最基本的生存权，从这个意义上来讲，食品安全与生存权紧密相连，体现出鲜明的唯一性、强制性，政府有责任监督和保障公民获得这种权利。近年来，我国清理、整合了各类与食品安全相关的标准，统一发布为国家食品安全标准并强制执行，该举措很好地体现了食品安全的政治属性。在全球范围内，无论一个国家或地区的经济社会发展处在何种水平，政府对社会最基本的责任和必须做出的承诺都包含了食品安全，这样的制度安排是社会发展的基石。相比之下，食品的食用品质、营养价效等则与发展权有关，具有层次性和选择性，取舍灵活，通常属于商业活动的范畴，政府可通过政策引导促进产业升级。例如，制定水果分级标准时，通常根据水果尺寸和糖酸比等质量或理化营养指标分级，优质优价，而农药残留、重金属和真菌毒素等安全指标并不适合作为分级的依据。这是因为，所谓"分级"是针对食品质量（商业价值）的一种操作，而安全是对所有准入食品的统一要求。

### （四）食品安全的法律属性

保障公民获得安全食品的权益是政府的职责所在，这种保障通常通过立法来实现。例如，美国《联邦食品、药品和化妆品法》（Federal Food, Drug and Cosmetic Act，FFDCA）为食品安全管理提供了框架和基本原则，是所有涉及食品安全立法的核心。美国涉及食品安全的法律法规还有《食品质量保护法》《公共卫生服务法》《反生物恐怖法》《联邦肉类检验法》《蛋类产品检验法》《禽类及禽产品检验法》《联邦杀虫剂、杀真菌剂和灭鼠剂法》及食品药品监督管理局（Food and Drug Administration，FDA）的《食品安全现代化法案》等。这些法律法规确立的指导原则和具体操作标准与程序涉及食品质量监督、疾病预防和事故应急等，使得食品安全管理措施有法可依。自19世纪80年代以来，食品安全立法领域的趋势是以食品安全的综合立法替代卫生、质量和营养等要素立法，如将《中华人民共和国食品卫生法》《中华人民共和国食品质量法》或《中华人民共和国农产品质量法》等法律法规升级为综合型的《中华人民共和国食品安全法》，这种做法反映了时代发展的要求（罗云波和吴广枫，2008）。1990年，英国颁布了《1990年食品安全法》（Food Safety Act 1990），取代了1984年颁布的《1984年食品法》（Food Act 1984）。该法案是首部以"食品安全"命名的法律，内容涵盖食品制造和加工，以及存储、物流和销售各个环节，包含进出口食品安全监管，成为英国食品安全法律体系演进的里程碑，为构建现代食品安全法律法规体系创立了新框架。1999年，英国颁布了《1999年食品标准法》（Food Standards Act 1999），并于同年成立食品标准管理局。2000年，欧盟《食品安全白皮书》正式发表，该白皮书对欧盟各成员国食品安全监管体系的构建具有指导意义。2003年，日本《食品安全基本法》颁布执行。2009年，我国废止了原有的《中华人民共和国食品卫生法》，颁布了《中华人民共和国食品安全法》，并于2015年对该法进行了第一次修订，2018年进行了第一次修正，2021年进行了第二次修正。

二维码1-1

　　2019年2月24日，中共中央办公厅、国务院办公厅印发了《地方党政领导干部食品安全责任制规定》，并发出通知，要求各地区各部门认真遵照执行，全文内容见二维码1-1。

## 第二节　食品安全管理理念

食品安全问题，始于科学而终于管理。科技的进步让人们认识到食品安全问题的科学本质，而管理则是通过机制运作力求将食品安全问题限定在可控的范围之内。近年来，随着市场经济的蓬勃发展和管理研究的日益深入，随着国内各级各类食品安全工作的开展，科研工作者对食品安全管理方法进行了不断创新与改进，逐步形成了适合我国特殊国情和文化背景的管理思想、理念、方法和手段，促进了我国食品安全管理学的发展。除了较为基础的食品安全质量管理体系，人们还通过对食品生产过程的微观研究，确立了以预防为主的风险分析管理理念。在宏观上，人们通过综合分析社会不同主体的行为策略，形成了"系统论""食品市场失灵论""赋能催化博弈论"等现代食品安全管理理念。食品安全管理逐渐趋向于进入系统化、工程化的全面综合治理阶段。

## 一、食品安全管理理论体系的构建

食品安全管理的基础理论根植于那些具有稳定性和普遍性特点的基础理论原理，包括食品科学、环境科学、农业科学、工程学、管理学、经济学、社会学、法学及心理学等。除食品科学基础理论之外，这些基础理论并不是必然与食品安全发生联系，然而，在我国食品安全管理实践中，这些基础理论的某些分支或派生出的方法和技术却发挥了重要的作用。

以管理学为例，公共管理是管理学的重要分支，内容包括政府管理、行政管理和公共政策等。公共管理以社会公共事务作为管理对象，如公共资源和公共项目、社会问题等。食品安全问题与公民的基本生存权利相关，归在公共管理学科的研究对象范围之内。公共管理的基本理念和研究方法在食品监管体制机制的构建等领域已经得到了广泛的应用。

行为科学是管理学的另一个特殊分支，它通过应用心理学、社会学、人类学及其他相关学科的成果，对人的心理活动开展研究，掌握人们行为产生、发展和相互转化的规律，以便预测人的行为和控制人的行为。行为科学强调以人为中心的管理，把人的因素作为管理的首要因素，恰好与食品安全管理以人为本的理念相契合。行为科学管理理论中的群体行为理论通过掌握群体心理研究和解释群体行为，对于食品安全舆情分析和食品安全风险交流策略的制订有重要的指导意义。

管理学中的质量管理理论已被广泛应用于食品生产企业质量管理体系的构建，危害分析与关键控制点（HACCP）、ISO9000、ISO22000、良好操作规范（GMP）等质量管理体系建设已成为规模化和规范化食品生产企业的标配。质量管理理论所涉及的标准化生产、质量检验机制等，早已成为食品领域被广泛认可的通用做法。

各基础科学理论在食品安全领域的应用极大地促进了食品安全管理学科的发展。鉴于食品安全问题的复杂性，在面对食品安全管理的具体问题时，现有的学科构成仍然有可能出现顾此失彼的情况。由此可以预见，未来食品安全管理学科的构成将会有更多的拓展和外延。

## 二、系统论下的食品安全管理

食品安全管理是一项包括食品企业、政府和消费者三方在内的系统工程。上文分别从政府和企业的单方视角说明了食品安全管理中政府监管方法的不断变革及食品企业现行的多种质量管理体系。然而，不同角色间的分散管理难以解决日益复杂、花样层出的食品安全问题，需要人们从食品安全管理的整体性出发，充分协调好企业、政府和消费者在其中的责任关系。系统论的概念最早是由奥地利生物学家贝塔朗菲在一次哲学讨论会上提出的。他认为应该把生物的整体及环境作为一个系统来研究，同时他指出系统论的一个重要定律是：整体大于各个孤立部分的总和，总体功能不是各个要素功能的简单相加，而是一种特定的功能。该思想在随后的科学实践中被各国科学家不断完善，并逐渐被人们理解并接受，形成了成熟统一的理论成果。我国科学家钱学森将系统论的概念容纳到系统科学中，在充分吸收国外先进研究经验的基础上，根据我国的国情加以改造创新，最终形成了符合中国国情的系统论思想。目前，系统论在我国食品安全管理上的应用主要包括：食品质量安全监管系统模型的构建、基于系统论的食品安全法律治理研究与基于系统论的食品安全预警机制研究。

## （一）食品质量安全监管系统模型的构建

如果人们把食品安全监管作为一个整体系统进行研究，那么食品企业、政府、消费者即可认为是其中的三个子系统。这三个子系统之间是紧密相连的，任何一个子系统在系统中的有效运行都与其他要素相关：比如，从政府的角度出发，其监管目标是规范企业的生产经营活动，提高食品企业的生产力水平与管理水平，保障消费者的健康和权益。同时，政府也受到食品安全企业和消费者的监督；而从食品企业的角度出发，在进行生产经营谋求利益最大化的同时还要受到政府的监管、消费者的要求及社会舆论各方面的限制。政府的监管属于强制性行为，而消费者和舆论的要求会影响到企业在市场中对客户资源的竞争，二者缺一不可。另外，三个子系统之间除了相互联系，还存在着统一性，即系统的整体性能。三个子系统在实现各自目标的过程中应以系统目标为主，综合考虑长远利益与眼前利益，兼顾总体目标与个体目标。同时，子系统的功能是整体系统功能的基础。为了从整体上提升监管效果，政府应提高人力资源、技术支撑等方面的能力，企业要提高质量安全管理水平，消费者要提高消费意识等。此外，要充分发挥系统的整体功能还需保持系统要素的合理组合。

## （二）基于系统论的食品安全法律治理研究

由于影响食品安全的因素众多，可能涉及食品生产、加工、运输和消费的各个环节，因此食品安全的管理是一项复杂的系统工程。将系统论应用于食品安全法的实践研究中，不仅可以使现有的法律结构更加清晰完整，还可以增强食品安全法律治理实践的预见性和可操作性。早在 2008 年，时任国家主席胡锦涛在和钱学森教授的交流中就强调了系统论对于法律治理的优越性，并鼓励我国开展系统论的相关管理研究工作。而着眼当前，我国食品安全相关的法律仍处于完善之中，不良商家乘机钻法律的漏洞，也造成了食品安全的治理难题（详见二维码1-2）。因此，对于系统论下的法律治理研究仍需不断完善。系统论视角下，当前我国食品安全法律的不足之处主要有以下三个方面。

二维码1-2

### 1. 我国食品安全法律治理机制的整体性不强

系统论认为，系统是由要素组成的有机统一体，而整体性是系统最基本的特性。在我国的食品安全法治系统中，《中华人民共和国食品安全法》是系统的核心要素，虽然经历了不断的修订和完善，但仍然有待完善。另外，《中华人民共和国食品安全法》与其他法律的协调关系有待改善。《中华人民共和国食品安全法》的修订草案中新增的行政许可、行政处罚与现有的《中华人民共和国行政许可法》和《中华人民共和国行政处罚法》可能存在一定的冲突，需要法律间进行协调。此外，配套的行政法规和地方性法规的立法进程相对滞后。例如，保健食品监管的相关配套法规至今没有出台，《中华人民共和国食品安全法》授权省级人民代表大会常务委员会制定食品生产加工小作坊和食品摊贩的具体管理办法，有些省份一直尚未制定。

**2. 我国食品安全法律治理机制的开放性不够**

系统论认为，每一个具体的系统都与其他系统处于相互联系和相互作用之中。任何系统只有开放，与外界保持信息、能量和物质交换，才能趋于有序，保持活力，否则系统不能得到发展。首先，我国食品安全治理主体的开放性不足，食品行业协会发展滞后，公众参与缺乏有效的制度保障。其次，食品安全信息的开放性不足。消费者缺乏必要的食品安全信息，这就造成了食品生产经营者与消费者之间的信息不对称现象。最后，食品安全信息公布机制不完善。我国尚未建成统一的信息公布平台，且信息公布不够及时，内容不够全面，缺乏食品安全风险评估信息与风险警示信息。

**3. 我国食品安全法律治理的动态性不足**

系统论认为，任何系统都不是静止的，在系统内部各种因素及外部环境的各种因素作用下，系统处于不停的运动变化中。食品安全治理的动态性包含了思想、观念的更新，快速反应和灵活适应的制度创新。但我国食品监管部门的动态治理不足。在治理观念上，仍以传统的粗放治理和被动治理为主，习惯于事后处理，风险意识和预防措施不足。同时，对食品安全的源头治理不够重视，农兽药的源头污染问题严重，治理难度很大。

综上所述，人们需要根据系统论的要求，对现有的食品安全法律机制进行改革创新，完善我国食品安全治理体系的整体性、开放性和动态性。总体来说，首先，我国应该扩大食品安全的管辖范围，尤其是增强对食用农产品的安全管理。其次，应该提升《中华人民共和国食品安全法》的法律地位，在实际的实践过程中，与其他法律产生冲突时，以《中华人民共和国食品安全法》的规定为主。最后，我国应加快建立食品安全法律体系的建设，早日形成一个统一的、整体的、开放的法律系统，为我国的食品安全治理提供法律层面的保障。

### （三）基于系统论的食品安全预警机制研究

当前，食品安全危机事件已经成为社会管理活动中不可避免的重大挑战，其不仅造成重大的生命财产损失，也无时不在考验着政府的治理结构和治理能力。作为危机事件应对策略之一，有效的食品安全预警机制能极大地增强危机管理效率，切实保障人民的健康和生命安全。食品安全预警机制在其构成要素和运行方面均体现了系统论的特点。把系统论应用于我国食品安全预警机制，从而构建起食品安全预警体系，通过对食品安全问题进行监测、追踪、量化分析、信息通报及预报等，建立起一套完整的针对食品安全问题的功能系统。只有建立了食品安全预警体系，才能在信息或准备不足的情况下，避免发生严重的食品安全问题。建立和发展食品安全预警体系，是提高我国食品安全与风险管理水平的要求，也是全球食品安全管理的发展趋势。

## 三、食品市场失灵论

我国当前食品安全问题屡禁不止的原因，除部分食品生产企业过分地追名逐利及监管不力外，还受到市场作用的多重影响（详见二维码1-3）。食品市场具有外部性的特点，同时存在消费者与企业间的信息不对称问题。因此，单纯依靠市场的自身调节易出现市场失灵现象，这就使政府对食品安全的规制措施显得十分必要。但有研究表明，地方政府的政策性负担形成规制俘获的同时也会出现政府失灵，导致监管懈怠无法得到解决。因此，构建一个政府、非政府组织、消费者、社会公众共同参与的多元治理模式是解决食品市场失灵问题的有效途径。

二维码1-3

## （一）食品市场失灵现象

充分的市场竞争可以使市场进行最优的资源配置。食品企业在市场自我治理机制下，为了提高企业声誉，会主动生产、经营高质量的产品。而当竞争条件得不到满足时，则会出现市场失灵现象。我国食品市场失灵的主要原因是食品市场本身的特殊性、信息不对称，以及我国在转轨期间复杂的食品市场环境。市场失灵是食品安全问题存在的客观原因。

### 1. 外部性

食品市场的外部性特征是指，当某一经济主体行为给其他经济主体带来收益时自身无法得到回报，或给其他经济主体带来成本时，无须补偿，即社会成本与私人成本之间存在某种偏离。外部成本为社会成本与私人成本的差值。当社会成本大于私人成本时，私人的经济行为给社会造成了额外的成本，存在负外部性。其主要有两个方面的表现：第一，不合规企业的生产经营给合规企业及消费者所带来的负外部性影响。当食品企业无视自身社会责任，违规操作导致食品安全事故时，消费者对相关的整个食品行业会形成负面印象，减少交易行为，造成合规企业与之来共同背负市场损失。而不合规食品生产经营企业无须对合规食品生产经营企业实施弥补。例如，2008年三鹿乳业集团违规添加三聚氰胺事件的曝光，导致了中国乃至整个亚洲乳制品生产企业的巨大损失。第二，合规企业的生产经营活动给不合规企业和消费者所带来的正外部性影响。由于消费者对优质产品的辨别能力不足，一些假冒伪劣产品获得了很大的市场空间，不合规企业在未付出应有的生产成本下即获取了超额利润。例如，一些尚未获得有机认证标识的农产品，通过巧妙的包装和隐晦的表达，以有机农产品的价格进行售卖。

### 2. 信息不对称

个体间由于专业程度与获取信息途径的不同，存在着不同程度的信息不对称现象。食品市场是一个典型的信息不对称市场，这是由食品的经验品和信誉品特性决定的。食品兼具搜寻品、经验品和信誉品三种属性。消费者在购买前获知的主要是搜寻品特性，包括食品的大小、外形、颜色、品牌和产地等。但同时，食品的经验品特性与信誉品特性往往对市场中的食品安全水平产生更为重要的影响。消费者在购买后可了解到食品的味道、口感及部分食品安全信息，属于经验品特性。对于在购买前后均无法确认食品属性的即信誉品特性范畴，主要包括食品的安全水平和营养水平。

食品企业相较于消费者拥有明显的信息优势，买卖双方信息不对称现象十分严重。这也给不良商家带来了投机取巧的违规空间。不合规企业通过人为添加有毒有害物质、超范围使用食品添加剂等，大大降低了生产成本，在占据了市场优势的同时获取高额利润。消费者察觉到食品风险往往是一个长期过程，在食品市场外部性的作用下，可能会导致消费者的逆向选择，破坏市场固有的激励机制，造成食品市场失灵。

## （二）政府实施食品安全规制的必要性

通过企业社会责任的履行所实施的市场自我治理以内生性和自发性为特征，可谓是企业的一种自主行为。食品生产经营企业自身所具有的"经济人"性质，使得企业自身的生产经营活动有着明显的外部性和负内部性，导致了市场失灵的出现，也就是说在食品安全领域，市场无法实现有效的自我治理，最终使得政府食品安全规制的实施显得十分必要。可见，政府实施食品安全规制的原因就是食品生产经营企业社会责任的缺失。

　　尽管有些学者认为市场失灵问题的解决并不一定需要实施政府规制。例如，英国学者亨利·西格维克曾经说过："并不是在任何时候自由放任的不足都是能够由政府的干涉弥补的。因为在任何特别的情况下，后者的不可避免的弊端也都可能比私人企业的缺点显得更加糟糕"（王卫华，2006）。不过，通常都认为，市场失灵是政府实施规制的原因。况且，食品安全具有公共性的属性特征，也使得政府食品安全规制的实施显得尤为必要。对非合规的食品生产经营企业实施规制，约束其行为也是政府职能之一。而且，政府组织也具有其他组织所难以企及的规制优势。与其他组织相比较而言，政府具有两个显著特征：其一，政府具有成员的普遍同质性，也就是说，政府对于全体社会成员来说是一个具有普遍性的组织；其二，政府有着其他经济组织所没有的强制力，即强制性权力。正是因为政府具有成员的普遍同质性和强制性权力两个特征，政府自身便具有矫正市场失灵的能力和优势。

　　因此，政府可通过所拥有的控制权实施食品安全规制，实现食品安全水平的提升，满足公众对食品安全的需求。例如，单纯依靠市场机制，无法解决保健食品生产经营活动中出现的乱象，政府通过制定一系列的标准和法规，有效地遏制了保健食品行业畸形发展。

### （三）市场失灵下的政府规制

　　在市场的自发调节机制失效时，政府规制即成为维护市场秩序的一种重要手段。其主要通过政府部门对食品企业及相关经济体在食品市场中的参与程度、价格、投资情况的监督与管理来实现。具体措施包括完善食品标注、监督食品安全标准的落实情况、及时曝光不合格产品等。它在一定程度上弥补了市场配置资源的缺陷。

**1. 针对食品市场信息不对称的规制措施**

　　信息不对称是产生食品安全风险的一个重要条件，其带来的机会主义往往使部分食品企业为了利润抛弃了基本的道德约束和社会责任。因此，政府应采取合理的规制措施来减少食品不安全问题，主要包括加强食品源头控制和健全食品信息披露制度。

　　（1）加强食品源头控制。要想解决食品市场的信息不对称问题，首先要加强食品源头控制，实行市场准入制度。其中包括实行食品生产许可，建立食品生产企业的安全审查制度，以及制定完善的食品质量标准体系。食品生产企业在成立前应先接受关于生产条件、工艺流程、质量管理、管理人员等多方面的全面检查。只有通过标准审核的企业才予以批准生产。其次，在企业的日常生产中，还要对出厂前的产品实行强制检验检疫制度，不合格的产品将无法进入市场。最后，需要企业从根本上建立起完善的食品质量管理体系，从防御性角度以较少的关键点质量信息指标来显示产品的全面质量。

　　（2）健全食品信息披露制度。食品市场上的信息不对称局面，源于消费者与生产者获取食品安全信息途径的较大差异，因此政府需要搭建更多的官方渠道和平台来满足消费者对信息准确、及时获取的需求。另外，政府对纷繁复杂的市场信息应该进行收集汇总，分析整理，建立畅通的信息检测和通报网络体系，以及统一、科学的食品安全信息评估和预警指标体系。这样，许多被食品企业掩盖的安全问题便有一个权威渠道向消费者展示，做到早发现、早预防、早整治、早解决，消费者也可在出现安全问题的第一时间调整购买策略。

**2. 针对食品市场负外部性的规制措施**

　　食品市场的负外部性致使合法生产企业需要与违规企业共同背负食品安全问题带来的

市场损失，不仅影响了广大消费者的健康权益，同时也影响了市场的高效资源分配与社会福利。因此，需要政府采取措施对商家的生产经营活动进行约束。首先，加大惩罚力度，提高违法成本，使一些商家不再敢为了追求利润铤而走险，这样就把原本的负外部成本转换成了不法厂商的内部成本。其次，实行食品召回制度。对存在安全隐患的食品及时予以公开并从市场和消费者手中收回，避免流入市场的有害食品产生进一步的恶劣影响。消费者的潜在损失便可再次转换为企业的生产成本。再次，当危害已经发生时，应确保消费者可以通过向企业进行索赔，或采取司法、行政手段强制欺诈消费者的企业进行赔偿。利用赔偿机制加大厂商的犯罪成本。最后，在食品安全纠纷的民事诉讼中，应建立基于辩方举证的集体诉讼制度，避免消费者因举证困难、诉讼成本高而放弃对违法企业的追究，切实维护消费者的健康权益。

**3. 针对食品市场消费者决策的规制措施**

有效降低食品市场失灵的负面影响还需要政府对消费者进行合理的引导。大力开展食品法制宣传和安全教育。利用网络、电视、广播等媒体对常见的食品安全问题进行讲解，曝光不合格产品。逐渐培养起消费者关于食品安全的科学认知，增强消费者自我保护意识，树立正确的消费观念，提高消费者自身素质，最终做出正确的消费决策。

## 四、赋能催化博弈论

自改革开放以来，我国的食品安全监管模式不断发生变化，并逐渐由政府监管为主导的模式向社会共治的模式转变。2015 年 4 月修订的《中华人民共和国食品安全法》首次明确了食品安全工作实行社会共治，强调应当充分发挥消费者、新闻媒体、消费者协会、食品行业协会等社会公众在食品安全社会共治中的作用，即多元主体共同参与的治理理念。

### （一）概念和内涵

"赋能"一词由"empowerment"翻译而来，其中"power"是指动力或能量，而"empower"意味着注入动力，赋予能量。赋能理念于 20 世纪 80 年代被提出，属于积极心理学中的一个名词，旨在通过言行、态度、环境的改变给予他人正能量，可以被应用于管理学、社会工作和教育领域。食品安全管理工程体系里的"赋能"，强调的是一种管理者和各参与方尽快达成共识的途径，其目的在于以科学、理性、高效的方式实现社会共治，是当代食品安全管理的重要途径。对"赋能"的理解可以由组织内的管理行为逐渐转向心理层面的动机状态，因此食品安全管理工程体系里的"赋能"包括两个层面的内涵：其一，"赋能"是一种组织层面的行为，通过体系构筑、知识传播、能力扶持、教育培训、风险交流等形式传播科学与技术，赋予食品安全管理系统工程里各参与方以保障食品安全的知识、技能、机会、资源、能力和力量；其二，"赋能"是一种心理层面的感受，使各参与方从心理上达到赋能，即被赋能者感知到被赋予了能量、能力、控制力和影响力，积极发挥主观能动性和创造性，充分承担起保障食品安全的责任，最大限度地参与到社会共治的浪潮之中。

"催化"一词来自化学领域，代表着一种改变化学反应速率而不影响化学平衡的作用。食品安全管理工程体系里的"催化"，强调的是过程加速，即通过"赋能"实现加速管理者和各参与方科学、理性认知的过程，加速多方博弈并达成共识的过程，加速食品安全管理日趋完善的过程。

博弈论，又被称为对策论，是现代数学的一个新分支，同时也是运筹学的一个重要学科，主要研究行为主体的相互作用及均衡状态。其改变了传统分析方法中的个人孤立策略，更侧重多个利益主体行为所产生的相互作用和影响，目前在证券学、生物学、经济学、金融学、计算机科学、政治学、国际关系、军事战略和其他很多学科都得到广泛应用。食品安全管理工程体系里的"博弈论"，强调的是博弈各方的行为互动。其中，"赋能"理论里的"管理者"（政府及食品安全监管部门）和各"参与方"（食品生产企业、消费者、新闻媒体、消费者协会和其他消费者组织、食品行业协会、食品检验机构和认证机构及专家学者等）构成了"博弈主体"。

在上述食品安全管理工程体系里"赋能""催化"和"博弈论"三个概念的基础上，作者根据食品安全管理的发展规律提出了"赋能催化博弈论"，其中"赋能"被视为是释放各博弈方潜能的关键，并在赋能的"催化"作用下，博弈各方加速达成共识，并通过"博弈"逐步达到一种更加完善的状态。该理论中"赋能""催化"和"博弈"三者的关系可以概括为："赋能"为"催化"和"博弈"奠定基础，"催化"为"赋能"和"博弈"插上翅膀，"博弈"又让"赋能"与"催化"日趋和谐。从政府及食品安全监管部门、食品生产企业和消费者这三个博弈主体来进行简要的分析：监管不力给不法行为留出了空间；食品企业在信息不对称现象带来的机会主义下主动进行违法生产活动是食品安全问题的根源；而消费者的不及时监督举报或进行不实举报也给监管和生产企业带来了困扰。可见，任意博弈方的行为失措都会对其他方造成巨大的影响。但是，通过充分的"赋能"，在科学引领和理性认知下实现更为平衡的信息对称，这些失措行为将会得到纠正，整个食品安全管理工程体系也将得以完善。因此，形成以"赋能"来"催化""博弈"的格局，将会成为一条加速形成各博弈方良性互动、加速完善食品安全管理体系的新途径。赋能催化博弈论在转基因标识中的实证见二维码1-4。

二维码1-4

### （二）赋能催化博弈论的实践策略

赋能催化博弈论的实践策略分为赋能策略和博弈主体两个方面，将各种赋能策略在各博弈主体上有针对性地贯彻落实，就会催化食品安全管理体系日趋完善的历史进程。

**1. 赋能策略**

从组织层面来看，赋能策略包括体系构筑、知识传播、能力扶持、教育培训、风险交流等。

1）体系构筑式赋能　　在目前法律体系不完备的情况下，为实现法律对破坏市场行为的阻吓作用和对市场失灵的矫正作用，政府及有关监管机构的首要任务就是根据法律制定相应实施细则和规范、标准，赋予食品安全管理体系以可操作性，通过明确"社会共治"原则下各博弈主体的责任和义务来实现"赋能"，确保食品安全工作的动态实施。

2）知识传播式赋能　　《中华人民共和国食品安全法》规定："各级人民政府应当加强食品安全的宣传教育，普及食品安全知识"，这赋予了政府部门在食品安全知识普及方面的职能。与此同时，还规定"鼓励社会组织、基层群众性自治组织、食品生产经营者开展食品安全法律、法规以及食品安全标准和知识的普及工作，倡导健康的饮食方式，增强消费者食品安全意识和自我保护能力"，这是对各社会主体和经济主体提出的要求，将食品安全知识"赋能"到消费者。

3）能力扶持式赋能　　政府及各食品安全监管部门依据企业守法和诚信状况实施企业

分类监管，依法调整执法检查和监管重点，对诚信企业给予重点"赋能"。在政府采购、招投标管理、项目核准、技术改造、品牌培育、行政审批、科技立项、融资授信、社会宣传等环节参考使用企业诚信相关信息及评价结果，对诚信企业给予重点扶持，鼓励社会资源向诚信企业倾斜。

4）教育培训式赋能　　通过教育培训对食品安全管理人员、专业技术人员和从业人员进行"赋能"，内容应涉及食品安全法、条例及配套法规，各类从业人员食品安全管理规范，各类企业食品安全生产经营规范，食品生产经营领域、食品流通领域中食品安全管理的科学与技术，以及如何应对及处理突发性食品安全事故的方式与方法等，可以提高相应博弈主体的食品安全管理能力。

5）风险交流式赋能　　风险管理里一个重要的环节就是食品安全风险交流。它是现代政府履行食品安全监管责任的重要手段，体现了食品安全监管从末端控制向风险控制、由经验主导向科学主导的转变。通过有效的信息共享、风险警示和风险交流，填补食品供应者与消费者之间的信息鸿沟，是对消费者知情权和选择权的"赋能"，可以充分维护消费者的权益和市场的良性运转。

## 2. 博弈主体

自 2009 年起，尤其是 2013 年以来，各界对食品安全社会共治的必要性、重要性逐渐形成共识。也有学者开始探讨食品安全社会共治体系中的各大主体，进而出现了"三主体""五主体"和"七主体"之分，这也构成了赋能催化博弈论中不同范围的博弈各方，其中"三主体"主要是指食品安全监管部门、食品生产企业及消费者；"五主体"主要是指食品安全监管部门、食品生产经营者、消费者、食品行业协会与新闻媒体；"七主体"主要涉及政府及食品安全监管部门、生产经营者、第三方认证和检测机构、消费者、媒体、行业协会及专家。在本书中，"博弈主体"包含了"赋能"理论里的"管理者"（政府及食品安全监管部门）和各"参与方"（食品生产企业、消费者、新闻媒体、消费者协会和其他消费者组织、食品行业协会、食品检验机构和认证机构及专家学者等）。

1）政府及食品安全监管部门　　政府及食品安全监管部门的食品安全监管不同于一般的执法，它是政府行政部门为确保食品安全，基于法律制定相关规范、标准，对市场主体的食品生产、流通、销售等行为进行规范和控制。政府及食品安全监管部门在赋能催化博弈论中的主要职责是：制定和执行食品安全法律法规；建立监管体系和制度；监测国家食品安全的状况，评估和分析食品安全整体风险；承担对食品生产和流通的安全监督与管理。

2）食品生产企业　　食品生产企业作为整个食品链条最直接的参与人，同样也是第一责任人。在赋能催化博弈论的体系下，食品企业变被动为主动，由行政管理相对人变成食品安全治理的主动参与者。一方面，食品生产企业会对自己的行为进行严格自律；另一方面，其他食品企业会对其进行监控，食品企业之间进行相互制约和相互监督。在这种良性"博弈"之下，形成积极的市场氛围与和谐的社会氛围。

3）消费者　　消费者是食品安全事故的主要受害者，在食品市场上，他们为信息的劣势方。为获取安全的食品，消费者作为被保护对象享有许多权利。因此，在赋能催化博弈论中，消费者也是食品安全管理中的重要参与者，在监督举报、积极维护合法权益方面得以"赋能"。同时，也要通过学习食品安全知识的"赋能"避免不实举报，以科学的手段减少政府监管和企业生产的困扰。

4）新闻媒体　　新闻媒体发挥重要的舆论监管作用，新闻媒体在食品安全方面应当承担两项社会责任：一是开展食品安全法律法规及食品安全标准和知识的公益宣传；二是对食品安全违法行为进行舆论监督。需要在履行舆论监督和开展科学传播方面做好平衡。赋能催化博弈论中的新闻媒体应在法律的框架和精神下准确、及时、公正地传播食品安全信息，实施舆论监督功能。

5）消费者协会和其他消费者组织　　消费者协会和其他消费者组织是依法成立的对商品和服务进行社会监督、保护消费者合法权益的社会组织，对侵害消费者合法权益的食品生产经营行为依法进行监督是其法定职责。对违反《中华人民共和国食品安全法》的规定，损害消费者合法权益的行为，依法进行社会监督。

6）食品行业协会　　食品行业协会是独立于政府的一种社会中介组织，对本行业企业之间的经营行为起着协调作用，对本行业的产品和服务、经营手段等发挥监督作用。与政府监管部门相比，行业协会具有信息优势、监管动力、专业技术特长和成本优势。我国食品行业协会还需加强行业自律，按照章程建立健全行业规范和奖惩机制，引导和督促食品生产经营者依法生产经营，推动行业诚信建设。

7）食品检验机构和认证机构　　食品检验机构和认证机构是经国家认证的食品检验机构，既不属于食品生产经营者，也不属于政府监管部门，其所进行的检验由独立检验人完成，出具的报告应当客观、公正，以便确认食品生产经营者的相关责任。在赋能催化博弈论中，食品检验机构和认证机构是中立的第三方，应利用其客观、专业、高效、灵活等特点，弥补政府食品安全治理资源的不足，激活政府所遗漏的"治理盲区"，提高食品安全管理的效率。

8）专家学者　　专家学者与科研机构则是对食品安全管理给予了重要的理论和技术支持。在赋能催化博弈论中，专家学者应发挥其在食品安全科普宣传、风险交流中的特殊作用，让谣言止于智者，让科学深入人心，让共识尽快达成。

## 第三节　我国食品安全监管体制机制的原则与改革创新

依据经济学中广义的监管概念，食品安全监管是指为了确保食品的安全，一定主体依据法律等规则，制定规格、标准，对食品的生产、流通、销售等进行管理的活动。从词义本身出发，机制是指一个工作系统的组织或部分之间相互作用的过程和方式。机制的建立既要依靠体制，也要依靠制度。其中体制指的是组织职能和岗位责权的调整与配置；制度指的是国家和地方的法律法规及任何组织内部的规章制度。机制通常是在体制和制度建立的实践中得以体现的。由于国情的区别及具体运作过程的差异，各个国家的食品安全监管机制的模式都不尽相同。虽然模式不同，但食品安全监管的经济学理论基础及法学理论基础对食品安全监管的重要意义及必要性是相通的。

### 一、我国食品安全监管体制机制的特点

作为管理学研究的新兴分支，食品安全管理同样具备系统性、综合性等管理学的一般特征，即各组成部分并非随意组合而是有机整合，多种资源要素被有序集成在一起，各个子系统通过协调互动实现特定目标。除此之外，食品安全的特殊属性是食品安全管理的出发点和

落脚点，没有食品安全，便没有食品安全管理。食品安全管理的目标、方法措施及实现途径与食品安全的属性息息相关。从前文中食品安全的特殊属性角度来看，我国食品安全监管具有以下三大基本特点。

（一）依法管理

《中华人民共和国食品安全法》赋予各级政府和食品安全管理部门保障属地食品安全的职责，并明确指出食品生产经营单位是食品安全第一责任人。因此，无论是政府还是企业主导的食品安全管理活动，都是依法管理理念的体现，这些工程管理活动也只能在现有法律框架下开展。

在 2021 年修正的《中华人民共和国食品安全法》中，各利益相关方的职责权限规定更加明确。以监督管理部门为例，其法定职责主要包含 5 个方面的内容。

第一项职责是监督执法。根据《中华人民共和国食品安全法》的规定，县级以上人民政府食品安全监督管理部门有权对食品生产经营者遵守本法的情况进行监督检查，监督检查的形式可以是进入生产经营场所实施现场检查，也可以对生产经营的食品、食品添加剂、食品相关产品进行抽样检验，查阅、复制有关合同、票据、账簿以及其他有关资料等。县级以上人民政府食品安全监督管理部门也有权根据检查结果采取相应措施，如对于不符合食品安全标准，或者有证据证明存在安全隐患的食品，以及违法生产经营的食品、食品添加剂和食品相关产品，采取查封或扣押等措施，对违法从事生产经营活动的场所采取查封等措施。

第二项重要的职责是处理食品安全事故。当食品安全事故发生时，县级以上疾病预防控制机构接到通报后，应当首先对事故现场进行卫生处理，接着对与食品安全事故有关的因素开展流行病学调查。如果形势发展符合启动应急预案的要求，县级以上人民政府应当立即成立食品安全事故处置指挥机构，启动应急预案，依照应急预案的规定进行处置。涉及两个以上省、自治区或直辖市的重大食品安全事故，由国务院食品药品监督管理部门依照规定组织事故责任调查。

第三项职责是建立信用档案。2021 年修订的《中华人民共和国食品安全法》要求，县级以上人民政府食品安全监督管理部门应当建立食品生产经营者食品安全信用档案，把建立信用档案作为实行食品安全风险分级管理的重要措施。信用档案的内容可以包括许可颁发、日常监督检查结果及违法行为查处等情况。通过信用档案，监管部门对食品生产经营者的信用水平可以有更全面的了解。对于那些有不良信用记录的食品生产经营者，监管部门将通过增加监督检查频次来确保食品安全，并实时更新信用档案，同时依法向社会公布。如果食品生产经营过程中存在安全隐患，但食品生产经营者未及时采取措施消除，则县级以上食品药品监督管理部门可对食品生产经营企业的法定代表人或者主要负责人进行责任约谈。信用档案的内容也包括消除隐患和责任约谈情况及整改情况。

第四项职责是咨询和举报受理。食品安全问题的复杂性决定了食品安全治理工程必定是一个社会治理工程，对涉及食品安全违法犯罪行为信息的收集和掌握，需要依靠群众的力量来实现。根据《中华人民共和国食品安全法》的规定，县级以上人民政府食品安全监督管理等部门应当公布本部门接受消费者咨询、投诉和举报的电子邮件地址或者电话，鼓励消费者对身边的食品安全违法行为进行举报。

第五项是信息发布与宣传引导。我国实行食品安全信息统一公布制度，食品安全信息平台由国家统一建设。其中，国务院食品药品监督管理部门负责统一公布国家食品安全总体情况信息、食品安全风险警示信息、重大食品安全事故及其调查处理信息和国务院确定需要统一公布的其他信息。如果食品安全风险警示信息、重大食品安全事故及其调查处理信息的影响仅限于特定区域，则由有关省、自治区、直辖市人民政府食品药品监督管理部门负责公布。

除此之外，还有其他法律、行政法规和政府规章进一步具体地规划了各食品安全行政监管机构的职责范围。根据现代责任理论，权力与责任互为表里、相互制约，享有权力以承担责任为前提。食品安全监管者享有行政权力，自然也需要承担行政责任。明确和加强食品安全行政监管责权，是我国落实依法行政的必然要求。食品安全管理活动顺利开展的前提之一，就是要在立法上明确界定各食品安全利益相关方的具体责任和权力范围，对机构设置、职能划分、运行机制、从业人员资质、奖惩措施等方面做出详细具体的规定，以确保各相关方在合理的法律框架内开展博弈。

## （二）动态式（循环上升式）管理

食品安全管理具有强烈的时空依赖属性。从较长的时间和空间跨度上来看，食品安全管理总体表现为动态式管理，需要不断根据条件变化调整管理措施。

具体到我国食品安全监管体制的变革发展，食品安全管理的时空属性更加一目了然。从1949年到改革开放初期，我国食品安全监管的重点是保障食物供给，农作物选育的重要指标是能否实现增产增收，其食用品质基本不在考虑范围内。彼时工业化的食品尚处在按计划生产阶段，品种和数量都严格按照政府计划实施完成，监管部门和生产企业政企合一，法规更像是行业技术性指导规范，而标准则侧重于产品的食用品质等质量属性，行政处罚以行政处分为主。食品卫生监管主体和客体的关系不是政府和企业的关系，更像是政府上下级部门之间的关系，监管更多体现为行政管理。

1993年，轻工业部在国务院机构改革中被撤销，从体制上讲，食品生产企业正式与行政主管部门分离，食品生产经营方式发生了巨变。1995年，《中华人民共和国食品卫生法》被审议通过，卫生部门食品卫生执法主体地位在该法中得到了体现。同时，在原有政企合一体制下，行政主管部门对企业具体生产经营事务的管理职权被废除了，该法明确规定，国家实行食品卫生监督制度。同时，在大的经济改革背景下，大量的私有制食品生产经营单位迅速出现，与国企并存，传统行政指导管理与法制管理并存。随着私有制经济的发展，管理相对人不再是单一的国有企业，管理方式也由单一的行政技术指导向更加全面的监督管理手段过渡。这一时期我国食品监管部门设置如图1-1所示。

图1-1　20世纪90年代我国食品监管部门设置

2003 年，通过国务院机构改革，国家食品药品监督管理局在原国家药品监督管理局基础上组建成立。根据次年国务院印发的《关于进一步加强食品安全工作的决定》（国发〔2004〕23 号）和中央机构编制委员会办公室印发的《关于进一步明确食品安全监管部门职责分工有关问题的通知》（中央编办发〔2004〕35 号），在这轮机构改革中，新成立的国家食品药品监督管理局的职责定位可以总结为：食品安全综合监督、组织协调和组织查处重大食品安全事故。在这个阶段，我国参与食品安全监管的主要机构如图 1-2 所示。

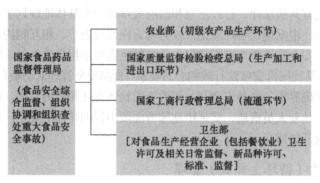

图 1-2　2003～2008 年我国主要食品安全监管部门

2008 年三聚氰胺事件发生后，国家食品药品监督管理局被调整为卫生部管理的国家局，食品安全综合监督、组织协调和组织查处重大食品安全事故的职责也相应划入卫生部。2009年 2 月，我国第一部《中华人民共和国食品安全法》发布，分段监管和综合协调相结合的体制在这部法律中被进一步明确。国家层面实行"分段监管为主、品种监管为辅"的监管体制，地方政府层面实行"地方政府负总责下的部门分段监管"体制。该法中还规定，国务院成立食品安全委员会作为高层次议事协调机构，加强综合协调。这个时期的监管模式如图 1-3 所示。

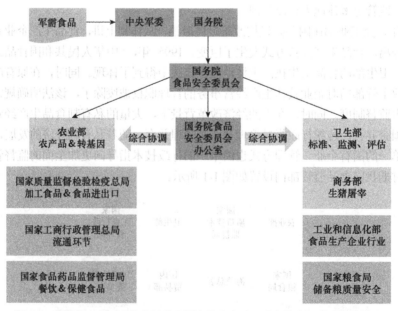

图 1-3　我国第一部《中华人民共和国食品安全法》确定的食品安全监管模式

2013 年，国务院机构改革方案提出，整合流通环节食品安全监督管理职责［国家工商行政管理总局（工商总局）］、生产环节食品安全监督管理职责［国家质量监督检验检疫总局（质检总局）］、国家食品药品监督管理局的职责和国务院食品安全委员会办公室的职责，将上述食品安全监管职责并入国家食品药品监督管理总局。新机构的主要职责是：统一监管生产、流通和消费环节的食品安全。除职责合并外，食品药品监督管理部门也同时收编了工商行政管理、质量技术监督部门相应的食品安全监督管理队伍和检验检测机构。本轮机构改革方案提出，对于农产品质量安全的监管，仍由农业部负责，并将生猪定点屠宰职责由商务部划入农业部。同时，不再单设国务院食品安全委员会办公室。本轮机构改革后，食品安全的监管职责进一步集中，如图 1-4 所示。

图 1-4　2013～2018 年我国主要食品安全监管部门

2018 年 3 月，第十三届全国人民代表大会第一次会议审议通过国务院机构改革方案。根据该方案，国务院将不再保留国家工商行政管理总局、国家质量监督检验检疫总局和国家食品药品监督管理总局，组建国家市场监督管理总局，整合上述三个部门原有的食品安全监管职能。农业部更名为农业农村部，仍然负责农产品种植和养殖环节的安全监管，以及生猪屠宰和转基因生物安全。至此，我国主要的食品安全监管部门集中为源头监管和市场监管两个部门。

纵观改革开放以来我国食品安全监管体制的变革，其主基调是政府职能的转变，行政体制改革是经济体制改革和政治体制改革的重要内容，而对政府职能的重新认识和定位则是深化行政体制改革的核心，实质上是要解决在社会主义市场经济发展的过程中、在食品安全的问题上，政府应该做什么、企业应该做什么的问题，重点是理顺政府、市场和社会的关系。在政府职能转变的大背景之下，我国食品安全监管体制的变革方向主要体现为三点：部门和机构精简、责任明确、全产业链监管及社会共治。通过机构调整和采取相关举措来解决市场多头监管、社会管理亟待加强、公共服务比较薄弱等痼疾，以提高政府效能，增强社会发展的活力。

（三）社会共治

食品安全问题涉及面广，关乎每个社会成员的生命和健康，同时利益相关方众多且关系复杂，各方博弈的过程很难达成共识，甚至存在很多问题。因此，食品安全问题属于复杂的公共安全问题。社会共治是解决上述矛盾的途径之一。

在食品安全的社会共治结构中，治理的主体除政府监管部门外，还应包括食品的生产经营者、消费者、媒体、科学家、第三方认证和检测机构等其他社会力量。食品安全管理工程通过整合社会资源，达成上述力量相互作用的动态平衡，从而实现食品安全的长效治理。早期的食品安全风险治理着重强调政府治理和企业自律，然而，由于食品安全问题具有复杂性、综合性、技术性和社会性，单纯依靠政府部门无法完全应对食品安全风险治理。在 2013 年 6 月开展的全国食品安全宣传周上，时任副总理汪洋首次提出了食品安全风险社会共治的概念，核心的内容是"企业自律、政府监管、社会协同、公众参与、法治保障"，即在注重企业自律和政府监管的同时，需要重点发挥社会组织、公众等社会力量的作用。2015 年 10 月 1 日，2015 年 4 月 24 日修订的《中华人民共和国食品安全法》正式实施，社会共治成为我国治理食品安全风险的基本原则。社会共治通过有效的机制使更多的参与主体加入食品安全风险治理的过程中，极大地提高了治理方式的灵活性和政策的适用性。在社会共治的框架体系内，各利益相关方的职责和作用如表 1-1 所示。

**表1-1　社会共治主体的职责和作用**

| 社会共治主体 | 职责和作用 |
| --- | --- |
| 政府 | 制定安全标准，市场抽检，风险评估 |
| 企业 | 合规生产，提供安全的产品 |
| 消费者 | 通过选择影响企业的行为 |
| 媒体 | 舆论监督，消费者教育 |
| 具有公信力的第三方 | 认证或检测服务，科技引领 |

## 二、政府在食品安全监管中的职能及角色转变

政府职能是指根据国家形势和任务而确定的政府的职责及其功能，反映政府在一定时期内的主要活动的内容和方向，是国家本质的外部表现。政府职能主要包括政治职能（或称阶级职能）、管理社会经济和公共事务的职能，简单来说，政府职能就是政府应该"做什么"。政府职能是政府角色的衍生物，是由政府角色派生出来的，政府扮演什么样的角色，就要承担相应的责任，履行相应的职能。

### （一）政府角色的类型

从不同的角度，政府角色有不同的类型。从社会经济发展角度来看，政府是制度的制定者，也是社会发展、经济增长的推动者；从改革角度来看，政府既是改革的组织者，也是改革的对象；从政府在经济中作用的方式来看，政府在有些领域是裁判员、掌舵者，在有些领域又是运动员、颁奖者，等等。本书从政府在经济社会中所发挥作用的角度，综合经济学家的观点，将政府角色简要分成 4 类。

一是"守夜人"型政府。"守夜人"角色理论源于洛克的自由主义政府观。这种理论建立在市场万能理论上，该理论主张充分发挥市场机制，政府不要过多干预，否则会对经济发展产生消极的影响。洛克认为，政府的主要任务是保护个人自由和财产，保障社会不受侵略等。后期"守夜人"角色理论不断受到质疑和责难，但其影响深远。至今，新自由主义经济学家还在其基础上发展出当代"守夜人"理论。

二是"干预者"型政府。凯恩斯等经济学家认为政府干预对于经济发展有着积极的促进作用。第一次经济危机期间，凯恩斯认为政府干预可以帮助经济实现复苏，刺激经济发展。他在自己的论著里否定了"守夜人"理论，认为政府不应该仅仅扮演社会秩序消极保护者，还应该成为社会秩序和经济生活的积极干预者，特别是要有效地利用政府的财政职能影响经济的发展。也就是说，政府可以带来帕累托改进，如果政府对经济结构有充分的信息，政府政策的执行者至少拥有与私人部门同样的信息，且那些负责制定和执行政府政策的部门存在激励引导政策以实现帕累托改进，而不是实行收入再分配。

　　三是"市场增进"型政府。青木昌彦等经济学家认为政府政策的作用在于促进或补充民间部门的不足。他们认为由于受信息处理能力等因素的制约,政府不是负责解决协调失灵问题的全能机构,而应被视作经济的一个内在参与者。在"市场增进"角色理论中,政府对经济的干预应该根据国家经济发展情势的变迁而改变,即政府与市场的边界要适时调整。以萨缪尔森为代表的新古典综合派的观点吸收了自由市场主义和国家干预主义的优点,提倡为了保障经济的良好运行,市场价格机制与政府干预必须进行有效的结合,即为了对付"看不见的手"的机制中的缺陷,政府必须承担其应有的责任。斯蒂格利茨认为政府应该把自己看作市场的补充,采取一些措施使得市场能够更好地实现其功能,同时纠正市场失灵。尤其是在市场失灵时,政府扮演着很重要的角色,这是信息不完全和市场不完全的任一经济体的一般性特征。政府适当的管制、行业政策、社会保护和福利等方面都有很重要的作用。他认为,在某些情况下,政府是一种有效的催化剂,其措施可以帮助解决社会创新不足的问题。但是一旦政府发挥了其催化剂的作用,就需要有退出机制。

　　四是"管理机构"型政府。这种角色理论来源于马克思、恩格斯的设想,在社会主义社会,国家已经消亡,政府将不再具有政治性,会是一个单纯的"管理机构"。这个"管理机构"的主要任务和职能是制订生产计划,组织社会生产。管理机构必须管理的内容包括社会生活的个别方面和一切方面。根据马克思、恩格斯的设想,社会主义政府更像是一个"小政府"。随着生产力的发展、社会的进步、管理水平的提高,政府的许多政府职能和角色将逐步移交给社会,由社会逐步承担起自己管理自己的职能,扮演自己管理自己的角色。

　　从以上对于政府在经济发展中所扮演的角色或所发挥作用的讨论来看,政府在经济发展中非常重要这一点已经为事实所证明。但是历史也告诉我们,政府行为也可能造成大量的损失或危害。例如,错误的规则会阻碍财富的创造。通过扭曲价格,政府会削减私人财富,即使规则本身是良好的,也可能被公共机构及其职员以一种有害的方式来进行。因此,简单认为政府应是"守夜人"还是"干预者",都是不科学的,也是不符合实际的。"市场增进"角色的观点更符合实际情况,因为政府干预和市场调节都会存在失灵,一方面,市场失灵需要政府干预,而另一方面,政府失灵需要约束政府本身的干预。换句话说,政府和市场在经济发展中应该是互为补充的关系,而不是非此即彼、互相替代,即政府干预主要在市场长期失灵的领域进行,而不是因为市场短期的或暂时的失败进行干预。总之,利用市场机制来实现干预的目的是政府行为的最好方式。

## (二)政府在食品安全监管中的角色地位变化

　　在中国,深入到政府内部的组织变革,从政府内部的监管组织及其职能演变的角度去分析,大致可以将政府在食品安全监管中的角色地位变化分为4个阶段,其中值得注意的是,2009年国家成立国务院食品安全委员会,预示着我国将进入综合监管阶段,2013年国家组建国家食品药品监督管理总局标志着我国由分段监管迈向综合监管。本部分我们将针对每个阶段,来描述政府在中国食品安全监管体系中所承担的角色变化。

### 1. 第一阶段(1949~1979年):卫生部门为主导的分块式的纵向综合监管

　　新中国成立初期,由于当时的基本国情所限,人们对食品主要还在于数量意义上生存的满足,公有化改造后,食品的供给也不依赖于市场,而供应食品的生产经营者也仅仅是执行国家计划。因此,在政府的直接参与下,食品质量问题并不明显,而政府及其相关部门所关注的是食品卫生问题。1952 年，全国共有 147 个卫生防疫站，其为全国包括食品卫生在内的多项卫生安全工作的负责机构，由此奠定了我国食品安全监管最初的框架。这一时期，食品安全监督管理方面的事务和技术指导工作主要由卫生部门负责。

总体而言，1949 年后的较长一段时期里，我国食品问题突出表现为食品普遍短缺，并且计划经济下的食品企业只是国家安排社会分工的一个场所，因此食品方面的关注重在保障食品数量，并兼顾食品卫生。我国计划经济时期，食品产业发展缓慢，解决温饱成为最基本的选择，所以，食品需求简单，食品的供给并不依靠市场，而是依据计划手段。在这种背景下，由于食品的供给涉及多个行业，食品卫生也就选择了行业管理体制，并分散到各个食品生产领域和各个管理部门。因此，计划经济时代，食品安全的监管并没有被看作一个具有特殊意义的政府职能，但是这为我国后来较长时期里的食品安全监管体制的演变提供了初始条件(陈宗岚，2016)。

**2. 第二阶段（1979～2003 年）：多部门分段监管**

改革开放以后，市场经济逐步确立，食品市场产权多元化。此时的食品安全监管模式逐渐过渡到分段监管的模式。1979 年，国务院颁发了《中华人民共和国食品卫生管理条例》，明确规定各级政府和有关部门主抓的仍是食品卫生管理工作，对食品的安全问题仍未做出规定，换句话说，食品卫生监督是食品安全监督的主要部分。1989 年的《中华人民共和国进出口商品检验法》规定进出口方面的食品安全监管由进出口检验检疫机关和海关部门负责。1993 年，国务院进行了旨在适应市场经济的机构改革，撤销了轻工业部和纺织工业部等部门。与此相适应，原来由这些部门所承担的食品卫生监管职能进一步分化，1993 年的《中华人民共和国农业法》规定食用农产品的安全监管工作主要由农业行政部门负责。1995 年颁布的《中华人民共和国食品卫生法》将食品卫生监督的职责由县级以上卫生防疫站或食品卫生监督检验所调整至县级以上卫生行政管理部门，并明确了各级卫生行政部门的食品卫生监督职责。1998 年，国务院进行行政体制改革，把卫生部承担的部分职责如食品安全标准建设及相关的职能交由国家质量技术监督局行使，专门负责食品质量安全标准建设和检查监督工作。

本阶段，起综合协调作用的卫生部的食品安全监管职能定位仅限于餐饮消费环节，监管职能逐渐弱化，此时其他专业部门的监管实力和监管能力逐渐增强，中国食品安全监管基本形成分段监管模式。由于食品安全监管种类和监管内容的不断扩大，食品安全监管机构的数量也随之增加。众多机构分散管理，各部门之间监管行为难以协调的现象也随之出现，从而导致"龙多不治水""十几个部门管不住一头猪"的监管乱象出现。

**3. 第三阶段（2003～2009 年）：分段监管基础上的综合协调模式构建**

国家食品药品监督管理局于 2003 年正式挂牌成立，主要负责综合监督和组织协调食品安全管理，试图通过这种方式加强食品安全的综合协调职能。但这个监管模式管理阶段出现的阜阳奶粉事件，凸显了分段监管中的责任不清和职能交叉的弊端。2004 年国务院出台文件（国发〔2004〕23 号），明确了我国"分段监管为主、品种监管为辅"的食品安全监管模式，并细化了各个监管部门的监管环节。2009 年出台的《中华人民共和国食品安全法》，将食品安全风险评估、标准及检验规范等贯穿于食品安全整个过程的职能赋予了卫生部，明晰了卫生行政部门的综合协调职责。同时我国成立国务院食品安全委员会，进一步完善食品安全监管的综合协调职责，形成了在分段管理基础上新的综合。

**4. 第四阶段（2009 年至今）：综合监管阶段的建立及完善**

2009 年 6 月，我国食品行业的基本法《中华人民共和国食品安全法》正式实施，该法对我国目前存在的许多食品安全方面的问题做出了具体规定，包括废除免检制度、确立惩罚性赔偿制度、建立食品安全委员会等，对改善食品安全现状有积极意义。但由于涉及部门利益和大部制改革，《中华人民共和国食品安全法》并没有对监管体制做出突破。2013 年 3 月，中国两会（中华人民共和国全国人民代表大会和中国人民政治协商会议）召开，新一届政府保留了国务院食品安全委员会，新组建的国家食品药品监督管理总局将工商行政管理、质量技术监督部门相应的食品安全监督管理队伍和检验检测机构划转入食品药品监督管理部门，具体业务方面整合了国务院食品安全委员会办公室的职责、国家食品药品监督管理局的职责、质检总局的生产环节食品安全监督管理职责、工商总局的流通环节食品安全监督管理职责。国家食品药品监督管理总局同时加挂国务院食品安全委员会办公室的牌子。此次结构改革将分散于原工商、质检、药监等部门的食品安全监管职能进行整合，从而使食品安全监管的权力更加集中，监管力度更加强化，整体而言这个阶段处于综合监管的逐步完善阶段。

### （三）大部制改革背景下的食品监管机构重组

2008 年 3 月，大部制改革拉开序幕，全国两会确定了大部门体制的改革方向，以期解决行政管理中"九龙治水"的弊病。大部制体制是指在政府部门设置中，将那些职能相近、业务范围趋同的事项相对集中，由一个部门统一管理，首先指向的就是解决政出多门的问题。大部制的与众不同之处是，扩充单个机构所管辖的范畴，将其监督的事宜交由其一并管理，即合并权责。

大部制改革在中国食品监管机制中的实施是大势所趋。首先，中国食品监督长期以来实施分层监督的机制，这使得部门之间可能会出现重复监管或监管"盲区"，造成监管中出现推诿扯皮的现象，引发政府权责分配不均，多管或不管的现象。此外，分段监管的模式已不再适合以食品安全问题层出不穷，经营主体自律性差为主要矛盾的食品安全环境，需要对当前食品监管机构实施组织的统一及权责的重新分配。大部制改革益于行政机构更顺利地践行监管作用，处理中国当下的食品安全难题。

食品安全监管领域的大部制改革，根据国务院《国家食品药品监督管理总局主要职责内设机构和人员编制规定》（即"三定"方案），卫生行政部门与食品药品监管部门在食品安全工作中的职责对调，明确卫生部负责食品安全的综合协调，工商总局、质检总局、国家食品药品监督管理总局等部门各负其责，分段监管的食品安全监管仍然延续，更加强调食品安全监管的综合协调（表 1-2）。

**表 1-2 大部制改革前食品安全监管部门及其职能**

| 部门 | 职能 |
| --- | --- |
| 卫生部 | 进行综合性的协调规范，标准的完善建立，重大信息的传播，对各大检测机构进行资格鉴定，对于突发事件的处置 |
| 农业部 | 对于农产品的安全性和可靠性及质量是否达标进行管控 |
| 国家质量监督检验检疫总局 | 加工、进出口贸易的管控和把关 |
| 国家工商行政管理总局 | 对于食品流通环节的监督管理 |
| 国家食品药品监督管理总局 | 对全国范围的药品和化妆品及实时消费餐饮环节的监管 |
| 基层县级政府 | 协调不同区域内的具体监管事务 |

2009 年出台的《中华人民共和国食品安全法》第四条对食品安全综合协调机构做出了专门规定：国务院设立食品安全委员会，其工作职责由国务院规定；国务院卫生行政部门承担食品安全综合协调职责；国务院质量监督、工商行政管理和国家食品药品监督管理部门分别对食品生产、食品流通、餐饮服务活动实施监督管理。2013 年 3 月，第十二届全国人民代表大会第一次会议审议通过了《国务院机构改革和职能转变方案》，决定组建国家食品药品监督管理总局，以期对食品药品实行统一监督管理。

2018 年两会期间，我国实施了新一轮的大部制改革。由于我国的食品药品监督管理体系还有进一步改革完善的空间，也在本次大部制改革之列。3 月 13 日，国务院机构改革方案被公布。方案里提到，考虑到药品监管的特殊性，单独组建国家药品监督管理局，由国家市场监督管理总局管理。市场监管实行分级管理，药品监管机构只设到省一级，药品经营销售等行为的监管，由市县市场监管部门统一承担。并且不再保留国家工商行政管理总局、国家质量监督检验检疫总局、国家食品药品监督管理总局。

此次机构改革"大市场-专药品"模式抓住了当前食药安全治理的两大关键：食品安全监管的协调力和综合性，药品监管的特殊性和专业性。事实上，从 1998 年国家药品监督管理局的成立，到 2018 年这一轮最新的机构改革，中国食药监管体制正在日趋完善。近 20 年来，食药监管体制几经变迁，总体经历了从"垂直分段"向"属地整合"的转变。

**1. 体制框架"九龙治水"到"三位一体"**

原先的食品安全监管体制，涉及国务院食品安全委员会办公室、农业部、质检总局、工商总局、国家食品药品监督管理局、商务部、卫生部等多个部门，这 7 个部门中国家食品药品监督管理局是唯一的副部级单位。长期以来，食品安全"分段监管"导致职责交叉和监管空白并存，"多头管理""九龙治水"致使监管责任难以完全落实，因此资源分散配置很难形成合力，整体行政效能不高。改革后，随着生产、流通、消费划归到一个部门管理，由国家食品药品监督管理局、农业部、新组建的国家卫生和计划生育委员会三部门为主的"三位一体"监管格局初步形成。今后不管食品在哪个环节出了安全问题，部门之间不会再出现相互推诿的情况。这种趋向于一体化的食品监管体制，与当前国际惯例又接近了一大步。

**2. 监管结构"橄榄形"到"金字塔形"**

以前食品安全监管结构是两头小、中间大的"橄榄形"机构，真正到一线的执法人员少，镇街食品安全综合执法缺少一支专业队伍，基层执法力量薄弱。《国务院关于地方改革完善食品药品监督管理体制的指导意见》中明确指出，要进一步加强基层食品质量安全监管工作，可在镇街或社区设立食品药品监管派出机构。要不断充实基层监管和执法力量，提升食品安全监管的技术装备，保证食品监管能力在资源整合中得到加强。基层要进一步加强食品安全监管机构和队伍建设，在城镇社区和行政村设立食品安全监管协管员，承担协助执法、排查隐患、舆论引导、信息报送等职责。改革后，划转和下沉基层执法人员，基层执法力量比例上升。有些市、区县、街镇的食品安全执法力量已初步形成 15∶25∶60 的"金字塔形"结构，夯实了基层监管的根基，建成一个相对合理的基层食品安全监管网络的制度性构架。

**3. 监管方式"分段监管"到"全程监管"**

过去我国食品安全监管职能分散在多个部门中。以农产品生产消费链为例，从农产品的种植到流通，再到消费的过程来看，初级农产品归农业部门管，加工生产归质检部门管，市场流通归工商部门管，餐饮环节归食药监部门管，每个部门各司其职，各管一段。虽然

4 个部门都在监管农产品，但是一旦农产品出现问题，由于分段监管和多头监管，若要追究责任单位非常不容易。食品安全事故屡发不止，很大程度上是由于所涉及的监管部门和环节太多。食品分段监管体制存在许多监管缝隙和盲区，成为部门之间互相推诿的理由。

"大部制"改革方案"出炉"，对食品的安全监管由过去的多个部门各管一段（分段监管）转变为由国家食品药品监督管理总局"集中执法"。并将工商部门、质监部门所涉及的食品安全监管职能转给食品药品监督管理部门。对食品生产、流通、消费等环节的监管部门重新整合，实行食品安全的"全过程监管"，有利于监管责任的具体落实，资源综合利用率不断提高，从而实现食品安全监管"从农田到餐桌"无缝对接。改革后，食品安全标准由卫生部门制定，具体监管职责只归食品药品监督管理部门和农业部门负责。

**4. 监管模式"垂直监管"到"地方监管"**

从 20 世纪 90 年代末开始，质监、药监、工商三部门先后实行了省级以下垂直管理。这一模式起先被认为起到了遏制地方保护主义的作用，但在食品安全事故中，也出现了地方政府推卸责任的现象。2008 年，国务院机构改革取消了省级以下食品药品系统垂直管理的做法，工商、质检仍然实行垂直管理。2013 年"大部制"改革，省级以下工商、质监行政管理体制由垂直管理调整为地方管理。

食品安全监管"大部制"改革中的一个重点，就是下放权力给地方政府，也反映了今后将强化地方政府责任。《国务院关于地方改革完善食品药品监督管理体制的指导意见》强调，地方政府对食品药品监管负总责。同级地方党委负责食品监管部门（食药监部门或市场监督管理部门）领导班子的管理，主要负责人的任免应事先征得上级业务主管部门的意见。在"三定"方案中，明确列出下放的 5 项工作职责，这些职责是从国家食品药品监督管理总局下放到省级部门的，如下放了药品再注册和不改变药品内在质量的申请职责、药品委托生产许可职责、药品和医疗器械质量管理规范认证职责、进口非特殊用途化妆品职责等。同时，国家食品药品监督管理总局对行政许可审批方面进行了整合和取消。

从分段监管到集中监管的转变、从外部协调到内部协调的转变，食品安全监管机制的转变使相关部门的职责更加明晰，因而形成了有效的监管合力。一方面，食品生产、食品流通及餐饮服务在食品安全链条上占据非常重要的位置。现在将这三个环节一并纳入国家食品药品监督管理总局的职能范围，使得食品安全监管责任更为明确，责任追究主体更为清晰，在体制层面上解决了以往分段监管模式中由于职责交叉所带来的推诿卸责问题。另一方面，国家食品药品监督管理总局与国务院食品安全委员会办公室共享"一套班子，两块牌子"的机制设置，跟以往单独设立国务院食品安全委员会办公室相比，将食品安全监管的"外部协调"机制变为"内部协调"机制，在一定程度上减少了由外部协调带来的巨大成本和花费。

## 三、以风险评估为核心的风险管理机制的建立

无论是在东方还是西方，风险都是与危险、发生不良后果等词汇联系在一起的，它与安全是相对的。人类生存在这个地球上，安全是最基本的需要。从某种意义上来说，安全就是指"防范潜在的危险"。风险更本质的含义是指某种特定危险事件发生的可能性和后果的组合。也就是说，风险是由两个因素共同组合而成的：危险发生的可能性（即危险概率）和危险事件发生产生的后果。

（一）食品安全风险评估

食品是人类赖以生存的必要物质，在生存条件恶劣、食品匮乏的情况下，人们也有意识地回避食用含有毒有害物质的食物。当食物量充足时，食物的安全性则更加受到重视。食品安全风险无处不在，并且因为风险的发生可能造成难以弥补的损失。所以，为应对我国食品安全风险，保障食品安全从而保障公众的生命与健康，风险管理应该植入我国食品安全法律体系，并在食品安全监管中实现。

风险预防（管理）最早出现于1970年的德国《清洁空气法》。环境领域发端并日趋成熟的风险预防原则，在同样具有高度不确定风险性的食品安全领域逐渐受到重视。科学有效的风险预防（管理），需要科学有效的风险评估及分析方法辅助。风险评估是指在特定条件下，风险源暴露时，对人体健康和环境产生不良作用的事件发生的可能性和严重性的评估。食品安全风险评估则是对食品加工过程中可能危害人体健康的物理、化学、生物因素等产生的已知或潜在健康不良影响进行可能性评估。可见，评估更强调对其潜在后果或者可能不利影响的评价，评估针对食品链每一环节和阶段进行，即对食品的全面评估；评估也是一种系统地组织科学技术信息及其不确定性信息，并选用合适的模型对资料做出判断，来回答关于健康风险的具体问题，即对食品的科学评估。

从实践来看，政府和相关机构如果出现没有进行风险评估、不及时进行风险评估、不科学的风险评估等情况，都会带来严重的后果。这就要求行政机关和专家运用科学知识，正确和客观地反映食品安全风险的严重性，及时和科学地进行食品安全风险评估，它是食品安全风险管理的基础，也是科学防范食品安全风险的重要前提。

（二）食品安全风险管理

风险管理是指根据风险评估的结果，同时考虑社会、经济等方面的相关因素，对备选政策进行权衡，并且在需要时加以选择和实施。风险管理的首要目标是通过选择和实施适当的措施，尽可能有效地控制食品风险，从而保障公众健康。风险管理更多的是一个纯政府行为，政府接到专家的评估报告以后，会在与各利益方磋商过程中权衡各种政策方案，根据当时当地的政治、经济、文化、饮食习惯等因素来制定政府的管理措施。其具体包括制定最高限量，制定食品标签标准，实施公众教育计划，通过使用其他物质或者改善农业或生产规范以减少某些化学物质的使用等。

风险管理可以分为4个部分：风险评价、风险管理选择评估、执行管理决定、监控和审查。风险评价的基本内容包括确认食品安全问题、确定风险概况、对危害的风险评估和风险管理的优先性排序、为进行风险评估制定风险评估政策、进行风险评估、风险评估结果的审议；风险管理选择评估的内容包括确定现有的管理选项、选择最佳的管理选项、最终的管理决定；做出了最终的管理决定后，必须按照管理决定进行实施，执行管理决定；监控和审查指的是对实施措施的有效性进行评估，以及在必要时对风险管理和评估进行审查。

（三）以风险评估为核心的食品安全监管机制

风险预防涉及科学上的不确定性，而科学上的不确定性容易导致政府决策的保守倾向，在经济和社会目标的冲突中倾向于选择理念的层面，为保障风险预防理念得以落实，还必须依赖于完善的制度支撑，只有完善和实施与风险预防相关的制度，才可以确保该理念得到真正的贯彻。

2006年，《中华人民共和国农产品质量安全法》第十四条规定："国务院农业农村主管部门应当设立农产品质量安全风险评估专家委员会，对可能影响农产品质量安全的潜在危害进行风险分析和评估"，标志着我国正式建立风险分析制度。《中华人民共和国食品安全法》第二章相继对食品风险评估的重要性做出说明，包括：①国家建立食品安全风险监测制度；②国家建立食品安全风险评估制度，对食品、食品添加剂、食品相关产品中生物性、化学性和物理性危害因素进行风险评估；③食品安全风险评估结果是制定、修订食品安全标准和实施食品安全监督管理的科学依据。为进一步落实食品安全风险评估，2009年组建了第一届国家食品安全风险评估专家委员会。2013年3月，根据"三定"方案，我国启动了食品安全的大部制改革，国家卫生和计划生育委员会负责食品安全风险评估工作。为此，国家卫生和计划生育委员会设置评估处、风险监测处，并于2013年7月15日发布《关于进一步加强食品安全风险监测工作的通知》，对食品安全风险监测及评估的实施做出具体要求。

风险评估与风险管理的合理应用极大地降低了生活中方方面面的风险，以风险评估为核心的风险管理在我国乃至全球解决食品安全问题中发挥了极大的作用，实施食品安全风险评估工作，有利于推动食品质量安全管理由事后处理向事前预防转变，由经验式处理向科学预防转变，极大地提升了人们对食品的消费信心，也为政府管理决策咨询提供了技术指导。

# 第四节　食品安全的全球治理

随着农产品和食品贸易全球化程度的不断加深，在基本解决食品供给的问题后，食品的安全问题越来越受到世界各国的关注。世界某一地区的食品安全问题可能会对全球都造成影响，食品安全问题已经超越了国界。为此，构建全球化的食品安全防护体系，实现对食品质量与安全的协同高效管理具有十分重要的意义。

## 一、现代食品安全管理历程

发达国家也曾面临过食品安全事故频发、食品安全相关法律法规不健全的问题，但随着其社会的发展及食品安全管理水平的提高，食品安全问题已得到了有效控制。因此，了解发达国家的食品安全管理发展历程，分析其法律体系和监管体制，总结其管理食品产业的措施和经验，有助于建立和完善我国食品安全监管体系。

### （一）现代日本食品安全管理发展历程

日本的食品法律法规体系是在经历了一系列食品安全事故后逐渐完善起来的。在战后重建时期，日本粮食十分短缺且食品质量得不到保障，发生了多起食品安全事故。为此，日本政府于1947年颁布了《食品卫生法》，开始从食品的源头、生产、加工和销售等各个方面加强对食品安全的管理，这部法律也成为日本食品法律法规体系的基石，在未来的几十年间被多次修订。1957年森永毒奶粉事件发生后，日本又大幅修改了《食品卫生法》，明确了食品添加剂的相关规定。随后还出版了《食品添加物法定书》，对乳制品添加剂的使用作了新的限制。1966 年，日本又发生了震惊世界的新潟水俣病事件，该事件直接促使日本政府于 1967 年出台了《公害对策基本法》。20 世纪 60 年代是日本经济高速发展时期，同时，这一时期日本的食品安全法律体系也迅速完善，尤其是 1968 年颁布的《消费者保护基本法》，首次将重视对象从生产者转向了消费者。在发生米糠油中毒事件后，日本又通过了《化学物质审查规制法》（1974 年）及《二噁英类对策特别措施法》《毒物及剧毒物取缔法》等相关法律以加强对化学物质的管理。1996 年 O157 大肠杆菌集体食物中毒事件发生后，为加强食品安全管理、保障国民健康安全，日本厚生省制定了《厚生省健康危机管理基本指针》，同时厚生省还设立了健康危机管理调整会议，能够迅速对突发食品安全事故进行管理。2001 年世界范围内暴发疯牛病之后，日本成立了疯牛病问题调查委员会。2003 年，日本政府又出台了《食品安全基本法》，并对《食品卫生法》再次进行修订，细化了国家、地方政府及从业机构和人员在食品安全方面的责任。2005 年，日本又一次修订《食品卫生法》，提出了"肯定列表制度"，并在 2006 年开始正式实施。该制度对食品尤其是农产品中农药、化学用品残留物都进行了细致的规定，堪称目前世界上最全面、最精确、最苛刻的安全法规。除此以外，日本还在 2006 年底对所有农户生产的蔬菜、肉制品实行"身份编码识别制度"，对整个生产过程建立档案，记录产地、生产者、化肥和农兽药使用情况等详细信息，供消费者通过互联网或零售店查询。在 2011 年日本福岛第一核电站发生核泄漏事故之后，日本又迅速修订了《食品卫生法》，确定了食品中放射性元素铯的新标准值。

### （二）现代美国食品安全管理发展历程

1906 年颁布的《纯净食品和药品法》是美国历史上第一部关于食品安全的综合性和全国性法律，这部法律的颁布标志着美国食品安全管理走上了法制化道路。1938 年，美国国会又通过了《联邦食品、药品和化妆品法》，取代《纯净食品和药品法》成为美国食品安全监管领域的基本法。在此之后的 70 多年里，美国又不断通过颁布修正案的方式完善食品安全监管法律体系，加强对于食品安全的管理。到目前为止，美国食品安全监管法律体系主要由《联邦食品、药品和化妆品法》《联邦肉类检验法》《禽类检验法》《蛋类产品检验法》《食品质量保障法》《联邦杀虫剂、杀真菌剂和灭鼠剂法》和《公众卫生服务法》7 部法律组成。这 7 部法律基本覆盖了所有食品，为美国的食品安全提供了完备的监管系统、严格的标准及程序规定。

1997 年 1 月，美国总统克林顿宣布启动"总统食品安全行动计划"。该计划由三个部分组成，即立法机关、优良农业准则与优良生产准则的制定。1999 财政年度预算增加了食品安全拨款。美国食品药品监督管理局（FDA）和美国农业部（USDA）受命负责为水果和蔬菜种植者及企业制定优良农业准则和优良生产准则，并于 1998 年 4 月 13 日颁发《减少新鲜水果和蔬菜引发的微生物食品安全危险的指南》。该指南主要涉及微生物食品安全问题和相应的优良农业准则，普遍适用于以原始形式销售给消费者的绝大多数水果和蔬菜的种植、收获、包装、处理和配送的整个过程。

在"总统食品安全行动计划"中，进行风险评估对提出和实现食品安全目标具有极其重要的意义。美国政府机构现已完成的风险评估包括 FDA 和食品安全检验局（FSIS）关于即食食品中单核细胞增生李斯特菌对公众健康影响的风险评估（2001 年 1 月）、FDA 关于生鲜软体贝壳中副溶血性弧菌对公众健康影响的风险评估（2001 年 1 月）、USDA 关于蛋及蛋制品中肠炎沙门氏菌的风险评估等。同时，为了实施风险管理，行政管理机构颁布了 HACCP

法规，企业可以利用 HACCP 对食品中可能存在的危害因子进行分析，并采取全面有效的措施来预防和控制这些危害。

## 二、食品安全管理的全球化

食品安全关系到每个人的身体健康，甚至是生命安全，人民是否吃得安全关系到一个国家的经济发展和社会稳定。因此，人们常说食品安全是关系到国计民生的"民心工程"，也是一项复杂的系统工程。从保障食品安全的角度来讲，涵盖生产、加工、流通和消费等多个环节，环环相扣，不能有丝毫松懈；从参与人员上来讲，涉及政府监管人员、企业质控人员、科学家、媒体及消费者等，可以说是人人参与。在贸易全球化的背景下，食品安全治理早已不止是单一行业和某个国家的事（详见二维码1-5）。

二维码1-5

### （一）国际管理标准体系

#### 1. GMP

良好操作规范（good manufacturing practice，GMP），是适用于包括食品在内的一些行业的强制性标准，注重在生产过程中对产品的质量和安全进行自我约束管理并符合标准规定。GMP 要求与产品生产、运输、贮存相关的生产人员、设备设施、包装运输等方面都需达到一定的卫生质量要求，形成一整套实际可行的操作规范。在生产过程中一旦发现问题，便立即加以改善。

食品行业 GMP 对于保障食品安全、促进食品行业的健康稳定发展及提高食品制造业的整体水平具有十分重要的意义，同时也有利于加强对食品行业的规范化管理和监督。

#### 2. ISO22000

ISO22000 是随着人们对食品安全问题关注度的不断提高及对指导、保障、评价食品安全管理的规范化标准的呼唤应运而生的由国际标准化组织（International Organization for Standardization，ISO）制定的、全球协调一致的自愿性管理标准。它既能用于指导食品安全管理体系，又是食品生产、操作和供应的组织进行认证和注册的依据。

ISO22000 将从食品生产者、食品制造者到食品运输和仓储经营者，再到零售分包商和餐饮经营者，以及与食品相关联的组织如设备、包装材料、添加剂和辅料的生产者都纳入了标准规范之中，是目前被公认的最有效、最实用的食品安全控制体系。ISO22000 现已成为企业与国际接轨、进入国际市场的通行证，同时也是发达国家进行国际贸易时的技术壁垒标准。因此，中国食品生产企业要想获得国际竞争力进入国际市场、打破技术壁垒，贯彻和落实 ISO22000 的标准是必由之路。

### （二）食品相关国际组织

#### 1. 联合国粮食及农业组织

联合国粮食及农业组织（Food and Agriculture Organization of the United Nations，FAO）简称粮农组织，是联合国系统内最早的常设专门机构，是联合国专门机构之一，也是联合国各成员方之间讨论粮食和农业问题的国际组织。其宗旨是提高人民的营养水平和生活标准，改进农产品的生产和分配，改善农村和农民的经济状况，促进世界经济的发展并保证人类免于饥饿。1945 年 10 月 16 日，FAO 在加拿大魁北克正式成立，总部设在意大利罗马。

　　FAO 每两年召开一次具有最高权力的大会，审议两年内该组织的工作进展并批准下两年度的工作计划和预算。FAO 的常设机构为理事会，通过推选产生理事会的独立主席和理事国。至 1985 年底，理事会下已设有计划、财政、章程及法律事务、商品、渔业、林业、农业、世界粮食安全、植物遗传资源等 9 个办事机构。

　　FAO 的主要职能包括：搜集、整理、分析、传播世界粮农生产和贸易信息；向成员方提供技术援助，动员国际社会对农业进行投资，并执行农业发展项目；向成员方提供粮农政策和咨询服务；谈论粮农领域的重大问题，制定国际行为准则和法规，加强各成员方之间的磋商和合作。应该说，FAO 是集信息中心、开发机构、咨询机构、国际论坛和标准中心功能为一体的机构。

### 2. 世界卫生组织

　　世界卫生组织（World Health Organization，WHO）是联合国下属的专门机构，总部设在瑞士日内瓦，只有主权国家才能参加，是国际上最大的政府间卫生组织。1946 年，国际卫生大会通过了《世界卫生组织组织法》，1948 年 4 月 7 日世界卫生组织宣布成立。WHO 的宗旨是使全世界人民获得尽可能高水平的健康，其主要职能包括：促进流行病和地方病的防治；提供和改进与公共卫生、疾病医疗及其他有关事项的教学和训练；推动确定生物制品的国际标准。

　　每年 5 月召开的世界卫生组织大会是 WHO 的最高权力机构，主要任务包括审议总干事的工作报告、规划预算、接纳新会员国和讨论其他重要议题。执委会是世界卫生组织大会的执行机构，负责执行大会的决议和政策。世界卫生组织的常设机构秘书处分别在非洲、美洲、欧洲、东地中海、东南亚和西太平洋设立地区办事处。

　　世界卫生组织在国家层面上有力地支持了会员国实现国家卫生目标，促进了世界人民营养、居住和精神卫生条件的改善，同时也促进了医学教育和培训工作的发展。

### 3. 国际食品法典委员会

　　国际食品法典委员会（Codex Alimentarius Commission，CAC）是由 FAO 和 WHO 共同建立的政府间国际组织。1961 年第十一届联合国粮食及农业组织大会和 1963 年第十六届世界卫生组织大会分别通过了创建 CAC 的决议。到目前为止，已有 180 多个成员方和 1 个成员国组织（欧盟）加入该组织，覆盖了全球 99%的人口。

　　国际食品法典委员会下设三个法典委员会：产品法典委员会，负责垂直地管理各种食品；一般法典委员会，负责管理农药残留、食品添加剂、标签、检验和出证体系及分析和采样等；地区法典委员会，负责处理区域性事务。

　　质量控制是 CAC 所有工作的核心内容，其以 HACCP 为指南，并强调和推荐 HACCP 与 GMP 的联合使用。CAC 制定的标准和规范已成为全球食品生产者和加工者、消费者、各国食品管理组织和国际食品贸易的基本参照标准，对保障公众健康、维护食品贸易的公正公平做出了巨大的贡献。

## 三、全球食品安全指数

　　在全球范围内，英国《经济学人》杂志发布的食品安全指数，是目前涉及国家或地区最多、行业认可度较高的评价指标。"他山之石，可以攻玉"，本书从该指数的目的和作用、数据构成、数据建模等方面，全面解读《全球食品安全指数报告》，并与我国食品安全指数建设进行对比分析，旨在完善我国食品安全指数构建体系，推动在我国食品安全监管工作中引入食品安全指数进程，实现科学监管。

## （一）目的和作用

全球食品安全指数（global food security index，GFSI）研究，是由美国 Corteva Agriscience 公司委托英国经济学人智库（Economist Intelligence Unit，EIU）开展的一项长期研究课题。Corteva Agriscience 公司曾是陶氏杜邦公司的农业部门，于 2019 年 6 月 1 日成为一家独立的上市公司。其主营业务是为农民提供种子，提供作物保护和其他数字解决方案，以最大限度地提高产量和利润率。这项研究的主要内容和标志性成果，即全球食品安全指数。该指数通过研究世界各地食品系统的动态，为了解食品不安全的根本原因提供了一个共同的框架。它试图回答的中心问题是：一个国家的食品安全状况如何？

食品安全是一个受文化、环境和地理位置影响的复杂多面的问题。尽管这项研究的主导方认为，该指数未涵盖国家间的细微差别，但通过归纳主要食物安全主题及其核心要素，该研究为了解国家、地区和世界各地的粮食安全风险提供了一种有用的方法。通过建立一个对一国的食品安全进行基准测试的通用框架，GFSI 创建了一个国家层面的食品安全评估工具，该工具解决了全球 113 个国家（地区）食品的可负担性、可用性及食品质量和安全性问题。自发布以来，GFSI 已成为一些国家和组织出台粮食政策与投资策略时需要考虑的要素。非政府组织、多边组织和学术界也将 GFSI 用作研究工具，用来识别一个国家食品安全政策的变化和发展。更多的企业使用该工具作为制定战略决策、探索食品消费趋势和制定公司社会责任倡议的参考依据。GFSI 所使用的数据类别和指标详见二维码 1-6。

二维码 1-6

## （二）数据构成

GFSI 用于衡量 113 个国家（地区）的食品安全影响因素，目标是确定哪些国家最容易出现食品不安全的状况。由于各国的状况千差万别，需要统一到一个框架内横向比较，因此可以说 GFSI 是一个动态的定量和定性基准模型。

在 GFSI 的构建过程中，环境和可持续发展要素是需着重考虑的一个方面。该课题组认为，食品与环境紧密相连。尽管农业被认为是当今环境危机的推动力量，但它也是受气温上升和极端天气影响最大的行业之一。农业生产的增加常常导致废物排放量、土地压力增加和资源枯竭。但是，两者并不一定是相反的力量，而是可以从相互支持的关系中受益。如果方法和方向得当，农业可能会从环境恶化的重要原因转变为改善和适应气候变化、缓解环境压力的主导力量。例如，新的食品生产形式（植物性肉或藻类），一方面能满足人们的营养需求，另一方面也增强了农业抵御环境风险的能力。

具体来讲，英国经济学人智库所使用的指数计算方法涉及类别划分和指标定义、评分标准、国家的选择、权重和数据来源。其中，类别划分和指标定义、评分标准和权重是根据 EIU 专家小组的意见确定的。该小组于 2012 年 2 月成立，职责是帮助 EIU 选择各项食品安全指标并确定其优先顺序，还需审查指标体系的框架及权重和指数的总体结构。2017 年，EIU 组建了新的专家小组，以关注与气候相关的风险和自然资源风险，在专家小组的建议下，指数计算的指标增加了第四类。4 个类别都是根据基础指标的加权平均值计算得出的，并且从零到 100 进行归一化处理。这 4 个类别是可负担性（affordability）、可用性（availability）、质量和安全性（quality & safety）及自然资源和弹性（natural resource & resilience）。GFSI 的总体得分（范围为 0～100）是根据前三个类别得分（可负担性、可用性及质量和安全性）的简单加权平均值计算得出的。自然资源和弹性类别是一个调整因子，当考虑与气候相关的风险和自然资源风险时，增加这个调整因子能够反映食品安全指数总体得分的变化情况。2019 年，EIU 团队更新了原有指标框架，变化主要包括：引入更新的资源，以及为现有定性指标制定更具挑战性的标准。

定量指标的数据来自公开的国家或国际组织统计数据。对于缺少数据的定量值，EIU 使用了估计值，并在工作簿中注明哪些是估计值。在定性指标中，一些是由 EIU 根据银行和政府网站提供的信息创建的，而另一些则是从一系列调查和数据来源中提取并由 EIU 进行了调整。主要来源有英国经济学人智库、世界银行集团、联合国粮食及农业组织（FAO）、世界卫生组织（WHO）、世界贸易组织（WTO）、经济合作与发展组织（OECD）、巴黎圣母大学全球适应指数（ND-GAIN）、世界资源研究所（WRI）、美国农业部（USDA）和卫生部。

### （三）国家的选择依据

EIU 根据区域多样性、经济重要性、人口规模（选择人口较多的国家，以便代表更大的全球人口比例）及尽可能多地覆盖全球各区域等因素，选择了 113 个国家（地区），主要包括亚太地区的澳大利亚、阿塞拜疆、孟加拉国、柬埔寨、中国、印度等，中美洲和南美洲的阿根廷、玻利维亚、巴西、智利等，欧洲的奥地利、白俄罗斯、比利时等，海湾地区的巴林、科威特、阿曼、沙特阿拉伯等，非洲中部、东部和北部的阿尔及利亚、埃及、以色列、约旦等，北美洲的加拿大、墨西哥、美国，以及非洲撒哈拉以南地区的安哥拉、刚果、肯尼亚、埃塞俄比亚等。

### （四）权重的选择

在 GFSI 的计算过程中，分配给每个类别和指标的权重均可以根据其相对重要性而改变。EIU 提供了两组加权可供选择：第一组是中性权重，假设所有指标都同等重要，并平均分配权重。第二组是权重分配方案，可称为同行专家推荐（peer panel recommendation）方案，也即将 2012 年专家组 5 个成员建议的权重取平均值。专家权重是模型中的默认权重。值得一提的是，考虑到每个指标的重要性对不同的用户是不一样的，在 EIU 建立的模型中，用户还能够创建自定义的权重。

### （五）数据建模

指标得分经过归一化处理，可将原始指标数据重新梳理为统一的单位，然后在各个类别中进行汇总，就能够横向比较各个国家的得分。归一化主要依据以下公式进行：

$$X = [x - \text{Min}(x)] / [\text{Max}(x) - \text{Min}(x)]$$

式中，对于任何给定指标，$X$ 是指标得分经归一化处理后的得数；$x$ 是原始指标数据；$\text{Min}(x)$ 和 $\text{Max}(x)$ 分别是 113 个经济体中的最低和最高值。某个国家的某项指标的赋值较高，则表示其是更有利于食品安全的环境。然后将归一化的值从 0～1 值转换为 0～100 分数，使其可以直接与其他指标进行比较。实际上，这意味着原始数据值最高的国家将获得 100 分，而最低数据值的国家将获得 0 分。

对有些指标而言，其较高的值表明对食品安全的不利环境，如农业生产波动或政治稳定风险（volatility of agricultural production or political stability risk），其归一化函数的形式为

$$X=[x-\mathrm{Max}\ (x)]/\,[\mathrm{Max}\ (x)-\mathrm{Min}\ (x)]$$

然后将归一化的值转换为 0~100 内的正数，以使其可以与其他指标直接比较。

### （六）自然资源和弹性

该调整因子的设计使用户具有更多的选择自由，可以选择考虑或不考虑与气候相关的自然资源风险。指标得分遵循与 1.5 数据建模相同的方法，而调整后的总得分的公式如下：

$$调整后的总得分=X\ (1-Z)+[X\ (Y/100)\ Z]$$

式中，$X$ 是前三项的总得分；$Y$ 是自然资源和弹性得分；$Z$ 是调整因子权重（其中 0=0% 调整、0.5=50% 调整和 1=100% 调整）。调整因子权重的默认设置为 0.25=25%。

## 思　考　题

1. 如何理解食品安全的时空属性？
2. 简述食品安全管理与一般工程管理的关系。
3. 在食品安全问题上，为什么会出现市场失灵？
4. 试用赋能催化博弈论分析社会共治框架中的各博弈主体。
5. 我国各级政府和食品安全管理部门保障属地食品安全的职责都有哪些？
6. 简述全球食品安全指数的构成和意义。

（编者：吴广枫，罗云波）

# 第二章　食品安全管理支撑体系

【本章内容提要】食品安全管理支撑体系能够保障我国食品安全，对重大食品安全事故做到及时监控与预警。先进科学的检测技术、完善的食品安全法规等共同构成我国食品安全管理支撑的主要体系，包括食品安全法律法规体系、食品安全标准体系、食品安全风险分析体系、食品安全性评价体系、食品质量安全市场准入体系、食品标签体系、食品安全预警体系、食品安全检测体系、食品安全溯源体系、食品安全突发事件应急管理体系。近年来，我国食品安全事故造成的影响不断升级，对我国食品安全管理支撑体系的建设提出了新要求。开创更高层次、更高水平的食品安全管理支撑体系，有利于为我国食品安全提供更可靠的保障，对我国经济发展和社会稳定具有重大意义。

## 第一节　食品安全法律法规体系

国以民为本，民以食为天，食以安为先。加强食品安全工作，关系到我国人民的身体健康和生命安全，是重大的政治问题、民生问题，涉及消费者最基本、最重大的权益保护。2019年5月9日，我国出台的《中共中央　国务院关于深化改革加强食品安全工作的意见》，要求深化改革创新，用最严谨的标准、最严格的监管、最严厉的处罚、最严肃的问责，进一步加强食品安全工作，确保人民群众"舌尖上的安全"。

### 一、概述

#### （一）法律法规的定义

法律是指由国家制定或认可并以国家强制力保证实施的，反映由特定物质生活条件所决定的统治阶级意志的规范体系。在我国，是专门指由全国人民代表大会及其常务委员会依照立法程序制定，由国家主席签署公布的规范性文件，其法律效力仅次于宪法，一般均以"法"字配称，如《中华人民共和国刑法》《中华人民共和国民法典》《中华人民共和国公民出入境管理法》等。

法规是指国家机关制定的规范性文件，如我国国务院制定和颁布的行政法规，省、自治区、直辖市人民代表大会及其常务委员会制定和公布的地方性法规。法规是法律效力相对低于宪法和法律的规范性文件。一般用"条例""规定""规则""办法"称谓，如《征兵工作条例》《中华人民共和国中外合资经营企业劳动管理规定》等。

#### （二）我国食品法律法规的概念

食品法律法规是国家政府为保障食品安全、控制食品质量问题而制定的相关规章制度。在我国，食品法律是指由全国人民代表大会及其常务委员会经过特定的立法程序制定的规范性法律文件。它又分为两种：一是由全国人民代表大会制定的食品法律，称为基本法；二是由全国人民代表大会常务委员会制定的食品基本法律以外的食品法律。食品行政法规是由国务院根据宪法和法律，在其职权范围内制定的有关国家食品行政管理活动的规范性法律文件，其地位和效力仅次于宪法和法律。

地方性食品法规是指省、自治区、直辖市及省级人民政府所在地的市和经国务院批准的较大的市的人民代表大会及其常务委员会制定的适用于本地方的规范性文件。除地方性法规外，地方各级权力机关及其常设机关、执行机关所制定的决定、命令、决议，凡属规范性者，在其辖区范围内，也都属于法的范畴。

食品自治条例和单行条例是由民族自治地方的人民代表大会依照当地民族的政治、经济和文化的特点制定的食品规范性文件。

食品规章分为两种类型：一是指由国务院行政部门依法在其职权范围内制定的食品行政管理规章，在全国范围内具有法律效力；二是指由各省、自治区、直辖市及省、自治区人民政府所在地和经国务院批准的较大的市的人民政府，根据食品法律在其职权范围内制定和发布的有关地区食品管理方面的规范性文件。

### （三）我国食品法律法规的立法意义

食品法律法规可以保障食品安全，保证人民身体健康与生命安全。实施食品法律法规，建立以食品安全标准为基础的科学管理制度，从法律制度上更好地解决我国当前食品安全工作中的主要问题，从而预防和控制食源性疾病的发生，切实保障食品安全。

食品法律法规可以促进我国食品工业和食品贸易发展。实施食品法律法规，规范食品生产经营行为，使食品生产者以良好的质量、可靠的信誉推动食品产业规模不断扩大，从而推动我国食品行业的发展。

食品法律法规可以加强社会领域立法，完善我国食品安全法律制度。实施食品法律法规，可切实解决人民群众关心的食品安全问题，维护广大群众的利益。各种食品法律法规相辅相成，有利于我国食品安全法律法规制度的进一步完善，为我国社会主义市场经济的健康发展提供法律保障。

## 二、我国的食品法律法规体系

### （一）《中华人民共和国食品安全法》

#### 1. 概述

《中华人民共和国食品安全法》（以下简称"《食品安全法》"）是在 1995 年《食品安全法》基础上修订而成的，于 2009 年 2 月 28 日经第十一届全国人民代表大会常务委员会第七次会议审议通过，后于 2015 年 4 月 24 日经第十二届全国人民代表大会常务委员会第十四次会议修订，2015 年 10 月 1 日正式施行，于 2018 年 12 月 29 日经第十三届全国人民代表大会常务委员会第七次会议修正，现行《食品安全法》于 2021 年 4 月 29 日第十三届全国人民代表大会常务委员会第二十八次会议修正。

《食品安全法》的颁布，是保障食品安全、公众身体健康和生命安全的需要；是促进我国食品工业和食品贸易发展规律的需要；是加强社会领域立法、完善我国食品安全法律制度的需要。

《食品安全法》的施行，对于防止、控制、减少和消除食品污染及食品中有害因素对人体的危害，预防和控制食源性疾病的发生，规范食品生产经营活动，防范食品安全事故发生，保障公众身体健康和生命安全，增强食品安全监管工作的规范性、科学性和有效性，提高我国食品安全整体水平，切实维护人民群众的根本利益具有重大而深远的意义。

**2. 主要内容**

《食品安全法》共 10 章 154 条，主要包括总则、食品安全风险监测和评估、食品安全标准、食品生产经营、食品检验、食品进出口、食品安全事故处置、监督管理、法律责任和附则（详见二维码 2-1）。

二维码 2-1

食品安全事关国计民生，《食品安全法》第一条规定：为了保证食品安全，保障公众身体健康和生命安全，制定本法。这充分体现了以人为本的思想。第一章对从事食品生产经营活动，各级政府、相关部门及社会团体在食品安全监督管理、食品安全标准和知识的普及等方面作了相关规定。第二章对食品安全风险监测制度、食品安全风险评估制度、食品安全风险评估结果的建立、依据、程序等进行了规定。第三章对食品安全标准的制定程序、主要内容、执行及标准整合为食品安全国家标准等进行了规定。第四章对从事食品生产经营建立健全食品安全管理制度，依法从事食品生产经营活动；对食品添加剂的使用及食品召回制度进行了相应的规定。第五章对食品检验机构的资质认定条件、检验规范、检验程序及检验监督等内容进行了相应的规定。第六章要求进口的食品及相关产品要符合我国食品安全国家标准，对进出口食品的检验检疫原则、风险预警及控制措施等进行了相应的规定。第七章对国家食品安全事故应急预案、食品安全事故处置方案及举报和处置、安全事故责任调查处理等进行了相应的规定。第八章对各级政府及本级相关部门的食品安全监督管理职责、工作权限和程序等进行了相应的规定。第九章列出了对违反《食品安全法》规定的相关人员、部门等进行相应处罚的原则。第十章对《食品安全法》相关术语和实施时间进行了规定。

**3. 适用范围**

根据《食品安全法》第二条规定，在中华人民共和国境内从事下列活动，应当遵守本法：

（1）食品生产和加工（以下称食品生产），食品销售和餐饮服务（以下称食品经营）；

（2）食品添加剂的生产经营；

（3）用于食品的包装材料、容器、洗涤剂、消毒剂和用于食品生产经营的工具、设备（以下称食品相关产品）的生产经营；

（4）食品生产经营者使用食品添加剂、食品相关产品；

（5）食品的贮存和运输；

（6）对食品、食品添加剂、食品相关产品的安全管理。

供食用的源于农业的初级产品（以下称食用农产品）的质量安全管理，遵守《中华人民共和国农产品质量安全法》的规定。但是，食用农产品的市场销售、有关质量安全标准的制定、有关安全信息的公布和本法对农业投入品做出规定的，应当遵守本法的规定。

**延 伸 阅 读**

时任中共中央政治局常委、国务院副总理、国务院食品安全委员会主任韩正于 2021 年 2 月 3 日在国家市场监督管理总局主持召开国务院食品安全委员会第三次全体会议并讲话。韩正强调，要深入学习抗击新冠疫情的经验做法，坚持把人民生命安全和身体健康放在第一位，着力解决好老百姓关心的食品安全突出问题。要始终坚持严字当头，切实把"四个最严"的要求落实到食品安全工作的各个方面，深化食品安全标准，把好"从农田到餐桌"的每一道防线，严查重处食品行业违法行为，将责任追究重点落到企业主责和首责上、落到企业法人上。要建立健全群众参与的问题发现机制，完善有奖举报制度，注重发挥新闻媒体作用。要强化科技支撑，充分运用新技术和信息化手段，配备必要的检验检测设备装备。要坚持齐抓共管，完善国务院食品安全委员会和国务院食品安全委员会办公室工作机制，夯实属地责任，确保食品安全工作落实落细落到位。

### （二）《中华人民共和国农产品质量安全法》

**1. 概述**

《中华人民共和国农产品质量安全法》于 2005 年 10 月 22 日由国务院审议通过并提请全国人民代表大会审议，于 2006 年 4 月 29 日第十届全国人民代表大会常务委员会第二十一次会议通过，自 2006 年 11 月 1 日起施行。根据 2018 年 10 月 26 日第十三届全国人民代表大会常务委员会第六次会议《关于修改〈中华人民共和国野生动物保护法〉等十五部法律的决定》修正，2021 年 9 月 1 日，李克强主持召开国务院常务会议，通过了《中华人民共和国农产品质量安全法（修订草案）》。2022 年 9 月 2 日，第十三届全国人民代表大会常务委员会第三十六次会议表决通过了新修订的《中华人民共和国农产品质量安全法》，于 2023 年 1 月 1 日正式施行（详见二维码 2-2）。

二维码 2-2

**2. 主要内容**

《中华人民共和国农产品质量安全法》共 8 章 81 条，包括总则、农产品质量安全风险管理和标准制定、农产品产地、农产品生产、农产品销售、监督管理、法律责任和附则。

《中华人民共和国农产品质量安全法》主要对以下三个方面进行调控：一是关于调整的产品范围问题，本法所指农产品是指来源于种植业、林业、畜牧业和渔业等的初级产品，即在农业活动中获得的植物、动物、微生物及其产品；二是关于调整的行为主体问题，既包括农产品的生产者和销售者，也包括农产品质量安全管理者和相应的检测技术机构与人员等；三是关于调整的管理环节问题，既包括产地环境、农业投入品的科学合理使用、农产品生产和产后处理的标准化管理，也包括农产品的包装、标识、标志和市场准入管理。《中华人民共和国农产品质量安全法（修订草案）》于 2021 年 10 月 19 日提请第十三届全国人民代表大会常务委员会第三十一次会议审议。该草案做出一系列规定，以确保广大人民群众"舌尖上的安全"。

在健全农产品质量安全责任机制方面，该草案明确农产品生产经营者对其生产经营的农产品质量安全负责，要求生产经营者诚信自律，接受社会监督，承担社会责任；落实地方人民政府的属地管理责任和部门的监督管理职责；构建协同、高效的社会共治体系，要求注重发挥基层群众性自治组织在农产品质量安全管理中的优势和作用，鼓励其建立农产品质量安全信息员制度，协助开展有关工作。

在完善农产品生产经营全过程管控措施方面，草案要求建立农产品产地监测制度，加强地理标志农产品保护和管理，规定农产品生产企业、农民专业合作社应当依法开具食用农产品质量安全承诺合格证，并对其销售的农产品质量安全负责，对列入食用农产品质量安全追溯目录的食用农产品实施追溯管理。

此外，该草案加大了对违法行为的处罚力度，大幅提高农产品生产经营者的违法成本，完善监管主体的法律责任，并与食品安全法有关处罚的规定作了衔接。

**3. 适用范围**

《中华人民共和国农产品质量安全法》第二条规定，本法所称农产品，是指来源于种植业、林业、畜牧业和渔业等的初级产品，即在农业活动中获得的植物、动物、微生物及其产品。本法所称农产品质量安全，是指农产品质量达到农产品质量安全标准，符合保障人的健康、安全的要求。

### （三）《中华人民共和国产品质量法》

**1. 概述**

《中华人民共和国产品质量法》（以下简称"《产品质量法》"）于 1993 年 2 月 22 日第七届全国人民代表大会常务委员会第三十次会议通过，自 1993 年 9 月 1 日起施行。根据 2000 年 7 月 8 日第九届全国人民代表大会常务委员会第十六次会议《关于修改〈中华人民共和国产品质量法〉的决定》第一次修正，根据 2009 年 8 月 27 日第十一届全国人民代表大会常务委员会第十次会议《关于修改部分法律的决定》第二次修正，根据 2018 年 12 月 29 日第十三届全国人民代表大会常务委员会第七次会议《关于修改〈中华人民共和国产品质量法〉等五部法律的决定》第三次修正（详见二维码 2-3）。

二维码 2-3

《产品质量法》的第一条指出，为了加强对产品质量的监督管理，提高产品质量水平，明确产品质量责任，保护消费者的合法权益，维护社会经济秩序，制定本法。食品经过加工处理，若用于销售，则符合产品的定义，故其质量监管方面均需遵循该法的规定。

《产品质量法》的立法意义在于：①加强对产品质量的监督管理，提高产品质量水平。评定市场经济体制和社会成熟发展的指标之一，就是法制的完备程度。为了适应社会经济发展，国家需要建立健全产品质量法规体系。该法的实施促进了企业产品质量的提高，使产品质量有法可依，减少了"黑心商家"的出现。②明确产品质量责任，维护社会经济秩序。该法明确了生产者、经营者和销售者在产品质量方面的责任和国家对产品质量的监管职能，从而使市场经济健康发展。③保护消费者的合法权益。产品质量有了保证，消费者更加放心，也可减少食品安全事故的发生。

**2. 主要内容**

《产品质量法》共 6 章 74 条，包括总则，产品质量的监督，生产者、销售者的产品质量责任和义务，损害赔偿，罚则和附则。

第一章主要对《产品质量法》的立法目的和意义、法律调整范围等进行了相关规定，明确了产品质量的主体。第二章对企业产品质量体系的认证制度、产品质量的认证制度、国家对产品质量实行的监督检查制度、消费者对产品质量问题的查询和申诉制度进行了规定。第三章对生产者和销售者的产品质量责任与义务进行了规定。第四章对产品的质量问题或缺陷而造成的损害提供了处理方法及渠道。第五章对生产者、销售者违法销售有产品质量问题的行为进行了处罚规定。第六章对军工产品的质量管理和本法的实施日期进行了规定。

**3. 适用范围**

《产品质量法》第二条规定，在中华人民共和国境内从事产品生产、销售活动，必须遵守本法。本法所称产品是指经过加工、制作，用于销售的产品。建设工程不适用本法规定；但是建设工程使用的建筑材料、建筑构配件和设备，属于前款规定的产品范围的，适用本法规定。

### （四）其他食品法律法规

#### 1.《中华人民共和国计量法》

《中华人民共和国计量法》（以下简称"《计量法》"）是我国建立计量法律的依据，也是我国有关产品质量的一部重要的特别法，于 1985 年 9 月 6 日第六届全国人民代表大会常务委员会第十二次会议通过，于 1986 年 7 月 1 日起施行。现行的《计量法》是于 2018 年 10 月 26 日第十三届全国人民代表大会常务委员会第六次会议经第五次修正过的版本。《计量法》第一条指出，为了加强计量监督管理，保障国家计量单位制的统一和量值的准确可靠，有利于生产、贸易和科学技术的发展，适应社会主义现代化建设的需要，维护国家、人民的利益，制定本法。

#### 2.《中华人民共和国进出口商品检验法》

《中华人民共和国进出口商品检验法》于 1989 年 2 月 21 日第七届全国人民代表大会常务委员会第六次会议通过，现行的《中华人民共和国进出口商品检验法》是于 2021 年 4 月 29 日第十三届全国人民代表大会常务委员会第二十八次会议修正的。《中华人民共和国进出口商品检验法》明确了进出口商品检验工作应当根据保护人类健康和安全、保护动物或者植物的生命和健康、保护环境、防止欺诈行为、维护国家安全的原则进行，规定了进出口商品检验和监督管理办法。

#### 3.《中华人民共和国商标法》

《中华人民共和国商标法》（以下简称"《商标法》"）于 1982 年 8 月 23 日第五届全国人民代表大会常务委员会第二十四次会议通过，自 1983 年 3 月 1 日起施行。现行的《商标法》是根据 2019 年 4 月 23 日第十三届全国人民代表大会常务委员会第十次会议修正后的版本。该法共 8 章，包括总则，商标注册的申请，商标注册的审查和核准，注册商标的续展、变更、转让和使用许可，注册商标的无效宣告，商标使用的管理，注册商标专用权的保护和附则。《商标法》第一条指出，为了加强商标管理，保护商标专用权，促使生产、经营者保证商品和服务质量，维护商标信誉，以保障消费者和生产、经营者的利益，促进社会主义市场经济的发展，特制定本法。

#### 4.《乳品质量安全监督管理条例》

《乳品质量安全监督管理条例》是 2008 年 10 月 6 日国务院第二十八次常务会议通过的一个条例，自公布之日起施行。该条例共 8 章，对乳品质量从源头生产到销售全程的安全管理进行了规定，包括总则、奶畜养殖、生鲜乳收购、乳制品生产、乳制品销售、监督检查、法律责任和附则。本条例第一条指出，为了加强乳品质量安全监督管理，保证乳品质量安全，保障公众身体健康和生命安全，促进奶业健康发展，制定本条例。

### 案 例 分 享

2021 年 11 月 23 日，河南省新乡市封丘县赵岗镇某中学 30 多名学生吃过"营养午餐"后，出现急性肠胃炎症状，引发广泛关注。据报道，11 月 30 日上午，涉事送餐公司负责人吕某、李某因涉嫌生产、销售不符合安全标准食品罪，已被刑事拘留，羁押在新乡市看守所。

　　孩子是祖国的未来，民族的希望。校园食品安全事关亿万家庭幸福，是对食品安全监管部门管理能力和社会公信力的一大考验。近年来，校园食品安全事件可谓层出不穷。本次营养午餐中毒事件，即便供餐公司是当地教育局负责招标的正规企业，即便每个环节都有看上去清楚明白的流程手续，也仍然有必要深挖事件背后的责任和逻辑，以"零容忍"的态度与执法震慑犯罪，保护下一代。

　　在制度层面上，国家对学校食堂的整体环境卫生、设施设备、食品采购及存放、食品添加剂使用记录情况、食堂从业人员资质等关键环节都有明确规定。只要校方严格执行相关规定，相关部门尽到监管职责，类似的突发性校园食品安全事件完全可以避免。面对业已发生的校园食品安全事件，详尽、透明的事后调查至关重要。

　　坑什么，都不要坑教育；坏什么，都不能坏良心。校园食品安全不是生意，不要算出"糊涂账"。

（资料来源：缪娟等，2022）

## 三、国际食品法典

### （一）国际食品法典委员会

**1. 简介**

　　国际食品法典委员会（CAC）是由联合国粮食及农业组织（FAO）和世界卫生组织（WHO）共同建立，以保障消费者的健康和确保食品贸易公平为宗旨的一个制定国际食品标准的政府间组织。自 1961 年第十一届联合国粮食及农业组织大会和 1963 年第十六届世界卫生组织大会分别通过了创建 CAC 的决议以来，已有 180 多个成员方和 1 个成员国组织（欧盟）加入该组织，覆盖全球 99% 的人口。国际食品法典委员会下设秘书处、执行委员会、6 个地区协调委员会、21 个专业委员会和 1 个政府间特别工作组。

　　国际食品法典委员会每两年开一次大会，在联合国粮食及农业组织总部所在地罗马和世界卫生组织总部所在地日内瓦之间轮换。每个成员方的首要义务是出席大会会议。各成员方政府委派官员召集组成本国代表团。非委员会成员方的国家有时也可以以观察员的身份出席会议。

　　CAC 的战略目标是达到对消费者最高水平的保护，包括食品安全和质量。

**2. 主要职能**

（1）保证食品贸易的公正性和保护消费者的健康。

（2）促进国际组织、政府和非政府机构在制定食品标准方面的一致。

（3）通过或与适宜的组织一起决定、发起和指导食品标准的制定工作。

（4）将一些由其他组织制定的国际标准纳入 CAC 标准体系。

（5）根据制定情况，在适当审查后对已出版的标准进行修订。

### （二）食品法典

**1. 简介**

　　食品法典是为了在国际食品和农产品贸易中给消费者提供更高水平的保护，并促进更公平的交易活动而制定的一系列食品标准和相关的规定。食品法典以统一的形式提出并汇集了国际上已采用的全部食品标准，包括所有向消费者销售的加工、半加工食品或食品原料的标准。

**2. 性质**

为了保证消费者获得完好、卫生、不掺假且具有正确标识的食品，法典对食品制定了各种标准制度。一个国家可根据其领土管辖范围内销售食品的现行法令和管理程序，以"全部采纳""部分采纳"和"自由销售"等几种方式采纳法典标准。

食品法典汇集了各项法典标准、各成员国或国际组织的意见及其他各项通知等，但食品法典绝不能代替国家法规。各国应采用互相比较的方式总结法典标准与国内有关法规之间的实质性差异，积极地采纳法典标准。

**3. 成效**

（1）成为唯一的国际参考标准。国际食品法典委员会在建立食品法典的初始阶段就已经成为负责主管和发展食品法典的机构。联合国粮食及农业组织和世界卫生组织一直致力于发展国际食品法典委员会所鼓励的与食品相关的科学技术的研究与讨论，这使国际社会对食品安全和相关事宜的认知一直不断提升。正因如此，食品法典也成为唯一的最主要的国际参考标准。

（2）增强对消费者的保护。国际食品法典委员会的工作准则切实地保护了消费者的权益，故已得到社会的广泛支持。1985年，联合国大会《消费者保护指南》第57条声明：各国在拟订关于粮食的国家政策和计划时，应考虑到所有消费者的粮食安全需要，应支持并尽量采用联合国粮食及农业组织和世界卫生组织食品标准法典所定的标准，如果没有这种标准，则采用其他被普遍接受的国际粮食标准。各国政府应保持、拟订或改善粮食安全措施，其中包括安全标准、粮食标准和营养需要以及有效的监测、检查和评价机制。

**（三）中国在CAC的工作开展状况**

中华人民共和国于1984年正式成为CAC成员国，1986年成立了中国食品法典委员会。在2006年举办的第29届国际食品法典大会上，中国主动申请并成功当选为农药残留和食品添加剂两个委员会的主席国。2007～2009年，农业部成功主持了CAC农药残留委员会（CCPR）第39、40和41届会议，卫生部成功举办了CAC食品添加剂法典委员会第39、40和41届会议，推动了我国参与CAC工作的进展。

目前，中国作为发展中国家的主要代表，承担着多项国际食品法典标准的制定工作。经过我国代表团的努力，将乙酰甲胺磷列入FAO/WHO农药残留联席会议（JMPR）优先评估名单，为下一步CAC制定水稻中乙酰甲胺磷的限量标准奠定了基础。将茶叶中氯氰菊酯的残留限量标准保留4年，这对于茶叶出口的扩大、贸易利益的维护具有重要意义。在食品添加剂的相关工作中，中国作为标准牵头国，先后开展《减少和预防树果中黄曲霉毒素污染的生产规范》起草工作，并参与制定了二噁英和丙烯酰胺等热点污染物的国际标准，对酱油中氯丙醇问题和花生中镉限量问题进行了妥善的处理。

我国参与国际标准制定的工作已经越来越深入，标准制修订的科学水平也逐步提高，一些重要的基础标准也逐步向国际食品法典标准靠拢。中国为国际食品法典做出了贡献，国际食品法典标准促进了中国食品安全发展。我国CAC工作已经取得一定成果，但仍存在许多不足，需要进一步提升自身能力，加强食品法典工作，完善我国的食品法律法规体系，听取国际法典标准准则及建议，参与食品法典领域的国际合作。

## 四、其他国家和地区的食品法律法规

### （一）美国的食品法律法规

美国制定了众多食品法律法规，如《联邦食品、药品和化妆品法》《食品质量保护法》《公共卫生服务法》和《联邦肉类检查法》等。

食品安全管理相关的执法机构主要包括：卫生与人类服务部（DHHS）的食品药品监督管理局（FDA）、疾病预防控制中心（CDC）、农业部（USDA）的食品安全检验局（FSIS）等。FDA 在国际上被公认为世界上最大的食品与药品管理机构之一。

### （二）欧盟的食品法律法规

欧盟具有较完善的食品安全技术法规和标准体系，深入食品生产的全过程，具有强制性、实用性和修订及时的特点。欧盟于 2000 年 1 月 12 日发表的《食品安全白皮书》长达 52 页，包括执行摘要和 9 章内容，共 116 项条款，对食品安全问题进行了阐述，具有连贯性和透明性的特点，提高了欧盟食品安全科学咨询体系的能力。该白皮书中提出了一项根本改革，就是食品法以控制"从农田到餐桌"全过程为基础，包括普通动物饲养、动物健康与保健、污染物和农药残留、新型食品、添加剂、香精、包装、辐射、饲料生产、农场主和食品生产者的责任，以及各种农田控制措施等。

继《食品安全白皮书》发表之后的又一重要里程碑是欧盟《178/2002 号条例》。该条例包含 5 章 65 项条款，由欧盟议会和欧盟理事会于 2002 年 1 月 28 日通过，它确定了食品法规的一般原则和要求，建立了欧洲食品安全局（EFSA），设立了处理食品安全问题的程序。《178/2002 号条例》界定了食品、食品法律、食品商业、饲料、风险分析等 20 多个概念。

### （三）日本的食品法律法规

1947 年，日本制定了《食品卫生法》，从法律层面制定了食品相关从业者应遵循的规则，规定了国家风险管理部门应采取的具体管理措施。该法是以 HACCP 为基础的一个全面的卫生控制系统。2003 年修改后的《食品卫生法》倡导以人为本、维护公众健康的理念。2003 年 5 月，日本《食品安全基本法》诞生。该法的立法宗旨是确保食品安全与维护国民身体健康，理念为通过风险分析判断食品是否安全，强调对食品安全的风险预测能力，根据科学的分析和风险预测的结果采取必要的管理措施，对食品风险管理机构提出政策建议。《食品安全基本法》确立了食品的全过程管理理念，使日本的食品安全管理理念得到巨大提升。

# 第二节　食品安全标准体系

食品安全是社会稳定发展的基础，只有完善的食品质量安全管理才能确保食品的安全性，人们在购买或食用食品时才能放心；同时，食品质量安全管理有助于促进食品生产的高质量发展，推动整个食品行业的提质增效，提升食品行业的经济效益和社会效益。食品安全标准能够为食品安全检验工作的开展提供重要保障，以行政执法的方式，严格处罚违反食品安全法律法规的行为，保障食品安全。

## 一、我国食品安全标准的发展历程及现状

### （一）发展历程

1949 年，政府成立中央技术管理局，下设标准化规划处；1957 年成立了国家科学技术委员会标准局，负责全国的标准化工作；1962 年，国务院发布了《工农业产品和过程建设技术标准管理办法》，其成为我国第一个标准化管理法规；1965 年，在我国第一个食品卫生领域的行政法规《食品卫生管理试行条例》中，"食品卫生标准"的概念被首次提出；1979 年，国务院颁布了《中华人民共和国标准化管理条例》；1988 年在第七届人民代表大会常务委员会第五次会议通过了《中华人民共和国标准化法》，确立了我国的国家标准、行业标准、地方标准和企业标准的 4 级标准体制，并成立国家技术监督局，以统一管理全国标准化工作；1989 年，《中华人民共和国标准化法》正式实施，我国标准化工作开始走向依法管理的快车道。随着《中华人民共和国食品卫生管理条例》《中华人民共和国食品卫生法》《中华人民共和国产品质量法》和《中华人民共和国食品安全法》等法律法规的颁布实施，我国食品标准也在不断地出台和完善。

### （二）现状

我国食品安全标准经过几十年的发展，已形成门类齐全、结构相对合理、基本完整的体系，有力地促进了我国食品的发展和食品质量的提高。截至 2021 年 9 月 17 日，国家卫生健康委员会发布数据表示，我国已累计制定并公布食品安全标准 1383 项，涉及 2 万多项指标，包括通用标准、产品标准、生产规范标准和检验方法标准。4 类标准有机衔接、相辅相成，从不同的角度管控食品安全风险，涵盖我国居民消费的主要食品类别、主要健康危害因素、重点人群的营养需求。总体上，我国已经构建起"从农田到餐桌"，与国际接轨的食品安全国家标准体系。

## 二、标准与标准化

### （一）标准

#### 1. 标准的概念

在《标准化工作指南　第 1 部分：标准化和相关活动的通用术语》（GB/T 20000.1—2014）中，对标准的定义为：通过标准化活动，按照规定的程序经协商一致制定，为各种活动或其结果提供规则、指南或特性，供共同使用和重复使用的文件。其中规定的程序是指制定标准的机构颁布的标准制定程序。标准宜以科学、技术和经验的综合成果为基础，以促进最佳的共同效益为目的。

国际标准化组织（ISO）的标准化原理委员会（STACO）对标准的规定为：标准是由一个公认的机构制定和批准的文件，它对活动或活动的结果规定了规则、导则或特殊值，供共同和反复使用，以取得在预定领域内实现最佳秩序的效果。

标准具有以下含义：①为在一定范围内获得最佳秩序，根据社会发展的需求制度，要有利于社会的发展，最终是要取得效益，这个效益是广泛的，也包括了制定或使用标准各方的利益；②制定的对象是重复性的事物，对不需要规定共同遵守和重复使用的规范性文件的活动和结果，没有必要制定标准；③有一定的特性，充分体现先进性原则。

**2．标准的分类**

食品标准根据不同准则、不同目的，有不同的分类标准。

1）按标准的性质、制定的主体及适用范围分类　　按标准的性质、制定的主体及适用范围分类，食品标准可分为国家标准、行业标准、地方标准、企业标准和团体标准。

（1）国家标准。国家标准是由国务院相关部门与国家标准化管理委员会制定的（编制计划、组织起草、统一审批、编号、发布）。国家标准在全国范围内适用，其他各级别标准不得与国家标准相抵触，国家标准一经批准发布实施，与国家标准相重复的行业标准、地方标准即行废止。国家标准的代号由大写汉语拼音字母构成，强制性国家标准的代号为"GB"，推荐性国家标准的代号为"GB/T"。

（2）行业标准。根据《中华人民共和国标准化法实施条例》中第十三条和第十四条规定：对没有国家标准而又需要在全国某个行业范围内统一的技术要求，可以制定行业标准（含标准样品的制作）。制定行业标准的项目由国务院有关行政主管部门确定。行业标准由国务院有关行政主管部门编制计划，组织草拟，统一审批、编号、发布，并报国务院标准化行政主管部门备案。行业标准不得与有关国家标准相抵触，当同一内容的国家标准公布后，则该内容的行业标准即行废止。

（3）地方标准。根据《中华人民共和国标准化法实施条例》中第十五条和第十六条规定：对没有国家标准和行业标准而又需要在省、自治区、直辖市范围内统一的工业产品的安全、卫生要求，可以制定地方标准。地方标准由省、自治区、直辖市人民政府标准化行政主管部门编制计划，组织草拟，统一审批、编号、发布，并报国务院标准化行政主管部门和国务院有关行政主管部门备案。地方标准在相应的国家标准或行业标准实施后，自行废止。制定地方标准一般更有利于发挥地区优势，有利于提高地方产品的质量和竞争能力，同时也使标准更符合地方实际，有利于标准的贯彻执行。强制性地方标准的代号由大写汉语拼音字母"DB"表示，推荐性地方标准则在其后加"/T"。

（4）企业标准。根据《中华人民共和国标准化法实施条例》中第十七条规定：企业生产的产品没有国家标准、行业标准和地方标准的，应当制定相应的企业标准，作为组织生产的依据。对已有国家标准、行业标准或者地方标准的，鼓励企业制定严于国家标准、行业标准或者地方标准要求的企业标准，在企业内部适用。企业标准由企业制定，由企业法人代表或法人代表授权的主管领导批准、发布。企业标准的代号一般以"Q"开头。

（5）团体标准。根据《中华人民共和国标准化法》，国家鼓励学会、协会、商会、联合会、产业技术联盟等社会团体协调相关市场主体共同制定满足市场和创新需要的团体标准，由本团体成员约定采用或者按照本团体的规定供社会自愿采用。团体标准依次由团体标准代号（T）、社会团体代号、团体标准顺序号和年代号组成。团体标准编号中的社会团体代号应合法且唯一，不应与现有标准代号相重复，且不应与全国团体标准信息平台上已有的社会团体代号相重复。

2）按标准的约束力分类　　按标准的约束力分类，食品标准可分为强制性标准和推荐性标准。

（1）强制性标准。强制性标准是在一定范围内通过法律、行政法规等强制性手段加以实施的标准，具有法律属性。《中华人民共和国标准化法》规定，保障人体健康、人身财产安全的标准和法律，行政法规规定强制执行的标准属于强制性标准。2015 年 10 月 1 日实施的《食品安全法》第三章第二十五条规定，食品安全标准是强制执行的标准。除食品安全标准外，不得制定其他食品强制性标准。

（2）推荐性标准。推荐性标准是指生产、交换、使用等方面，通过经济手段或市场调节而自愿采用的国家标准。但推荐性标准一经接受并采用，或各方商定同意纳入经济合同中，就成为各方必须共同遵守的技术依据，具有法律上的约束性。

3）按标准化对象的基本属性分类　　按标准化对象的基本属性分类，食品标准可分为技术标准、管理标准和工作标准。

（1）技术标准。技术标准是对标准化领域中需要协调统一的技术事项所制定的标准。它是根据不同时期的科学技术水平和实践经验，针对具有普遍性和重复出现的技术问题，提出的最佳解决方案。例如，为科研、设计、工艺、检验等技术工作，产品或工程的技术质量，各种技术设备和工具等制定的标准。技术标准一般分为基础标准、产品标准、方法标准和安全、卫生、环境保护标准等。

（2）管理标准。管理标准是指对标准化领域中需要协调统一的管理事项所制定的标准，其中涉及的"管理事项"主要是指在企业管理活动中，所涉及的经营管理、设计开发与创新管理、质量管理、设备与基础设施管理、人力资源管理、安全管理、职业健康管理、环境管理、信息管理等与技术标准相关联的重复性事物和概念。管理标准包括管理基础标准、技术管理标准、经济管理标准、行政管理标准和生产经营管理标准等。

（3）工作标准。工作标准是为实现整个工作过程的协调，提高工作质量和工作效率，对工作岗位所制定的标准。它是对工作范围、构成、程序、要求、效果和检验方法等所做的规定，通常包括工作的范围和目的、工作的组织和构成、工作的程序和措施、工作的监督和质量要求、工作的效果和评价、相关工作的协作关系等。工作标准可分为管理工作标准和作业标准。

## （二）标准化

### 1. 标准化的概念

在 GB/T 20000.1—2014《标准化工作指南　第 1 部分：标准化和相关活动的通用术语》中，对标准化的定义为：为了在既定范围内获得最佳秩序，促进共同效益，对现实问题或潜在问题确立共同使用和重复使用的条款，以及编制、发布和应用文件的活动。（注 1：标准化活动确立的条款，可形成标准化文件，包括标准和其他标准化文件。注 2：标准化的主要效益在于为了达到产品、过程或服务的预期目的改进它们的适用性，促进贸易、交流及技术合作。）

标准化有以下几层含义。

（1）标准化是一个动态的活动过程，标准化不是一个孤立的事物，标准化活动主要是制定标准、实施标准进而修订标准的过程，从确定标准化对象开始，经过调查研究、实验和数据处理、征求意见，最后制定正式标准，在标准的贯彻执行过程中，还会发现许多不足，同时，随着社会生产力的发展，对标准的要求也不断提高。所以这个过程不是一次就完结了，而是一个不断循环、不断提高、螺旋式上升的运动过程，每完成一个循环，标准的水平就提高一步。

（2）标准化活动是有目的的，其目的是要在一定范围内获得最佳秩序，要通过建立最佳秩序来获得效益的最大化。

（3）标准化的获得是建立规范的活动，该规范具有共同使用和重复使用的特征。条款和规范不仅针对当前存在的问题，而且针对潜在的问题。

**2. 标准化的原则**

1）超前预防原则　　标准化的对象一方面要在依存主体的实际问题中选取，另一方面更要从潜在问题中选取，以避免该对象非标准化后造成的损失。标准是以科学技术和实验成果为依据而制定的，而科学技术日新月异，因此制定标准时必须进行综合考虑分析，对潜在问题实行超前标准化，可有效避免不必要的经济损失和保证人身财产安全。

2）协商一致原则　　标准化的成果应建立在相关各方协商一致的基础上。标准化活动的成果（即标准）要让大家公认且接受并执行，就必须让标准相关的各个方面充分协调一致，取得共识，这样既可以使标准制定得科学合理，又使标准具有广泛的基础，为标准的顺利实施创造前提条件。

3）系统优化原则　　标准化的对象应当优先考虑其所依存主体系统能获得最佳效益的问题。在能获取标准化效益的问题中，首先应考虑能获取最大效益的问题。在考虑标准化效益时，应不只是考虑对象自身的局部标准化效益，而是考虑对象所依存主体系统，即全局的最佳效益。

4）统一有度原则　　在一定范围、一定时期和一定条件下，对标准化对象的特性和特征应做出统一规定，以达到标准化的目的。统一有度原则是标准化的本质和核心，它使标准化对象的形式、功能及其他技术特征具有一致性。等效是统一的前提条件，统一后的标准与被统一的对象具有功能上的等效性。统一要先进、科学、合理，也就是有度。

5）动变有序原则　　标准应依据其所处环境的变化而按规定的程序适时修订，才能保证标准的先进性和适用性。标准是一定时期内依存主体技术或管理水平的反映，随着时间变化，必然导致标准使用环境的变化，因此必须适时修订标准，以适应其发展需求。同时标准的修订是有规定程序的，要按规定的时间、规定的程序进行修订和批准。

6）相互兼容原则　　标准应尽可能使不同产品、过程或服务实现互换和兼容，以扩大标准化效益。互换性是一种产品、过程或服务能代替另一产品、过程或服务，满足同样的需要的能力，它一般包括功能互换性和尺寸互换性；兼容性是指不同产品、过程或服务在规定条件下一起使用，能满足有关要求而不会引起不可接受的干扰的适宜性。

7）滞阻即废原则　　当标准制约或阻碍依存主体的发展时，应立即废止。任何标准都有二重性，它既可以促进依存主体的顺利发展而获取标准化效益，也可以制约或阻碍依存主体的发展而带来负面效应，因此需要对标准定时复审，确认其是否适用，如不适用，则应根据其制约或阻碍依存主体的程度、范围等情况决定对标准进行更改、修订或废止。

# 三、我国的食品安全标准

## （一）食品安全标准

食品安全标准是指为了对食品生产、加工、流通和消费（即"从农田到餐桌"）食品链全过程中影响食品安全和质量的各种要素及各关键环节进行控制和管理，经协商一致制定的并由公认机构批准，公共使用和重复使用的一种规范性文件。《食品安全法》第三章对食品安全标准进行了细致的规定，其中提到制定食品安全标准，应当以保障公众身体健康为宗旨，做到科学合理、安全可靠。食品安全标准是强制执行的标准。除食品安全标准外，不得制定其他食品强制性标准。

## （二）食品安全标准体系

"从农田到餐桌"全过程的食品安全标准，涉及生产、加工、销售、消费等环节，因此逐渐衍生出各种食品安全标准，形成一个庞大的食品安全标准体系。

食品安全标准体系是指依据系统、科学和标准化的原则与方法，遵循食品生产、加工和销售的风险分析规律，涵盖食品生产全过程中影响食品质量和安全的关键要素及其控制措施的所有标准，并根据其内部联系形成系统、科学、合理和可行的有机整体。食品安全标准体系不是对所有食品安全标准的简单罗列，而是一个有机整体，有自身的规律可循，可提高食品安全的整体水平。

食品安全标准体系包括基础标准、产品标准、规范标准、方法标准，主要有食用农产品质量安全标准、食品卫生标准、食品质量标准及行业标准中强制执行的内容，涵盖了食品生产、加工、销售和消费全过程（详见二维码2-4）。

二维码2-4

### 延 伸 阅 读

《"健康中国2030"规划纲要》将保障食品安全作为健康中国的重要组成部分，并首要提出了完善食品安全标准体系的规划目标，提出到2030年全民健康素养水平大幅提升，健康生活方式基本普及，居民主要健康影响因素得到有效控制，因重大慢性病导致的过早死亡率明显降低，人均健康预期寿命得到较大提高，居民主要健康指标水平进入高收入国家行列，健康公平基本实现。食品安全标准是食品安全法规的重要组成部分，是保护公众身体健康、保障食品安全的重要措施，是实现食品安全科学管理、强化各环节监管的重要基础，也是规范食品经营、促进食品行业健康发展的技术保障。

## （三）食品安全标准内容

《食品安全法》第二十六条对食品安全标准应当包含的内容进行了规定：①食品、食品添加剂、食品相关产品中的致病性微生物，农药残留、兽药残留、生物毒素、重金属等污染物质以及其他危害人体健康物质的限量规定；②食品添加剂的品种、使用范围、用量；③专供婴幼儿和其他特定人群的主辅食品的营养成分要求；④对与卫生、营养等食品安全要求有关的标签、标志、说明书的要求；⑤食品生产经营过程的卫生要求；⑥与食品安全有关的质量要求；⑦与食品安全有关的食品检验方法与规程；⑧其他需要制定为食品安全标准的内容。

《食品安全法》规定：对地方特色食品，没有食品安全国家标准的，省、自治区、直辖市人民政府卫生行政部门可以制定并公布食品安全地方标准，报国务院卫生行政部门备案。食品安全国家标准制定后，该地方标准即行废止。国家鼓励食品生产企业制定严于食品安全国家标准或者地方标准的企业标准，在本企业适用，并报省、自治区、直辖市人民政府卫生行政部门备案。

## （四）食品生产环节相关标准

### 1. 食品产品及各类食品标准

我国是肉类生产大国，肉类产量已经连续十多年居全球之首，而肉与肉制品标准是推动我国肉类食品行业健康可持续发展的保证。目前，我国已初步形成了以强制性标准（食品安全国家标准）体系为核心，以推荐性标准（行业标准、地方标准、企业标准）体系为主体的肉与肉制品标准体系，保障了肉与肉制品的质量安全，也促进了肉与肉制品的生产和加工。其中强制性标准体系又包括基础标准、原料及产品标准、卫生要求标准和检验方法标准4个子体系；推荐性标准体系包括过程控制标准、产品标准和检验方法标准三个子体系。

水产品是人类食物的重要组成部分和优质动物蛋白来源，也是我国农产品中最具出口竞争力的产品之一。中国现行的与水产品质量安全有关的强制性国家标准有：《食品安全国家标准 食品添加剂使用标准》（GB 2760—2014）、《食品安全国家标准 食品中污染物限量》（GB 2762—2022）、《鲜、冻动物性水产品卫生标准》（GB 2733—2015）、《食品安全国家标准 水产调味品》（GB 10133—2014）、《食品安全国家标准 动物性水产制品》（GB 10136—2015）等，已形成较完善的标准体系。总体而言，我国现行质量标准中主要技术指标与国际标准（CAC标准）及欧盟、美国、日本、韩国的规定基本是一致的，但由于整个管理体系的运转不完善，以及我国所采用的检验方法、技术落后等诸多原因，我国的水产品出口频频受阻，需引起高度重视。

从安徽阜阳的"大头娃娃"到河北三鹿乳业集团的"三聚氰胺"事件，频发的乳品安全问题让人们对中国奶业未来的发展忧心忡忡。因此2010年2月，第一届食品安全国家标准审评委员会审议通过了66项乳品安全国家标准，并于2010年3月26日由卫生部批准公布，单独为一种农产品发布相关的国家安全标准，在国内尚属首次，也足以看出国家对整个奶业的关注程度。目前我国现行有效的乳及乳制品有关的标准有647项，其中涉及生乳、乳粉及调制乳粉、灭菌乳、巴氏杀菌乳、发酵乳、乳清粉、炼乳、乳糖、干酪、再制干酪、稀奶油、奶油粉及其他乳制品等。

速冻食品是通过急速低温（−18℃以下）加工出来的食品，主要包括速冻水产食品、速冻农产食品、速冻畜产食品、速冻调理类食品等。伴随行业发展，我国速冻食品行业标准也日益完善，先后颁布了《食品安全国家标准 速冻面米与调制食品》（GB 19295—2021）、《速冻饺子》（GB/T 23786—2009）、《速冻食品生产HACCP应用准则》（GB/T 25007—2010）等多套专门性标准，对速冻食品生产、储藏、运输、经营过程等各个环节都提出了相关要求，有效地规范了速冻食品生产活动，保障了速冻食品质量安全，促进了速冻食品贸易和市场统一，提高了速冻食品行业的国际竞争力。

食用植物油是大豆、花生、菜籽、棉籽、芝麻等原辅材料经压榨或浸出、油脂精炼等工艺制备而成的食用油。我国目前已建立了以强制性国家标准《食品安全国家标准 植物油》（GB 2716—2018）为底线，以推荐性国家标准《大豆油》（GB/T 1535—2017）、《花生油》（GB/T 1534—2017）、《棕榈油》（GB/T 15680—2009）等单品种植物油标准为商品流通要求、相互衔接配套的标准体系。我国的植物油产品标准在制定过程中，坚持有利于接轨国际标准原则，但考虑到国内食品安全整体状况和油脂加工生产发展实际，部分指标与国际标准存在一定差异。

**2. 食品添加剂标准**

食品添加剂是指为改善食品品质和色、香、味，以及为防腐、保鲜和加工工艺的需要而加入食品中的人工合成或者天然物质，包括了酸度调节剂、膨松剂、着色剂等20余类具有特定功能技术作用的物质，同时也包括食品用香料、胶基糖果中基础剂物质和食品工业用加工助剂。我国的食品添加剂有 200 余种，香精料达到千余种。根据《食品安全法》相关规定，我国食品添加剂的食品安全国家标准主要分为食品添加剂产品标准、食品添加剂使用标准、生产规范、预包装食品标签通则、食品安全性毒理学评价程序及方法标准、食品添加剂检测方法标准等，主要有《食品安全国家标准 食品添加剂使用标准》（GB 2760—2014）、《食品安全国家标准 复配食品添加剂通则》（GB 26687—2011）、《食品安全国家标准 食品添加剂标识通则》（GB 29924—2013）、《食品安全国家标准 食品添加剂 维生素 C（抗坏血酸）》（GB 14754—2010）等。

**3. 食品标签标准**

食品标签是指预包装食品容器上的文字、图形、符号及一切说明物。食品标签提供着食品的内在质量信息、营养信息、时效信息和食用指导信息，是进行食品贸易及消费者选择食品的重要依据，可以起到维护消费者知情权、保护消费者健康和利益的作用，同时也是保证公平贸易的一种手段。通过实施食品标签标准，保护消费者利益和健康，维护消费者知情权，有利于市场正当竞争、促进企业自律、防止利用标签进行欺诈。

根据《食品安全法》及其实施条例的规定，我国食品标签体系主要分为食品标签标识、食品添加剂标签标识和食品相关产品标签标识，其中食品标签标识为主体。《食品安全国家标准 预包装食品标签通则》（GB 7718—2021）是关于预包装食品标签的通用要求，《食品安全国家标准 预包装食品营养标签通则》（GB 28050—2011）是关于预包装食品营养标签的通用要求，《食品安全国家标准 预包装特殊膳食用食品标签通则》（GB 13432—2013）是关于预包装特殊膳食用食品标签的通用要求，《食品安全国家标准 食品添加剂使用标准》（GB 2760—2014）规定了标签配料的食品添加剂的通用名称、使用原则、允许添加的范围及用量等，《食品安全国家标准 食品营养强化剂使用标准》（GB 14880—2012）规定了食品营养强化剂的通用名称、使用原则、允许添加的范围及用量。

---

**案例分享**

洋浦经济开发区市场监督管理局的执法人员根据举报线索对海南某面业有限公司涉嫌生产与标签内容不符的鸡蛋挂面的行为进行调查。经查，当事人按照产品执行标准 LS/T 3212—2021 生产某品牌高筋鸡蛋挂面，其中 2020 年 9 月 18 日生产了 7.44t（551 件），2020 年 9 月 19 日生产了 1.44t（107 件）。当事人生产的某品牌高筋鸡蛋挂面属于花色挂面，不适用其标签所标注的执行标准 LS/T 3212—2021。上述食品销售价均为 54 元/件，货值金额共计 3.55 万元，违法所得 3.49 万元。当事人生产标签不符合规定的挂面的行为，违反了《食品安全法》第七十一条的规定。2021 年 9 月 14 日，洋浦经济开发区市场监督管理局依据《食品安全法》第一百二十五条的规定，对当事人给予没收标签不符合规定的挂面 0.1547t、没收违法所得 3.49 万元，罚款 21.31 万元的行政处罚。

（案例来源：海南省市场监督管理局）

---

**（五）食品流通环节相关标准**

食品包装材料是指用于制造食品（食品添加剂）包装容器和构成产品包装的材料总称，而食品包装是食品重要的组成成分，涉及食品的贮藏、运输、销售等过程。近年来，"胶囊皮事件""塑化剂事件"等食品安全事故接连发生，使食品包装材料成为社会关注的新热点。目前，我国已经初步建立了食品包装材料的标准体系，推动了国际贸易的发展，也为保障公众的安全与健康发挥了重要作用。我国的食品包装材料标准体系主要由国家标准、行业标准和地方标准组成，主要有《食品包装容器及材料 术语》（GB/T 23508—2009）、GB/T 5009—2003系列如《食品卫生检验方法 理化部分总则》（GB/T 5009.1—2003）、《食品安全国家标准 食品接触材料及制品用添加剂使用标准》（GB 9685—2016）、《食品包装容器及材料生产企业通用良好操作规范》（GB/T 23887—2009），以及各种包装材料及其容器（如塑料、纸质包装、金属、玻璃、木制品等）标准。

食品物流是指包括食品运输、贮存、配送、装卸、保管、物流信息管理等的一系列活动。随着物流行业的迅速崛起，食品作为一种特殊的商品，使得食品物流成为现代物流体系中需求最大、专业性最强的行业物流。目前我国食品物流技术标准包括《物流术语》（GB/T 18354—2021）、《商品条码 物流单元编码与条码表示》（GB/T 18127—2009）、《物流中心作业通用规范》（GB/T 22126—2008）等。

## 第三节　食品安全风险分析体系

食品安全风险分析是近年来国际上出现的保证食品安全的一种新的模式，同时也是一门正在发展中的新兴学科。我国于2009年2月28日通过并于2021年4月29日最新修正的《食品安全法》初步构建了基于风险分析框架的食品安全保障体系，明确规定建立食品安全风险监测和风险评估制度。食品安全风险分析理论体系在国内外已经有了充分的实践，已成为国际食品贸易中相关标准制定的原则和方法。

### 一、食品安全风险分析产生的背景和作用

#### （一）食品安全风险分析产生的背景

随着经济全球化步伐的进一步加快，世界食品贸易量也持续增长，食源性疾病也随之表现出流行速度快、影响范围广等新特点。自20世纪90年代以来，一些危害人类生命健康的重大食品安全事故不断发生，如1996年肆虐英国的疯牛病，1997年侵袭香港的禽流感，1998年席卷东南亚的猪脑炎，1999年比利时的二噁英风波，2001年初法国的单核细胞增生李斯特菌污染事件，亚洲国家出口欧盟、美国和加拿大的虾类产品中被检测出带有氯霉素残余等。食品安全已成为一个日益引起关注的全球性问题。

目前，世界食品供应链在地理和生产维度上不断延长，且直接或间接地受多种全球因素的影响，如不断增加的国际贸易量、食品类型和地域来源的日益复杂化、农业与动物生产的集约化及产业化、食品加工模式的改变、新出现的食品与农业技术及食品加工方法等，不仅增加了食品供应链的安全风险，还增加了食品安全管理的难度。为此，各国政府和有关国际组织都在采取措施，以保障食品的安全。为了保证各种措施的科学性和有效性，以及最大限度地利用现有的食品安全管理资源，迫切需要建立新的国际食品安全宏观管理模式，以便在全球范围内科学地建立各种管理措施和制度，并对其实施的有效性进行评价，这便是食品安全风险分析。

过去的监管方法以终端食品检验为主，其主要弊端表现在以下几个方面。

**1. 对食品安全缺乏分类，抓不住监管重点**

食品供应链中的风险和危害非常繁杂，而且不同危害的风险程度也不同，必须采用不同的管理措施分类分级管理。而过去把较多的监管资源投入终端食品的检验，由于缺乏对食品供应链中潜在危害的分级分类，有限的监管资源不能合理地分配到整个食品链。大量的食品安全事故也证明，终端食品的检验难以保证将食品安全的风险降低到一个可接受的水平。

**2. 监管方式是静态的，缺乏动态的过程监管**

终端食品的检验往往是对最终食品的监管，它只针对食品供应链的一个环节，一般食品检验的项目和方法在一个时期内是相对固定的，是一种"点"控制，为一种静态监管模式。而食品供应链是一个动态过程，影响食品供应链的因素也在不断变化，这也预示着食品链中的风险也在不断变化，因此这种静态的监管模式显然不能适应不断变化的食品安全风险。如三聚氰胺事件，三聚氰胺过去并不在乳制品的检验项目中，如果不在源头控制三聚氰胺，只靠终端食品检验，是无法防控这类食品安全风险的。

**3. 监管时机滞后且被动，缺乏超前主动的科学预防**

过去较多依赖终端食品检验的监管模式是滞后且被动的。食品检验时，不安全食品实际上已经产生，即使能检验出食品中的不安全因素，也已经造成了食品原料的浪费，而且很多情况下，食品检验项目的更新总是滞后于食品危害的产生。因此，食品安全的监管必须以预防为主，不能仅仅依赖事后的检验。

面对目前的食品安全形势，以终端食品检验为主的监管模式已经无法适应食品供应链的变化。食品安全风险分析就是针对国际目前的食品安全问题应运而生的一种保证食品安全的宏观管理模式，同时作为一门正在发展的新兴学科，其本身的理论基础及应用方法等方面尚处于不断发展与完善之中。

### （二）食品安全风险分析在我国食品安全监管中的作用

我国于 2009 年 2 月 28 日通过并于 2021 年 4 月 29 日最新修正的《食品安全法》初步构建了基于风险分析框架的食品安全保障体系。《食品安全法》第二章明确规定，建立食品安全风险监测和风险评估国家制度，作为食品安全国家标准制定、食品安全风险警示和食品安全控制措施的科学依据。第二十一条规定，食品安全风险评估结果是制定、修订食品安全标准和实施食品安全监督管理的科学依据。此条贴切、准确地表述了食品安全风险分析理论在国内食品安全监管中的重要作用。我国的食品安全法规和标准要与国际标准接轨，必须采用食品安全风险分析理论和技术。以下将对食品安全风险分析在我国食品安全监管中的重要作用加以详细阐释。

**1. 监督食品质量管理效果**

党的二十大报告中提出："提高防范化解重大风险能力，严密防范系统性安全风险"。故而在食品质量管理中充分应用食品安全风险分析具有一定的现实意义，且贴合当前"食品安全至上"时代的发展理念。相关部门需在食品安全风险分析评估过程中加强食品质量管理，从而为人们供应安全的食品。

食品安全一直都是我国城市发展过程中较为重视的内容。为了适当提高食品质量管理水平，2019 年 5 月 9 日，我国专门出台了《中共中央 国务院关于深化改革加强食品安全工作的意见》，并对婴幼儿配方乳粉实现了 100%自查，由此避免"毒奶粉"事件的再次发生。而食品安全风险分析的应用能够对食品质量管理起到监督作用，由此降低检验失误率，为人体健康提供重要保障。在食品质量管理工作中充分运用食品安全风险分析方法，并结合食品成分出具一个可信度较高的风险分析报告，这样可避免民众误食质检不合格的产品。

**2. 规范食品质量管理体系**

在新时代背景下，应充分应用食品安全风险分析的方法对食品质量管理体系进行有效规范。一方面，需结合当前食品安全的要求，对食品质量管理体系的内容进行完善与补充；另一方面，应结合食品质量管理体系，对影响食品安全的不利因素进行合理把控，以免不健康的食品进入人体引发疾病。随着时代的进步，许多新型元素及物质的产生在为人们带来便捷福利的同时也会增加食品安全风险，故而需在食品安全风险分析手段的辅助下，重新调整食品质量管理方案。

**3. 处理食品质量安全危机**

食品安全问题的出现严重威胁着消费者的身体健康，并在社会上形成大规模恐慌。因此，食品安全风险分析方法的应用能为食品质量管理部门提供重要的工作经验，并为后期食品质量管理工作的顺利开展带来助力。

**4. 明确食品生产加工标准**

食品安全风险分析可为食品生产加工标准的界定提供参考依据，最终达到精准识别危险源的目的。为了提高我国食品质量管理效果，应进一步加强对食品安全风险分析手段的推广，根据当下食品质量管理水平对食品生产加工标准进行细致化规定。

## 二、食品安全风险分析的基本概念和理论框架

### （一）食品安全风险分析的基本概念

"风险分析"的概念首先出现在环境科学的危害控制中，并于 20 世纪 80 年代出现在食品安全领域。食品安全风险分析就是对食品链中的风险进行评估，进而根据风险程度采取相应的风险管理措施去控制或降低风险，并且在风险评估和风险管理的全过程中保证风险相关的各方保持良好的风险交流。食品安全风险分析主要包括风险评估、风险管理和风险交流三大核心内容，其基于"从农田到餐桌"的全过程控制理念，着重于事前的预防、预警和过程控制，通过对不同危害的风险评估，制定相应的管理措施，把食品链的风险控制到一个可接受的水平。其根本目标在于保护消费者的健康和促进公平的食品贸易。

在风险分析理论中，与风险相对应的一个概念是危害，风险和危害这两个术语非常重要，因为它们是风险分析过程中的基础，而在许多语言中却无法区分这两个术语。危害通常是指可能对人体健康产生不良后果的因素或状态。食品安全危害是指食品中存在或因条件改变而产生的对健康有不良作用的生物的、化学的和物理的因素。生物性危害主要包括细菌、真菌、病毒、寄生虫等；化学性危害是指食用后能引起急性中毒或慢性积累性伤害的化学物质，包括天然存在的、残留的、加工过程中人为添加的或偶然污染的化学物质，如农药残留、兽药残留、天然毒素、食品添加剂等；物理性危害是指食用后可导致物理性

伤害的异物,如玻璃、金属等。所谓"食品安全风险",就是由食品中的危害物产生不良作用的可能性和严重性。

风险和危害是食品安全风险分析中最基础的两个概念,由其定义可知,危害是人类健康或环境产生不良作用的原因;风险是对危害是否发生作用,以及发生不良作用的程度的判定。

**延 伸 阅 读**

根据《中华人民共和国食品安全法实施条例》的规定,国务院农业行政、质量监督、工商行政管理和国家食品药品监督管理等有关部门向国务院卫生行政部门提出食品安全风险评估建议,应当提供风险的来源和性质、相关检验数据和结论、风险涉及范围等有关信息和资料。县级以上地方农业行政、质量监督、工商行政管理、食品药品监督管理等有关部门,应当协助收集食品安全风险评估信息和资料。

## (二)食品安全风险分析的理论框架

食品安全风险分析是一个结构化的过程,主要包括风险评估(risk assessment)、风险管理(risk management)和风险交流(risk communication)三个核心内容。在食品安全风险分析过程中,这三部分看似独立存在,但其实三者是一个高度统一融合的整体。在此过程中,包括风险管理者和风险评估者在内的各个利益相关方通过风险交流进行互动,由风险管理者根据风险评估的结果及与利益相关方交流的结果制定出风险管理措施,并在执行风险管理措施的同时,对其进行监控和评估,随时对风险管理措施进行修正,从而达到对食品安全风险的有效管理(图2-1)。

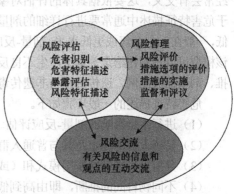

图2-1　风险分析

### 1. 风险评估

风险评估是对在特定条件下,风险源暴露对人体健康不良事件发生的可能性和严重性的评估及对可能存在的危害进行预测,并在此基础上采取规避或降低危害的措施。风险评估由危害识别、危害特征描述、暴露评估和风险特征描述 4 个步骤组成,根据这些步骤获得综合信息及根据有害事件发生的可能性和后果的严重性,来评估健康和安全的风险情况。

1)**危害识别**(hazard identification)　　危害识别是指对可能给人类及环境带来不良影响的风险源所进行的识别,以及对其所带来的影响或后果的定性描述。

明确识别危害物很有必要,对于化学性危害来说,要求收集准确的化学成分方面的信息,包括对复杂的同分异构体的鉴别,对复合物组成成分的准确描述,以及化合物的成分和稳定性与杂质的数量和性质等。必须保证为风险评估工作提供数据资料的危害物同人们所关注的危害物的性质基本相同,确保所采用的流行病学、毒理学数据资料的研究对象同所进行风险评估的研究对象的性质是一致的。

**延伸阅读**

　　金黄色葡萄球菌属于革兰氏阳性球菌，是葡萄球菌属的典型代表之一，有20%~30%的人携带此种病原菌，菌体直径约0.8μm，小球形，常堆聚成葡萄串状，无芽孢，大多数无荚膜。金黄色葡萄球菌能够耐低温、耐高渗、耐热，同时还具有较强的耐药性，对磺胺类药物的敏感性低，但对于青霉素、红霉素等具有较强的敏感性。金黄色葡萄球菌肠毒素（*Staphylococcus aureus* enterotoxin，SE）是金黄色葡萄球菌在适宜的基质和环境条件下所分泌的外毒素，为一组可溶性单链蛋白且在结构和功能上具有一定的相似性。根据肠毒素的抗原性将其分为肠毒素A、B、C、D、E五个经典的血清型和新型肠毒素（如肠毒素G、H、I、J、K、R、S和T等）。据报道，肠毒素A是造成葡萄球菌食物中毒最常见的病原因子，我国大约80%的葡萄球菌食物中毒事件是由肠毒素A所致，其次是肠毒素B（导致大约10%的葡萄球菌食物中毒事件）、肠毒素C和肠毒素D。新型肠毒素中肠毒素G、H、I、R、S和T已被证明具有催吐活性，其他的金黄色葡萄球菌类肠毒素（staphylococcal enterotoxin-like protein，SEI）的催吐活性还有待证实。

　　2）危害特征描述（hazard characterization）　　风险评估中的危害识别和危害特征描述经常会有交叉，这要依据具体的评估对象和所获取可用数据的多少进行区分，其主要区别在于危害特征描述中通常要进行详细的剂量-反应评估。食品中的各种化学危害物的含量通常很低，一般在mg/kg级或更低水平。剂量-反应评估是危害特征描述过程中的一个重要数学模型，该模型可以预测在给定剂量下产生不良反应的概率。危害特征描述的主要方法有剂量-反应外推、剂量缩放比例、遗传毒性与非遗传毒性致癌物、阈值法、非阈值法和代谢实验。

　　危害特征描述的一般步骤如下。

　　（1）进行不良影响的剂量-反应评估。

　　（2）易感人群的鉴定及其与普通人群的相同点和不同点的比较。

　　（3）分析不良影响的作用模式和（或）机制的特性。

　　（4）不同物种间的推断，即由高到低的剂量-反应外推。

　　3）暴露评估（exposure assessment）　　暴露评估是指对食品中危害物的可能摄入量及通过其他途径接触的危害物剂量的定性和（或）定量评估。对于农药和兽药残留、食品添加剂及污染物、天然毒素等化学危害物开展暴露评估的目的在于求得某危害物对人体的暴露剂量、暴露频率、暴露时间、路径及范围。由于剂量决定毒性，因此关于危害物的膳食摄入量的估计需要有关食物消费量和这些食物中相关危害物浓度的资料。

　　准确可靠的食物摄入量对于暴露评估必不可少，消费者的平均食品消费量和不同地区人群的食物消费数据对于暴露评估非常重要，特别是对于易感人群的暴露评估。另外，在制定国际性食品安全风险评估办法时，必须重视膳食摄入量资料的可比性，特别是世界上不同国家或地区的主要食物消费情况。我国原卫生部、科技部、公安部和国家统计局联合实施了全国膳食、营养与健康调查，由中国疾病预防控制中心负责组织实施，调查所得的基础数据已成为我国食品安全危害膳食暴露评估的科学依据。

　　膳食暴露评估的主要原理是整合目标人群膳食调查的食物消费水平和食品污染物的暴露水平，计算并推论出人体通过膳食途径摄入某种或某类化学物质的量，包括累积暴露和多途径暴露。据此计算人体对该食物中化学物质的暴露量估计值，再将该估计值与健康指导值进行比较，从而得到风险特征描述。经典膳食暴露评估模型主要有点评估模型、简单分布模型和概率评估模型三种。

**延伸阅读**

在美、英、法等发达国家均已开展镉（Cd）的膳食暴露评估。伊根（Egan）等的研究显示，美国成人 Cd 的摄入量虽低于暂定每月耐受量（PTMI）的 15%~18%，但摄入量仍处于较高水平，为 11.5~14.2μg/d；吉利恩（Gillian）等的研究结果显示，英国成人 Cd 的摄入量为 14μg/d；莱兰克（Lehlanc）等的研究结果显示，根据法国第一次总膳食研究，法国成人膳食 Cd 的平均暴露量为 PTMI 的 4.3%，儿童膳食 Cd 的平均暴露量为 PTMI 的 5.7%，但低年龄儿童组的暴露量较高。

目前，我国对人群 Cd 摄入量的研究大多基于人群的总膳食调查。高俊全等根据三次全国总膳食研究（1990 年、1992 年、2000 年），以成年男子为例，发现 Cd 的全国平均膳食摄入量呈上升趋势，2000 年我国成年男子膳食 Cd 的平均暴露量为 22.2μg/d，虽未超过 PTMI 限值，但与其他各国相比仍然较高。宋晓昀等利用点评估和简单分布评估对江苏省居民膳食 Cd 暴露进行评估，点评估结果显示，江苏省各年龄组居民 Cd 的平均膳食暴露量远高于 Cd 的 PTMI，简单分布评估结果显示，江苏省各年龄组人群 Cd 的膳食暴露量的平均值仅为点估计暴露平均值的 1/40~1/20，且远低于食品添加剂专家联合委员会（JECFA）制定的 Cd PTMI 值，主要暴露来源为谷类。

4）风险特征描述（risk characterization）　在危害识别、危害描述和暴露评估的基础上，对评估过程中伴随的不确定性、危害发生的概率和特定人群的健康产生已知或潜在不良作用的严重性进行一个定性或定量的估计。具体而言，风险特征描述是指在危害识别的基础上对暴露评估和危害特征描述阶段得到的相关数据及信息进行编辑、整合，并形成最后的风险评估结果的过程。

定性估计是根据危害识别、危害特征描述及暴露评估的结果给予高、中、低风险的估计。其建议包括以下内容：①即便在高暴露情况下，该化学物质也没有毒性的陈述或证据；②特定使用量情况下化学物质是安全的陈述或证据；③避免、降低或减少暴露的建议。

定量估计的建议包括以下内容：①基于健康的指导值；②不同暴露水平的风险估计；③最低和最高摄入量时的风险（如营养素）。

风险特征描述的内容包括以下几点。

（1）风险的性质特征和产生不良影响的可能性。

（2）哪些人属于该风险的易感人群。

（3）不良影响的严重性及不良影响是否可逆。

（4）风险特征中的不确定性和变异性。

（5）进行风险评估的科学证据有哪些，是否充分、可信。

（6）风险评估及其所做出的预测的可信程度有多高时，可为风险管理提供部分可选择的措施。

**延伸阅读**

　　单核细胞增生李斯特菌是一种常见的能引起人畜共患病的革兰氏阳性短杆菌。该菌广泛分布于自然界、人和动物粪便及众多食物中，无芽孢和荚膜，周生鞭毛，能运动，是需氧及兼性厌氧的食源性致病菌。单核细胞增生李斯特菌对营养的要求不高，其最适生长温度为30~37℃，具有嗜冷性，在低温（0~4℃）能缓慢生长繁殖；在酸性（pH 4.4~9.4）、高盐（>10%）的环境中能生长；具有较强的耐热性，60℃加热20min或70℃加热5min才能将其杀灭，能够耐受牛奶巴氏消毒（71.7℃，5s），被WHO列为20世纪90年代的四大食源性致病菌之一。

　　风险评估是评估单核细胞增生李斯特菌污染特殊食品的可能性，以及摄入这种被污染食品后导致人体健康负面影响的概率。

　　低含量的单核细胞增生李斯特菌（约0.4CFU/100g）可能存在于食品中的某一小部分；在这种含量情况下，由于消费这种食品而带来风险的概率应该是很低的；然而，对于处在风险最前沿的易感人群来说，单核细胞增生李斯特菌的感染剂量就会变得很低，单核细胞增生李斯特菌病对于这些人群的危害就会很严重。

　　微生物风险评估用作科学依据是一个相对较新的工具。因此，在一段时间后要将评估结果与新报告的人类疾病数据或相对较新的可获得的信息进行比较。

**2. 风险管理**

　　在国际食品法典委员会的定义中，风险管理是及时依据风险评估的结果，权衡管理决策方案，并在必要时，选择并实施适当的管理措施（包括制定措施）的过程。

　　风险管理的首要目标是依据风险评估的结果，选择和实施适当的措施，尽可能有效地控制食品风险，从而保障公众健康，保证进出口食品贸易在公平的竞争环境中进行。其目的是确定是否需要和需要何种食品监管措施，方可将风险降低至社会可以接受的水平。这些监管措施包括制定最高限量，制定食品标签标准，制定食品安全卫生标准及法律法规，实施公众教育计划，召回和预警，通过使用替代品或改善农业或生产规范以减少某些化学物质的使用等。

　　风险管理主要包括以下4个程序。

　　（1）风险评价：是风险管理的第一步，主要包括确认食品安全问题，描述风险概况，就风险评估和风险管理的优先权对危害进行排序，为风险评估制定风险评估政策，提供风险评估的人力与物力，决定进行风险评估及风险评估结果的审议等内容。风险评价是最初的风险管理活动，构成了风险管理的起始过程。

　　（2）风险管理措施选项的评价：主要包括针对风险评估的结果评价可采用的风险管理措施，选择最佳的风险管理措施，以及形成最终的风险管理决定等内容，即根据风险和其他因素的科学信息对管理食品安全问题的现有选项进行权衡，包括在适当水平上对消费者的保护做出决定。

　　（3）风险管理措施的实施：根据风险管理策略评估中关于风险管理的决定来实施风险管理。

　　（4）风险管理措施的监督和评议：邀请各利益相关方、专家学者和管理者经常性地对风险评价和风险管理过程及其所做出的决定进行监督和评议。收集和分析数据，以便给出食品安全和消费者健康的概况。

**3. 风险交流**

食品安全风险交流是风险分析框架的三大组成成分之一。1988 年，FAO/WHO 将食品安全风险交流定义为：在风险分析全过程中，各利益相关方就某项风险、风险所涉及的因素和风险认知相互交换信息和意见的过程，内容包括风险评估结果的解释和风险管理决策的依据等。

1）背景概念

（1）利益相关方的概念：食品安全风险交流中的利益相关方包括食品安全监管机构及人员、食品相关研究机构及人员、食品生产加工经营单位及人员、食品行业协会、消费者组织或其他社会团体、消费者、媒体等。在涉及食品贸易和跨国、跨地区的食品安全风险时，利益相关方还包括国际和国外相关机构及人员等。

（2）风险交流特点：风险交流是国际相关机构为促进科学共识转化为社会共识采用的主流科学方法，以科学为准绳，以维护公众健康权益为根本出发点，贯穿食品安全风险分析框架的始终。与传统单向告知模式相比较，风险交流有以下不同：一是与交流受众的关系层面，不是单向自上而下的关系，而是双向平等的对话合作，倾听受众需求，精准回应关切的过程。二是学科基础方面。风险交流最终落脚点是人的认知和行为改变，作为交叉学科，相对自然科学（食品安全学、微生物学等），更多地以社会科学（心理学、传播学、社会学、营销学等）为学科基础，以知己知彼的风险认知研究为精准交流的必要程序和技术方法。

（3）风险交流作用：通过利益相关方之间的双向沟通、参与和对话，增进利益相关方对科学结论、风险防控措施及背后基本原理的了解/理解，凝聚科学共识，促进公众在生活中面临食品安全危害及风险时的知情决策、理性决策；提高风险管理决策水平，提升整体风险分析过程的有效性；维护科学公信力、政府公信力，提升民众对食品安全链的信任与信心；促进食品产业和食品贸易的健康、可持续发展。

2）风险交流技术基础——风险认知

（1）风险认知的概念和作用：食品安全风险包含三种形态，分别是实际的风险、风险评估和风险认知。风险评估的概念前文已经介绍，是科学评估风险的过程，其结论最接近实际风险。而风险认知是人们主观层面心理感受到的风险。世界粮食及农业组织将风险认知定义为"人们对某一具体风险的特性、可能性和严重程度等做出的主观判断"。

无论技术性风险评估结果如何，人们往往依据主观的风险感知进行风险判断、决策和行为选择，即人们往往把感知到的风险作为其态度、意图和行为的基础。因此，实现有效的交流，弥合客观风险与主观认知之间的差异，就需要充分地掌握受众的风险认知状况和规律，知己知彼，精准交流的内容、渠道、方式和对象。EFSA 对有效交流的定义为：在正确的时间，通过正确的方式，将正确的信息传递给正确的人。通过风险认知研究了解交流受众的认知状况和规律，掌握认知和行为改变的关键因素，是精准获得 4 个正确的内容（时间、方式、信息和人），提升交流效果与质量的关键路径。为强化风险认知对有效交流的重要作用，2019年，EFSA 明确将风险认知作为有效交流的基本程序写入《欧盟食品法》。食品安全风险交流不仅要基于客观的风险评估结果，还要充分地了解交流受众对客观科学结论的主观感知。

（2）影响风险认知的因素：最广泛认同的影响因素是"知识"，知识缺乏会导致认知差异。随着知识的增加，公众对转基因食品消费中的风险认知显著降低。但在进一步深入的研究中，人们发现知识对于风险认知的影响并非是线性关系。有些情况下，了解的有关转基因的知识越多（包括风险知识和利益知识），公众越认为科学家不能确定转基因技术在食品安全上的风险。

媒介对风险认知的影响。风险的社会放大框架（SARF）指出：多数情况下，人们不是通过个人体验来感知风险和风险事件，而是通过媒介的信息传播对风险信息进行加工和重构。媒介作为风险的放大站之一，在塑造人们的风险认知中起重要作用。虽然专家可以将风险评估的科学结论传达给公众，但通常要经过媒体的过滤后才会接受民众的个人解读。

风险激惹因素的影响。在食品安全风险领域，常见客观低风险的事件引发公众强烈的关注并造成巨大的社会影响，而客观高风险的事件却受到忽视。这种主客观认知的差异除了源自交流受众的知识水平、外界媒体的影响，还在很大程度上源自风险本身所具备的激惹因素和认知模式。当风险自身所含的激惹因素越多，激惹性越强时，就越容易引发民众的负面情绪和高风险感知。例如，转基因食品安全风险就包含了表 2-1 中提到的多数激惹特征。文森特·科韦洛（Vincent Covello）、彼得·桑德曼（Peter Sandman）、保罗·斯洛维奇（Paul Slovic）等学者和 FAO 官方机构均总结了食品安全风险中常见的激惹因素（表 2-1）。

表 2-1　影响风险认知的风险激惹因素

| 风险激惹因素 | 可能性结果 | |
| --- | --- | --- |
| 风险特征 | 增加风险感知 | 降低风险感知 |
| 自主性 | 被迫/被动 | 自愿 |
| 天然性 | 人为/非自然 | 天然的 |
| 可控性 | 不可控 | 可控 |
| 熟悉性 | 未知/不熟悉 | 熟悉 |
| 易理解性 | 难以理解 | 容易理解 |
| 争议性 | 科学界存在争议 | 科学共识 |
| 延迟性 | 危害延迟 | 无延迟 |
| 可逆性 | 危害不可逆 | 危害可逆 |
| 直接性 | 直接利害关系 | 间接利害关系 |
| 人群特殊性 | 易感人群（婴儿、孕妇等） | 非易感人群 |
| 公平性 | 存在不公平 | 公平公正 |
| 伦理道德 | 违背伦理道德 | 不违背伦理道德 |

3）风险交流基本原则　　建立和维护信任是实现有效交流的第一要务。遵循以下原则内容有助于相关交流机构更好地保护公众健康，逐步重塑和维护社会公信力，提升交流的效果与质量。

（1）公开透明。风险评估、风险管理和风险交流以开放透明的方式进行，满足利益相关方的知情权，在向利益相关方公开信息时，不仅公开相应科学结论/管理决策的结果，还包括科学结论/管理决策的过程和依据，即决策是如何做出的。强调双向的对话与利益相关方的参与，在决策中将利益相关方的合理意见纳入考虑范围，提升决策的社会接纳度。

（2）倾听受众。交流不是一种孤立的行为，需要深刻地洞察受众的认知规律，了解交流受众的认知状况和需求，精准交流策略。在交流中贴近受众心理需求，不仅考虑数据和逻辑，还要充分考虑和回应受众的认知与感受，触发情感共鸣，促进科学信息入眼、入脑、入心。

（3）及时回应。及时、主动地回应民众的关切和期望，早期发布和及时地传递信息，有利于尽早保护人们健康，对舆论进行有效引导，提高信息的可信度，预防谣言的产生，树立良好的机构信誉和形象。

（4）重视不确定因素。风险交流常面临很多不确定的因素，食品安全相关机构应充分考虑这些因素，不宜过度使用绝对化描述。尽量明确哪里存在不确定性，不确定的程度如何，为减少这些不确定信息采取了哪些措施，获得了哪些新的证据等。

（5）制订计划和预案。食品安全相关机构宜为食品安全事故、涉及食品的突发公共卫生事件、食品安全舆论事件等制订相应的风险交流预案。主管部门宜统筹协调所属各级食品安全相关机构的风险交流活动。除了制订年度风险交流计划，还应为重点风险交流活动制订配套的实施方案。

（6）跟进与评估。交流不是说了即有效，交流除了可能有效，还可能无效甚至反效，越交流越愤怒，越辟谣越信谣。人们习以为常的交流和干预策略是否有助于实现预期目标，需要通过科学规范的交流效果评估确认。交流效果评估不仅有助于识别交流的优势策略，还有助于发现存在的缺陷、漏洞和问题。交流效果评估的方法有许多种，常见的有问卷调查、心理学实验方法等。

# 第四节　食品安全性评价体系

食品安全问题是关系到国计民生的重大战略问题，确保食品安全是各国政府的重要国策。要保证食品安全，必须有一套完整的食品安全性评价体系和保证体系。建立一套科学、合理的食品安全综合评价指标体系，是保证食品安全的必要手段。

## 一、食品安全性评价概述

对食品生产中的各种原料及添加剂进行安全性分析是安全性评价的主要内容，进行安全性评价的对象主要有：①用于食品生产、加工和保藏的化学与生物物质，如原料、食品添加剂、食品加工用微生物等。②食品在生产、加工、运输、销售和保藏过程中产生与污染的有害物质，如农药兽药残留、重金属、生物及其毒素，以及其他化学物质。③新技术、新工艺、新资源加工食品。

## 二、食品安全性毒理学评价

### （一）适用范围

食品安全性毒理学评价适用于评价食品生产、加工、保藏、运输和销售过程中所涉及的可能对健康造成危害的化学、生物与物理因素的安全性，检验对象包括食品及其原料、食品添加剂、新食品原料、辐照食品、食品相关产品（用于食品的包装材料、容器、洗涤剂、消毒剂和用于食品生产经营的工具、设备）及食品污染物。

### （二）受试物的要求

应提供受试物的名称、批号、含量、保存条件、原料来源、生产工艺、质量规格标准、性状、人体推荐（可能）摄入量等有关资料。

对于单一成分的物质，应提供受试物（必要时包括其杂质）的物理、化学性质（包括化学结构、纯度、稳定性等）。对于混合物（包括配方产品），应提供受试物的组成，必要时应提供受试物各组成成分的物理、化学性质（包括化学名称、化学结构、纯度、稳定性、溶解度等）有关资料。若受试物是配方产品，应是规格化产品，其组成成分、比例及纯度应与实际应用的相同。若受试物是酶制剂，应该使用在加入其他复配成分以前的产品作为受试物。

### （三）食品安全性毒理学评价试验的内容

食品安全性毒理学评价试验的内容包括：①急性经口毒性试验；②遗传毒性试验；③28d经口毒性试验；④90d 经口毒性试验；⑤致畸试验；⑥生殖毒性试验和生殖发育毒性试验；⑦毒物动力学试验；⑧慢性毒性试验；⑨致癌试验；⑩慢性毒性和致癌合并试验。

### （四）食品安全性毒理学评价对不同受试物选择毒性试验的原则

（1）凡属我国首创的物质，特别是化学结构提示有潜在慢性毒性、遗传毒性或致癌性，或该受试物产量大、使用范围广、人体摄入量大，应进行系统的毒性试验，包括急性经口毒性试验、遗传毒性试验、90d 经口毒性试验、致畸试验、生殖发育毒性试验、毒物动力学试验、慢性毒性试验和致癌试验（或慢性毒性和致癌合并试验）。

（2）凡属与已知物质（指经过安全性评价并允许使用者）的化学结构基本相同的衍生物或类似物，或在部分国家和地区有安全食用历史的物质，则可先进行急性经口毒性试验、遗传毒性试验、90d 经口毒性试验和致畸试验，根据试验结果判定是否需进行毒物动力学试验、生殖毒性试验、慢性毒性试验和致癌试验等。

（3）凡属已知的或在多个国家有食用历史的物质，同时申请单位又有资料证明申报受试物的质量规格与国外产品一致，则可先进行急性经口毒性试验、遗传毒性试验和28d 经口毒性试验，根据试验结果判断是否进行进一步的毒性试验。

（4）食品添加剂、新食品原料、食品相关产品、农药残留和兽药残留的安全性毒理学评价试验的选择。

下文将对食品添加剂、新食品原料、食品相关产品、农药残留和兽药残留的安全性毒理学评价试验的选择进行详述。

**1. 食品添加剂**

1）香料

（1）凡属世界卫生组织（WHO）已建议批准使用或已制定日容许摄入量者，以及世界卫生组织、香料和提取物制造商协会（FEMA）、欧洲理事会（COE）和国际香料工业组织（IOFI）4 个国际组织中的两个或两个以上允许使用的，一般不需要进行试验。

（2）凡属资料不全或只有一个国际组织批准的，先进行急性毒性试验和遗传毒性试验中的一项，经初步评价后，再决定是否需进行进一步的试验。

（3）凡属尚无资料可查，国际组织未允许使用的，先进行急性毒性试验、遗传毒性试验和28d 经口毒性试验，经初步评价后，决定是否需进行进一步的试验。

（4）凡属用动植物可食部分提取的单一高纯度天然香料，如其化学结构及有关资料并未提示具有不安全性的，一般不要求进行毒性试验。

2）酶制剂

（1）由具有长期安全食用历史的传统动物和植物可食部分生产的酶制剂，世界卫生组织已公布日容许摄入量或不需规定日容许摄入量者，或多个国家批准使用的，在提供相关证明材料的基础上，一般不要求进行毒理学试验。

（2）对于其他来源的酶制剂，凡属毒理学资料比较完整，世界卫生组织已公布日容许摄入量或不需规定日容许摄入量者，或多个国家批准使用的，如果质量规格与国际质量规格标准一致，则要求进行急性经口毒性试验和遗传毒性试验。如果质量规格标准不一致，则需增加 28d 经口毒性试验，根据试验结果再考虑是否进行其他相关毒理学试验。

（3）对其他来源的酶制剂，凡属新品种的，需要先进行急性经口毒性试验、遗传毒性试验、90d 经口毒性试验和致畸试验，经初步评价后，决定是否需进行进一步的试验。凡属一个国家批准使用，世界卫生组织未公布日容许摄入量或资料不完整的，先进行急性经口毒性试验、遗传毒性试验和 28d 经口毒性试验，根据试验结果判定是否需要进行进一步的试验。

（4）通过转基因方法生产的酶制剂按照国家对转基因管理的有关规定执行。

3）其他食品添加剂

（1）凡属毒理学资料比较完整，世界卫生组织已公布日容许摄入量或不需规定日容许摄入量者或多个国家批准使用，如果质量规格与国际质量规格标准一致，则要求进行急性经口毒性试验和遗传毒性试验。如果质量规格标准不一致，则需增加 28d 经口毒性试验，根据试验结果考虑是否进行其他相关毒理学试验。

（2）凡属一个国家批准使用，世界卫生组织未公布日容许摄入量或资料不完整的，则可先进行急性经口毒性试验、遗传毒性试验、28d 经口毒性试验和致畸试验，根据试验结果判定是否需要进一步的试验。

（3）对于由动植物或微生物制取的单一组分、高纯度的食品添加剂，凡属新品种的，需要先进行急性经口毒性试验、遗传毒性试验、90d 经口毒性试验和致畸试验，经初步评价后，决定是否需进行进一步的试验。凡属国外有一个国际组织或国家已批准使用的，则进行急性经口毒性试验、遗传毒性试验和 28d 经口毒性试验，经初步评价后，决定是否需进行进一步的试验。

**2. 新食品原料**

按照《新食品原料申报与受理规定》（国卫食品发〔2013〕23 号）进行评价。

**3. 食品相关产品**

按照《食品相关产品新品种申报与受理规定》（卫监督发〔2011〕49 号）进行评价。

**4. 农药残留**

按照《农药登记毒理学试验方法》（GB/T 15670—2017）进行评价。

**5. 兽药残留**

按照《兽药临床前毒理学评价试验指导原则》（中华人民共和国农业部公告第 1247 号）进行评价。

**（五）进行食品安全性评价时需要考虑的因素**

**1. 试验指标的统计学意义、生物学意义和毒理学意义**

对实验中某些指标的异常改变，应根据试验组与对照组指标是否有统计学差异，其有无剂量反应关系，同类指标横向比较两种性别的一致性，以及本实验室的历史性对照值范围等，综合考虑指标差异有无生物学意义，并进一步判断是否具有毒理学意义。此外，如在受试物组发现某种在对照组没有出现的肿瘤，即使与对照组比较无统计学意义，仍要给予关注。

**2．人的推荐（可能）摄入量较大的受试物**

应考虑给予受试物量过大时，可能会影响营养素摄入量及其生物利用率，从而导致某些毒理学表现，而非受试物的毒性作用所致。

**3．时间-毒性效应关系**

对由受试物引起实验动物的毒性效应进行分析评价时，要考虑在同一剂量水平下毒性效应随时间的变化情况。

**4．特殊人群和易感人群**

对孕妇、乳母或儿童食用的食品，应特别注意其胚胎毒性或生殖发育毒性、神经毒性和免疫毒性等。

**5．人群资料**

由于存在着动物与人之间的物种差异，在评价食品的安全性时，应尽可能收集人群接触受试物后的反应资料，如职业性接触和意外事故接触等。在确保安全的条件下，可以考虑遵照有关规定进行人体试食试验，并且志愿受试者的毒物动力学或代谢资料对于将动物试验结果推论到人具有很重要的意义。

**6．动物毒性试验和体外试验资料**

本程序所列的各项动物毒性试验和体外试验系统是目前管理（法规）毒理学评价水平下所得到的最重要的资料，也是进行安全性评价的主要依据。在试验得到阳性结果，而且结果的判定涉及受试物能否应用于食品时，需要考虑结果的重复性和剂量-反应关系。

**7．不确定系数**

不确定系数即安全系数。将动物毒性试验结果外推到人时，鉴于动物与人的物种和个体之间的生物学差异，不确定系数通常为100，但可根据受试物的原料来源、理化性质、毒性大小、代谢特点、蓄积性、接触的人群范围、食品中的使用量和人的可能摄入量、使用范围及功能等因素来综合考虑其安全系数的大小。

**8．毒物动力学试验的资料**

毒物动力学试验是对化学物质进行毒理学评价的一个重要方面，因为不同化学物质、剂量大小、在毒物动力学或代谢方面的差别往往对毒性作用的影响很大。在毒性试验中，原则上应尽量使用与人具有相同毒物动力学或代谢模式的动物种系来进行试验。研究受试物在实验动物和人体内吸收、分布、排泄和生物转化方面的差别，对于将动物试验结果外推到人和降低不确定性具有重要意义。

**9．综合评价**

在进行综合评价时，应全面考虑受试物的理化性质、结构、毒性大小、代谢特点、蓄积性、接触的人群范围、食品中的使用量与使用范围、人的推荐（可能）摄入量等因素，对于已在食品中应用了相当长时间的物质，对接触人群进行流行病学调查具有重大意义，但往往难以获得剂量-反应关系方面的可靠资料；对于新的受试物质，则只能依靠动物试验和其他试验研究资料。然而，即使有了完整和详尽的动物试验资料及一部分人类接触的流行病学研究资料，由于人类的种族和个体差异，也很难做出能保证每个人都安全的评价。所谓绝对的食品安全实际上是不存在的。在受试物可能对人体健康造成的危害及其可能的有益作用之间进行权衡。以食用安全为前提,安全性评价的依据不仅仅是安全性毒理学试验的结果,而且与当时的科学水平、技术条件及社会经济、文化因素有关。因此,随着时间的推移、社会经济的发展、科学技术的进步,有必要对已通过评价的受试物进行重新评价。

## 三、食品安全性综合评价指标体系的建立

为了与国际接轨,中国正在逐步建立和完善食品安全综合评价指标体系。食品的安全性牵涉到食品原料的种植、养殖、收获、生产、加工、运输、销售及食用等全过程,应该从食品生产的源头开始进行全面的危害分析,了解整个食物链中各个环节的相关信息。一旦出现问题时,可以根据已有的信息追溯到问题发生的时间、地点、环节及分析产生问题的可能原因等。

食品安全性综合评价指标大致分为两类,一类是对原有合格率数据的深度挖掘,另一类是进行综合食物数量安全和质量安全的评价体系。评价体系是在监管和消费者反馈等综合性评价指标的基础上进行研究的,主要包括食品安全行政及执法状况、食品生产安全状况、食品消费安全状况和社会满意度4个维度。这4个维度在时间轴上并不同步,而是按照监管执法—生产安全—消费安全—社会满意度的顺序进行,比如食品安全整体状况的改善总是会滞后于监管活动变化和生产经营者行为的调整。四者相互关联、相互影响,各自反映食品安全状况的一个维度。搭建基于4个维度的数据框架以后,再通过评价标准给各要素赋值并进行计算,最终得出相应的综合指数。

## 四、科学建立食品安全性评价体系

食品安全从大的方面来讲可划分为食品数量安全、质量安全和可持续安全三个方面。食品安全性评价体系也必须围绕这三个方面来构建。

### (一)建立食品安全性评价体系必须顾及食品的数量安全

因为食品数量安全保证了人类生存的基本权利。食品数量安全是指人们能够生产或提供维持其基本生存所需的膳食需要,从数量上反映居民食品消费需求的能力。食品数量安全问题在任何时候都是各国,特别是发展中国家所需要解决的首要问题。不同的时期对食品数量安全有不同的要求,从有人类开始到现在,食品数量安全长期处于人们关注的焦点,粮食更是历次战争各个国家必须控制的首要战略物资。目前,全球食品数量安全问题已经基本得以解决,食品供给已不再是主要矛盾,但不同地区与不同人群之间仍然存在不同程度的食品数量安全问题。

---

**延 伸 阅 读**

"牢牢把住粮食安全主动权"的谆谆叮嘱,化成"粮食生产年年要抓紧"的实际行动。2021 年,在以习近平同志为核心的党中央坚强领导下,我们克服新冠疫情、洪涝自然灾害等困难,粮食总产量达到 13 657 亿斤(1 斤=0.5kg),比上年增长 267 亿斤,继续稳定在 1.3 万亿斤台阶上。稳粮仓必须稳产量。2022 年粮食产量目标是稳定在 1.3 万亿斤以上。

2022年3月6日下午，习近平总书记看望了参加中国人民政治协商会议第十三届全国委员会第五次会议的农业界、社会福利和社会保障界委员，并参加联组会。他强调，实施乡村振兴战略，必须把确保重要农产品特别是粮食供给作为首要任务，把提高农业综合生产能力放在更加突出的位置，把"藏粮于地、藏粮于技"真正落实到位。

食为政首，谷为民命。千百年来，作为农业大国和人口大国的中国，对于"一粒粮食能救一个国家，也可以绊倒一个国家"更有切肤之感。让十多亿人口吃上饭、吃稳饭、吃好饭，是党治国理政的头等大事。党的十八大以来，习近平总书记一次次考察调研，总要去农田看一看，察墒情、看苗情、问收成。家常话语，意味深长，饱含着总书记对端牢"中国饭碗"的殷殷期待。"牢牢把住粮食安全主动权"的谆谆叮嘱，正在各地化成"粮食生产年年要抓紧"的实际行动。时下，从岭南大地到东北平原，从鱼米之乡到塞上江南，田野开始复苏、耕地正在"升级"、农机排队检修，一幅春和景明的春耕画卷正在徐徐展开。

2022年是我国踏上全面建设社会主义现代化国家、向第二个百年奋斗目标进军新征程的重要一年。打好春季农业生产第一仗，牢牢守住粮食安全这条底线，对于经济工作"稳字当头、稳中求进"有着重要意义。

### （二）建立食品安全性评价体系必须顾及食品的质量安全

食品质量安全是对食品按照原定用途进行制作或者食用时，不会使消费者受到伤害的一种担保。食品质量安全就是目前我们所说的食品安全。它是指一个人们从生产或提供的食品中获得营养充足、卫生安全的食品消费以满足其正常生理需要，即维持生存生长或保证从疾病、体力劳动等各种活动引起的疲乏中恢复正常的能力。食品质量安全状态就是一个国家或地区的食品中各种危害物对消费者健康的影响程度。它以确保食品卫生、营养结构合理为特征。强调食品质量安全，是人类维持健康生活的权利。

### （三）建立食品安全性评价体系还要顾及食品的可持续安全

因为食品可持续安全是人类社会可持续发展的根本。它是指人们在充分合理利用和保护自然资源的基础上，技术和管理方式都能确保食品质与量的持续和稳定，既满足现代社会的需要，又造福于子孙后代，所有人随时能获得保持健康生命所需要的食品。其特征表现为合理利用食品资源、保证食品生产的可持续发展。由于保证食品安全涉及多个方面，因此食品安全综合评价体系的建立也涉及多个学科，也正是因为食品安全问题的综合性，决定了它面临的风险也必然是多方面的。对于这种风险的衡量需要避免片面性，从实际出发，遵循科学性、合理性及可行性的原则。

## 五、建立食品安全性评价体系的必要性

食品是人类赖以生存和发展的基本物质，是人们生存的根本。党中央、国务院把食品药品安全工作摆在了前所未有的高度，要求坚持最严谨的标准、最严格的监管、最严厉的处罚、最严肃的问责，大力实施食品安全战略，保证广大人民群众吃得放心、安心，而其中"粮食

安全是'国之大者'。悠悠万事，吃饭为大"。食品加工、深加工及农副产品深加工是我国的重要产业支柱之一，食品产业的健康发展对我国的社会、经济发展至关重要。

---

**延伸阅读**

2021年全国食品安全宣传周主场活动6月8日在京举办，国务院相关领导出席并讲话。讲话中强调，要深入学习贯彻习近平总书记关于食品安全的重要指示精神，认真落实党中央、国务院决策部署，把人民生命安全和身体健康放在第一位，大力推动实施食品安全战略，不断提高食品安全保障水平，坚决守护好人民群众"舌尖上的安全"。同时指出，食品安全直接关系民生福祉，是经济社会高质量发展的必然要求。各地区、各部门要全面落实"四个最严"要求，进一步压紧压实各方责任，对食品安全违法行为实行"零容忍"，持续加大监管执法力度，严把"从农田到餐桌"的每一个关口，牢牢守住食品安全底线。要深入推进食品信用体系建设，加大信息公开力度，完善守信激励和失信惩戒机制，推动企业诚信守法经营。要畅通投诉举报渠道，鼓励全民参与，强化社会共治，把食品安全"防护网"织得更密、更牢。

---

## 第五节 食品质量安全市场准入体系

近年来各种食品质量安全问题层出不穷，给人们的身体健康造成了严重威胁，引起了社会各界的广泛关注。因此，实行市场准入制度，不但能够保证农产品的质量安全，让消费者放心购买，而且有助于维护社会的和谐与稳定。

### 一、食品质量安全市场准入制度的概念

食品质量安全市场准入制度是指为保证食品的质量安全，具备规定条件的生产者才允许进行生产经营活动，具备规定条件的食品才允许生产销售的监管制度。这是一种政府行为，是一项行政许可制度。

食品质量安全市场准入制度是食品安全的基础性制度，由交易链向核查链、责任链延伸，成为贯穿整个食品链安全管理的轴心。对食品质量安全市场准入制度的研究，以及进一步完善我国食品市场准入制度，能够有效预防食品安全事故的发生，保障食品安全。食品质量安全市场准入体系的总体建设思路与目标就是严格保障食品质量安全，对于威胁食品消费者饮食健康与安全的不合格食品进行准确的测试判断，督促食品生产商及食品销售企业全面维护消费者的食品安全法定权益。

---

**延伸阅读**

"吃荤的怕激素，吃素的怕毒素，喝饮料怕色素，吃什么心里都没有数。"这是一句当前网络流行语，也足以说明食品安全的现状及解决食品安全问题的迫切性。浙江省玉环市某人大代表把目光对准了关乎老百姓身体健康乃至生命安全的食品安全问题。他表示，目前，我们菜市场里销售的东西大部分是由家庭作坊生产的。这些以零售和批发销售为主的家庭作坊，普遍呈现出"低、小、散、乱、差"特点，不仅缺乏必要的

生产加工设备，而且环境条件差、人员素质低，更不用说具备卫生检验和质量管理环节了，很多连最基本的卫生条件都达不到。"有关部门要严把市场食品准入关，保障人民群众生命安全。"该人大代表建议，要净化市场源头，对群众每天需食用的粮食作物、蔬菜、水果、饮用水等加以重点管控，进行规范型、创新型种植/养殖，并及时调整生产结构及保障体系。要建立市场级检测体系，即在中、大型超市、农贸市场设置检测仪器，由市场专职检测人员提供检测方法，随时对有关食品主要质量参数进行检测。借鉴国外的经验，建立民间的消费者保护团体，为消费者取得更多发言权并保护消费者利益。

## 二、食品质量安全市场准入制度的内容

食品质量安全形势严峻，少数生产企业质量意识淡薄，假冒伪劣食品屡禁不止，严重影响人民身体健康和国民经济的健康发展。为了从源头上严把食品质量安全关，维护消费者的切身利益，我国实施政府对食品及其生产加工企业监管制度，主要包括生产许可制度、强制检验制度、市场准入标志制度三项内容。

### （一）生产许可制度

食品生产许可制度的制定和执行，能有效地保证食品安全，促进食品行业健康可持续发展。市场经济的不断发展，对食品生产行业提出了更高的要求，食品生产必须要在相应的制度约束之下开展经营活动。食品生产许可证（food production license）作为中小型食品企业进入市场的必要条件之一，对生产许可制度非常重要。食品生产许可证是由县级以上地方市场监督管理部门根据申请材料审查和现场核查等情况，做出准予生产许可的决定后，向申请人颁发的准许其在中华人民共和国境内从事食品生产活动的证明文件。它从生产的条件上保证了符合食品质量安全要求的食品。现阶段，我国食品生产许可制度的应用较为科学，具体表现在以下几个方面。

（1）明确的范围。对食品企业生产环节的监督和管理环节的力度更大，对食品生产许可证的审核及发放更严格，对生产场地、生产设备、企业管理人员、技术人员等都有明确的要求。

（2）广泛的监督。现阶段，监督检查制度的全面完善和实施，对食品生产经营者的行为和产品的质量进行有效的监督管理，取得了较大的成绩。监督过程中，不仅对食品生产经营者的许可证使用、变更和检查等情况进行监督，同时也加强了对主体是否按照要求开展生产经营活动进行监督，进一步提升了食品的安全和质量性能。

（3）行政执法力度的扩大。随着对食品安全生产监督力度的逐步加大，执法力度也明显扩大，并朝着更科学规范的方向发展。通过定期和不定期的检查，以有效地控制食品安全生产。

### （二）强制检验制度

全面推进食品质量安全市场准入制度，实施强制检验制度，以保护人民群众食品质量安

全卫生。对所有食品生产加工企业的原材料进厂把关、生产设备、工艺流程、产品标准、检验设备与能力、环境条件、贮存、运输、包装等方面进行审查，凡不具备保证食品质量安全基本条件的企业，不准开业生产，产品不得进入市场。同时，对企业生产的食品要进行强制的检验制度，未经检验或者是检验不合格的产品不准出厂销售。不具备自检的生产企业强令实行委托检验。强制检验制度符合我国企业现有的生产条件与管理水平，能够有效地把握产品的出厂质量，是保证食品安全的有力手段。

### （三）市场准入标志制度

实行食品质量安全市场准入标志制度，是一种既能证明食品质量安全合格，又便于监督，同时也方便消费者辨认识别，全国统一规范的食品市场准入标志，从市场准入的角度加强管理。食品市场准入标志属于质量标志，是对合格的产品加印或贴上市场准入标志。食品市场准入标志是企业进入市场的必备条件。国家相关规定要求，食品在流入市场之前必须在最小单位的包装上进行统一性的标注，包括食品质量安全生产许可证的编号或者食品质量安全准许进入市场的证明。政府通过对食品市场准入标志进行监督管理，有利于为企业创造良好的公平竞争环境，提高对食品质量安全的责任感，有利于消费者辨别真伪，更好地保护自己的合法权益，且是杜绝有问题食品进入市场的有力手段。

**延伸阅读**

2018 年起，我国正式实施全国统一的市场准入负面清单制度，政府以清单方式明确列出禁止和限制投资经营的行业、领域和业务等，清单之外的事项由市场主体依法自主决定。该制度对我国建立公平、开放、透明的市场准入规则体系，发挥市场在资源配置中的决定性作用，更好地发挥政府作用，营造稳定公平透明、可预期的法治化营商环境已产生重大而深远的影响。由国家发展和改革委员会、商务部联合发布的《市场准入负面清单（2021 年版）》依法列出了我国境内禁止或经许可方可投资经营的行业、领域、业务等（详见二维码 2-5）。其中，在食品领域中也作了相关规定，如新食品原料、食品添加剂新品种、食品相关产品新品种未经许可不得从事特定食品生产经营。市场准入负面清单制度改革的首批试点是在 2016 年初确定的，首批试点是天津、上海、福建、广东 4 个省（直辖市）。目前这些试点已陆续进入总结阶段，国务院发展研究中心还专门前往开展评估调研。而第二批试点共有 11 个，包括湖北等地区，目前这些地区已在陆续上报试点总体方案。

二维码 2-5

### （四）实施食品质量安全市场准入制度的作用

（1）食品质量水平整体提高。自 2002 年我国实行食品质量安全市场准入制度以来，先后把粮食加工品、食用植物油、乳制品、肉制品等 28 类食品全部纳入食品质量安全市场准入制度的监管中，食品质量水平有了大幅度的提高。

（2）淘汰落后企业，优化食品企业结构。食品质量安全市场准入制度规定了企业必须具备的保证食品质量安全的必要条件，提高进行食品生产的门槛，淘汰脏、乱、差的食品生产企业，逐步调整食品企业从"小、散、弱"状态向"大、集、优"转变。

（3）在信息不对称情况下对消费者的保护。消费者在购买食品时只会看到食品的最终形态，对食品原料、加工工艺、质量控制等一无所知，处于信息缺失的劣势中。企业往往利用消费者在信息上的弱势地位和惰性心理，对食品生产质量及安全标准的实施采取封闭管理，使食品的质量安全脱离消费者的监督。所以，在信息不对称的当下，政府作为监管者更需要平衡这种关系，加强对食品生产过程的监管，强制要求生产者向消费者提供真实、全面的商品信息。

（五）食品质量安全市场准入制度对企业、监管者的要求

对企业而言，环境卫生要求、生产设备条件、原辅材料要求、加工工艺及过程控制、产品标准要求、人员要求、储运要求、检测设备要求、质量管理要求、包装标识要求这 10 个方面的内容是企业保证食品质量安全的必备条件。对于不同食品的生产加工企业，保证产品质量必备条件的具体要求不同，在相应的食品生产许可证实施细则中从原材料的采购到产品出厂的全过程都有详细的要求，企业在进行生产活动时应参照《食品生产许可审查通则》、具体产品的审查细则、《食品生产通用卫生规范》、国家标准、行业标准等的规定。

2013 年，国务院进行了机构改革和职能转变，将国家质量监督检验检疫总局的生产环节的食品安全监督管理职责规划整合到了国家食品药品监督管理总局（简称国家食药监总局），由国家食药监总局全面负责食品的监管工作。

2018 年 3 月，根据第十三届全国人民代表大会第一次会议批准的国务院机构改革方案，将国家工商行政管理总局的职责、国家质量监督检验检疫总局的职责、国家食品药品监督管理总局的职责、国家发展和改革委员会的价格监督检查与反垄断执法职责、商务部的经营者集中反垄断执法及国务院反垄断委员会办公室等职责整合，组建国家市场监督管理总局。2018 年 4 月 10 日，国家市场监督管理总局正式挂牌。按照国家市场监督管理总局《食品生产许可管理办法》（国家市场监督管理总局令第 24 号）、《市场监管总局办公厅关于印发食品生产许可文书和食品生产许可证格式标准的通知》（市监食生〔2020〕18 号）的要求，对"食品生产许可证"版式进行更新。

申请食品生产许可时，应当向申请人所在地县级以上地方市场监督管理部门提交食品生产许可申请书，食品生产设备布局图和食品生产工艺流程图，食品生产主要设备、设施清单，专职或者兼职的食品安全专业技术人员、食品安全管理人员信息和食品安全管理制度。县级以上地方市场监督管理部门应当对申请人提交的申请材料进行审查。需要对申请材料的实质内容进行核实的，应当进行现场核查。

## 三、我国食品质量安全市场准入管理存在的问题

（一）监管责任不明确，配套法律跟不上

在 2013 年国务院机构改革之前，我国的食品安全由国务院食品安全委员会总协调，卫生部、国家食品药品监督管理局、农业部等多部门共管，而多部门分段监管常常存在重复监管、监管"盲点"等问题，不利于责任落实。现由国家食品药品监督管理总局对食品生产、流通、消费环节的质量安全进行统一监督管理，虽然避免了多部门分段管理的弊端，但是统一后部门内部职能划分、专业监管人员的培养等问题是不可避免的。同时，在机构合并后，配套的法律法规也会出现不适应性，一些监管人员认为合理的生产经营，在另一些监管人员

看来就是不合规的，这样反而又增加了监管人员的负担，尤其是基层工作很难开展。但2018年国家市场监督管理总局的挂牌成立，对以上问题有了一定程度的解决。

### （二）监管存在空白，监管方式死板

我国食品质量安全市场准入制度存在监管空白的情况，曾经有报道称，发现企业生产许可（QS）号码存在一号两用的情况，有的有QS的标志却没有QS号码，而且还发现在官网上QS信息难查的问题。只许可不及时监管，会造成QS市场混乱，也让消费者对食品质量安全市场准入制度产生怀疑。我国《食品生产许可管理办法》虽然规定了各级食品安全监管部门在各自职责范围内，依法对企业食品生产活动进行定期或不定期的监督检查。但在实际监管时发现，企业监督是以定期检查为主的，甚至在某些地区管制机构的定期监督检查工作采取管制人员"包干制"，管制人员被分配到固定几家企业实施定期监管。企业不但预先知道检查频率、检查时间，而且知道检查人员。在这种情形下，企业就会隐藏问题应付检查，并不能发现真正的问题所在，不能起到有效的监管作用。

### （三）实施成本高，获证周期长

对企业有压力，企业申请生产许可的收费高，企业申领一个类别工业产品生产许可证，收取2200元，每增加一个产品单元按规定收费标准的20%收取审查费，而检验费并没有做出规定。有的企业生产产品的种类众多，需要现场审核和检验的产品种类很多，那么成本就会比较高。另外，许可证从申请到发放，需要的时间很长，顺利的话也要数月，并且程序复杂，需要的材料繁多。如果企业没有经验，还要请专门的培训机构进行许可前的培训，保证一次顺利通过，否则耗时、耗力、耗费，造成不必要的损失。

### （四）企业对食品质量安全市场准入制度的重视程度不够

在食品质量安全市场准入制度实行之初，很多企业对其持观望态度，带有侥幸心理，导致食品加工企业生产条件不达标、实验室的检测能力跟不上。而且现如今企业对食品质量安全市场准入制度的认知程度也有待提高。

## 四、完善食品质量安全市场准入管理

### （一）明确监管职责，加快法律法规建设

在机构改革重组的同时，应该加强部门内部的协调和沟通，明确合并后各个分部门的监管职责，把工作细分到基层和个人，加强责任追究机制，避免出问题后各自推诿的现象。同时也应更新相应的法律法规，适应现在的发展需要，结合食品行业的特点，加强合并后人员素质的培训，避免出现监管不专业的情况。

### （二）改善监管模式，提高监管效率

相比于美国每3～5年对食品企业检查一次，我国食品企业每年都要接受不止一次的检查，而且每3年要换证一次。这样看来，我国食品监管比美国食品监管的力度还要大，但在检查时要注意企业有没有落实、有没有改进、有没有提高，切忌走马看花。再者，由于我国

企业众多，监管部门的工作量很大，必要时引入第三方检测也不失为一个可行的方法。同时对于发现的问题产品和企业，要主动曝光告知消费者，增加消费者对政府监管部门的信任度。

### （三）降低企业成本，简化审核步骤

在我国监管时，往往把所有的费用让企业承担，造成企业成本增加，让企业"千方百计"地找节约开支的办法，增加出现食品质量安全事故的概率，还有损政府形象，让企业对政府监管产生排斥心理。对此，我国可以借鉴国外相关的规定，如在美国，要求食品企业在 FDA 的网站上进行注册或者信息登记，在注册时 FDA 并不会派人员到企业进行现场核查。当注册后，FDA 会优先针对被认为高风险的食品企业进行免费检查。

# 第六节　食品标签体系

一直以来，食品标签并未引起人们足够的重视。事实上，印刷在各种食品包装上的食品标签是联系食品企业、消费者和政府质监部门的重要纽带。食品标签加贴在食品包装外，传递食品属性，我国食品的独特性和本土性决定了标签的特殊性。在食品质量安全问题备受人们关注的今天，若能有效地利用和发挥食品标签的功能，形成全社会共同参与的食品标签体系，将有助于促进我国食品质量的提升和食品品牌的创建。

## 一、食品标签的概念及要求

食品标签是对商品特征和性能的说明，是食品生产经营者向消费者传递商品必要信息的重要载体。在我国，在《食品安全国家标准 预包装食品标签通则》（GB 7718—2021）中明确规定食品标签的定义是食品包装上的文字、图形、符号及一切说明物。一个正确、有效的食品标签，不仅能引导、指导消费者购买食品，促进销售，还是食品生产经营者对产品质量、信誉和责任的承诺，是维护自身利益的途径之一。

对于企业来说，食品标签的使用应遵循一定的要求。首先，应符合法律法规的规定，并符合相应食品安全标准的规定。其次，应清晰、真实、准确、通俗易懂、有科学依据，无标示封建迷信、色情、贬低其他食品或违背营养科学常识的内容，不以虚假、夸大、使消费者误解或欺骗性的文字、图形等方式介绍食品，不应标注或者暗示具有预防、治疗疾病作用的内容，非保健食品不得明示或者暗示具有保健作用，应使消费者购买到合格的产品。最后，应使用规范的汉字（商标除外）。具有装饰作用的各种艺术字，应书写正确，易于辨认。可以同时使用拼音或少数民族文字，拼音不得大于相应汉字。若使用外文，则应与中文有对应关系（商标、进口食品的制造者和地址、国外经销者的名称和地址、网址除外）。所有外文不得大于相应的汉字（商标除外）。企业在进行食品标签的制定时，应及时查询该类食品的标签使用要求，确保该产品能够成功流入市场。

## 二、食品标签体系的主要内容

### （一）食品标签的法律保障

食品标签体系的建立离不开相关法律法规的保障。自 2015 年以来，我国陆续对多部食品

相关法律法规进行了修订并发布。自《食品标签通用标准》（GB 7718—1987）发布实施以来，我国对食品标签的监管越来越重视，GB 7718 至今已经历了三次修订，相关规定更加细化、完善。在食品生产企业、市场监管部门、检验机构的协同努力下，预包装食品标签正趋于规范化。随着 2015 年 9 月 1 日《中华人民共和国广告法》及 2015 年 10 月 1 日《中华人民共和国食品安全法》的最新修订并施行，其配套规章文件也逐步完善并公布。2019 年 3 月 26 日国务院通过常务会议修订的《中华人民共和国食品安全法实施条例》于 2019 年 12 月 1 日起施行。新法规的陆续出台对食品标签的要求也做出了更细化、具体的规定和补充，在这样的食品法规新形势下，企业需要主动甄别标签内容的变化之处并理解分析，加强标签的规范性。

## （二）食品标签的概要

预包装食品是预先包装且定量标识的食品，其标签是传递产品信息的重要载体。消费者关心的营养成分、添加剂等与健康息息相关的指标都是通过食品标签传递的。预包装食品标签是生产经营者向消费者及国家监管部门传递食品信息的说明性标识，是消费者选择食品和监管机构判断食品安全性的重要依据。设计良好的预包装食品标签不仅能传递产品的基本信息，还能突出产品的优点。

### 1. 食品营养标签的要求

随着食品加工工艺的发展、生产与销售环节的延长，营养标签的重要性愈加凸显。营养标签具有向消费者提供预包装食品的营养含量信息，协助消费者按照自身的饮食计划购买更为合理、营养和健康的食品的作用。食品营养标签主要包括营养成分表、营养声称和营养成分功能声称等三部分。现如今所有标准规定预包装食品上都需要有"营养标签"才能上市，即便是进口食品也需要加贴有中文的"营养标签"才能在国内上市。

目前，我国强制要求需呈现"1+4"项营养素，即能量、蛋白质、脂肪和碳水化合物，以及一个重要的微量元素——钠。营养声称是对某种食物营养成分的一些说明，包括"营养含量声称"如"高钙""高铁""低脂""富含 DHA""无糖"等和"营养比较声称"如"减少脂肪""增加维生素 D"等。营养成分功能声称则根据食品的营养特性，可以在包装上注明某营养成分是人体正常生长、发育和正常生理功能等所需要的。只有当能量或营养成分含量符合营养声称的要求和条件时，才可根据食品的营养特性，选用相应的一条或多条功能声称标准用语。这些功能声称标准用语是事先制定好的，不可以随意修改。食品营养标签是向消费者提供食品营养信息和特性的说明，也是消费者直观了解食品营养组分、特征的有效方式，其规范实施可以有效减少国民营养摄入不足或过剩导致的疾病。《食品安全国家标准 预包装食品营养标签通则》（GB 28050—2011）是我国第一个强制实施的营养标签标准，从实施之日起，标志着我国政府倡导食品从安全走向营养的新开端。

### 2. 特殊膳食用食品标签的要求

特殊膳食食品是指通过改变食品的天然营养素的成分和含量比例，以适应某些特殊人群营养需要的产品。《食品安全国家标准 预包装特殊膳食用食品标签通则》（GB 13432—2013）规定在标签中不能作功能宣传，应标示出有关的营养成分及适用人群。例如，孕妇及乳母营养补充食品中的标签要求，一是对原料有特殊要求。优质蛋白质应来源于大豆、大豆制品、乳类、乳制品中的一种或一种以上，其含量占孕妇及乳母营养补充食品质量的 18%～35%，大豆类及其加工制品应经过高温等工艺处理以消除抗营养因子如胰蛋白酶抑制物等，不应使用氢化油脂。二是应标明最大每日份推荐量。三是对标识的要求，食品名称应根据适宜人群标注"孕妇营养补充食品""乳母营养补充食品"或"孕妇及乳母营养补充食品"。标签上还应标注"本品不能代替正常膳食""本品添加多种微量营养素与其他同类产品同时食用时应注意用量"。

**3. 普通食品产品对标签的特殊要求**

普通食品是人的一日三餐所食用的粮食、肉、禽、蛋、奶、蔬菜、水果、糖果、糕点和饮料，包括生鲜农副产品和加工食品（散装食品和预包装食品）。而且对于每个人来说没有特定服用量的要求，如何吃，吃多少，都是根据自身所需，人人适宜，也没有区分特定人群，不同的普通食品在食品标签上应标注不同的成分含量及注意事项，以便人们选择适宜的食品。例如，乳酸饮料产品标签应标明活菌（未杀菌）或非活菌（杀菌）型，标示活菌（未杀菌）型的产品乳酸菌数应≥$10^6$CFU/g（mL）；含有活菌（未杀菌）型乳酸菌、需冷藏贮存和运输的饮料产品应在标签上标识贮存和运输条件。

**4. 保健食品的特殊要求**

保健食品也称功能性食品，在食品中是一种特定的种类，必须含有调节功能性的成分，具有一定的调节人体功能性作用，但不以治疗疾病为目的，适于特定人群食用。它按照特殊食品管理方式进行严格管理。保健食品实行上市产品审批，要求在产品标签、说明书上载明适宜人群和不适宜人群（如婴儿、老人、孕妇等），声明"本品不能代替药物"进行消费提示，避免消费者误食或过量食用导致不良反应。通常保健食品在外包装标签应有"蓝帽子"这个特殊标示，以便于识别和购买。为了进一步做好保健食品质量安全工作，国家市场监督管理总局于2019年制定了《保健食品标注警示用语指南》，并同国家卫生健康委员会制定了《保健食品原料目录与保健功能目录管理办法》，对保健食品产品标签标识、允许的原料和保健功能范围作了相关规定，同时《食品安全法》中明确规定"生产经营的食品中不得添加药品"，因此，按照现行法律法规，保健食品不得虚假宣传、夸大功效，更不得非法添加药物。

### （三）食品标签的现实意义

（1）引导并影响消费者购买食品。例如，消费者想购买酸奶，可通过标签上的产品标准、营养成分表等识别产品。酸奶的产品标准是《食品安全国家标准 发酵乳》（GB 19302—2010），营养成分表中的蛋白质含量最低是2.3g/100g。如果蛋白质含量低于此值，则该产品实际上是乳制品饮料而不是酸奶。

（2）消费者通过营养标签了解食品的营养组成，从而合理搭配营养，达到营养均衡促进身体健康的目的。例如，肥胖人群可选择低能量、低脂肪食品；正在成长发育的少年和儿童可选择高蛋白食品等。

（3）向监督机构提供必要信息。例如，标签上食品生产许可证编号、产品标准代号等信息是为监督管理机构监管提供便利性的重要手段。

（4）生产企业可以通过产品标签展示产品特征、宣传企业形象，同时为了提高竞争力，预包装食品标签的强制标示可引导企业不断优化升级，提升产品质量。

## 三、食品标签不规范的原因

我国食品标签体系与发达国家相比起步较晚，存在许多不规范问题，如配料清单不全、文字符号故意放大或缩小来误导消费者购买、滥用质量标志等问题。造成这些问题的原因有许多，主要包括以下三点。

## （一）法律不健全

职能部门监管不到位，目前，没有食品安全法律体系对食品标签做出规范性的强制要求，仅有通则、条例等鼓励食品企业标注食品标签，食品标签的监管存在盲区。此外，执法部门对食品标签的监管力度不强，处罚力度较低，信息反馈较慢，有些部门甚至越权审批，随意发证，这都不利于食品标签的规范化管理。

出口食品因为食品标签的标注不符合当地国家的相关要求，而被扣留在海关等机构；部分食品生产企业的出口食品质量及标签的标注普遍比国内同类产品优秀，原因就是当地国家对食品的监管力度大，不允许食品标签标注不规范的食品流入本国。而国内监管力度小，食品企业不重视，因此食品标签规范推行得很慢。

## （二）食品标签相关知识宣传普及不到位

（1）相关部门对相关法律法规的宣传不到位。一些食品企业为了牟取利润，不查询相关法律法规，就挖空心思迎合群众"要营养、想健康"的心理，搞虚假宣传，随意标注食品标签，误导消费。消费者由于缺乏食品安全方面的知识，会盲目相信、购买这些浑水摸鱼的产品。食品标签也缺乏基础教育，中国高校在营养教学中很少涉及食品标签的内容，导致营养健康宣传教育最重要的人才、营养师缺乏利用营养标签的意识，故而也难以利用其进行营养宣传教育，患者更无法通过食品营养标签来合理选择食品，制订合理的饮食计划。

（2）违法成本较低，食品企业不重视。一些企业不熟悉食品标签相关的强制性标准、法律及法规，为提高销售量随意标注食品标签，弄虚作假，扰乱市场，欺骗或误导消费者购买。同时部分消费者不重视食品标签、维权意识较差，导致不法企业肆无忌惮，随意标注食品标签。

## 案例分析

2022年1月20日，上海市市场监督管理局发布了一则行政处罚信息，为曼可顿食品（上海）有限公司涉嫌虚假宣传案。曼可顿食品（上海）有限公司因虚假宣传产品"低脂""无糖"，被上海市闵行区市场监督管理局罚款6万元。经查证：当事人曼可顿食品（上海）有限公司是主要从事生产、销售曼可顿系列产品的企业。其在国内各大电商平台上均设有自己的网店。网店上的网页均由当事人自行设计、制作并发布。其于2021年8月20日在某电商平台上的"mankattan曼可顿旗舰店"网页上发布了"曼可顿超醇系列吐司面包原味全麦吐司三明治DIY早餐食品休闲低脂""曼可顿坚果谷物脆饼饼干零食下午茶夜宵饼干休闲无糖食品小吃点心""果蔬全麦欧包面包"，其在网页商品详情中宣传"低脂"或"无糖"。当事人提供的产品经过检测，均未达到《食品安全国家标准 预包装食品营养标签通则》（GB 28050—2011）中能量和营养成分含量声称的要求和条件显示，所销售产品和广告用语与实际不符。

当事人在某电商平台上的"mankattan曼可顿旗舰店"曼可顿超醇面包销售链接上发布的"低脂",以及在另一平台的"曼可顿旗舰店"曼可顿脆饼组合销售链接上发布的"无糖"不符合标准的行为,违反了《中华人民共和国广告法》和《中华人民共和国反不正当竞争法》的规定,构成了虚假宣传的行为。

当事人发布虚假广告的行为,依据《中华人民共和国广告法》第五十五条第一款的规定,责令当事人停止发布广告,在相应范围内消除影响并对当事人处罚如下:罚款人民币三万元整。当事人虚假宣传的行为,依据《中华人民共和国反不正当竞争法》第二十条第一款的规定,责令当事人停止违法行为,并对当事人处罚如下:罚款人民币三万元整。

综上,合并处罚如下:罚款人民币六万元整。

### (三)消费者的关注度低

消费者对预包装食品标签的认知能力低,认知水平不高。虽然社会上有部分职业打假人研究食品标签,对规范标签标识起到了一些作用,但是多数消费者依然对预包装食品标签强制性标示内容了解得不多,凭直觉购买。消费者有时即使购买了不合格食品,因维权意识非常淡薄,投诉程序烦琐而不投诉,也是导致食品标签不规范的原因。

## 四、食品标签存在不规范的应对措施

### (一)健全相关法律法规

我国现行的食品安全法律体系,为提高我国食品安全监管水平发挥了重要作用,但仍需不断健全和完善。要进一步规范食品标签,使其提供足够可利用的信息,以促进国民健康素质的提升。国家市场监督管理总局各司应积极合作,推动食品标签标准的实施。相关部门要加强监督检查力度,完善信息反馈体系建设,进一步提升食品标签标准的科学性和有效性。特别要严查无标签、认证不全、卫生指标不合格、营养指标不达标、过期变质的食品,一旦查出问题,要严惩,提高企业的违法成本,以督促企业规范化标注食品标签,相关法律法规见二维码2-6。

二维码2-6

### (二)促进企业及行业自律

目前,食品企业对内部销售人员及安全检查人员的培训时间均较短,培训涉及的专业知识少,关于食品标签的培训更少,因此食品企业内部人员对食品标签的知晓率较低,工作中对食品标签的关注度也低。食品企业及行业应定期对相关的食品研发、质检等人员进行专业知识培训,让其充分认识食品标签的重要性,在以后的工作中重视对食品标签的检查和利用,严格控制食品的质量和安全性。食品行业协会要积极领会新制定的相关法律法规的精神,通过各种方式及时培训学习相关内容,以促进食品行业的健康发展,加强企业相关人员培训。同时,为引导消费者合理膳食、平衡营养,并减少慢性病的发生,食品企业应利用自己的实践和体会,积极参与到食品标签标准的制定中,提供新思路及建议,制定切实可行的规定,实现国家、食品企业及消费者的共赢。

### （三）加强食品标签的宣传教育

美国为宣传普及食品标签知识而制定了《营养标签和教育法》(Nutrition Labeling and Education Act，NLEA)，我国也应重视加强群众教育，普及营养知识，加强食品标签的宣教和指导，使消费者能够使用食品标签来合理膳食，并起到协同监督的作用。通过网络、电视、报纸、杂志和广播等媒体，与食品行业加强联合，向广大消费者群众宣传、科普食品安全方面的知识，使更多消费者了解预包装食品标签应该标注的内容，提升食品安全意识，提升辨别问题食品的本领。

### （四）发挥消费者的社会监督作用

消费者要养成购买食品前查看食品标签的习惯，充分利用各种媒体获取食品安全方面的相关信息，提高对食品优劣的辨别能力。充分发挥消费者的社会监督作用，需要政府、企业、消费者及社会媒体互相协作。消费者协会应充分利用自己及社会媒体的平台，揭露和批评严重损害消费者权益的企业及行为，发挥社会保护和监督职能。

---

**延伸阅读**

《中华人民共和国广告法》中规定：预包装食品标签的内容应符合《中华人民共和国广告法》的规定。预包装食品标签不符合《中华人民共和国广告法》规定的案例很多，其中频次最高的主要是不符合《中华人民共和国广告法》中的第九条和第十二条，常见的不符合情况分述如下：①使用或者变相使用了国旗、国徽等。虽然极少发现预包装食品的标签会直接使用国旗、国徽等标志，但却容易出现变相使用国旗、国徽等标志的不合规现象。例如，产品标签中有运动员人物形象时，人物形象着装上印有国旗、国徽等标志。②使用了"国家级""最高级"等绝对化的用语。此类不符合情况是预包装食品标签不符合《中华人民共和国广告法》规定中最常见的不符合类型之一，生产企业为了增加产品卖点，突出自家产品的与众不同，往往过度绝对化宣传产品，如宣称"国内首家""最新科技""第一""顶级"等。③标示淫秽、色情、迷信等内容。例如，售卖场所主要为酒吧的酒类产品，其标签为了迎合场所和消费者特点，可能会使用暗示淫秽、色情的图案或者文字；烘托节日气氛时的糖果礼包、零食礼包等产品易含有迷信的内容，如"提升运气"等。④未正确标示专利相关信息。标签内容含专利产品或者专利方法的，需标明专利号和专利种类，常见的不符合情况包括：未取得专利或专利仍在申请中的，却已经在产品标签中宣传；使用已终止或无效的专利做宣传；标签中宣传了专利信息，但未标明专利号或专利种类。

---

## 第七节　食品安全预警体系

### 一、食品安全预警体系的定义和意义

#### （一）食品安全预警体系的定义

预警体系（early warning system）是指由若干有关事物或某些意识相互联系的系统构成的

一个有特定功能的有机整体，在灾害或灾难及其他需要提防的危险发生之前，根据以往总结的规律或观测得到的可能性前兆，向相关部门发出紧急信号报告危险情况，以避免危害在不知情或准备不足的情况下发生，从而最大限度地减少危害所造成的损失的行为。通过建立食品安全预警体系，逐步形成一套长效工作机制。食品安全预警体系的建立和应用有效解决了区域内食品安全管理部门间信息沟通不畅的问题，通过定期提出食品安全预警信息，加强对重点监管对象的监督执法，为政府决策提供了科学全面的数据，提高了我国食品安全保障的能力和水平。

### （二）食品安全预警体系的意义

食品安全预警体系是根据食品安全管理要求，按照防范超前化、应对速效化和管理常设化的原则建立的，通过对可能产生食品安全事故的因素进行监测、追踪、量化分析、信息通报、控制等，从而减少食品安全事故的发生。该体系在系统收集和分析监测资料的基础上，寻找从农产品种植/养殖到食品生产、运输、贮存和销售全链条的不安全因素，对食品不安全现象可能引发的食源性疾病、食品污染等进行预测，科学地识别、判断和治理风险，使之转化为安全状态，是人们实现超前管理的有效工具，可帮助人们及早发现问题，并把问题解决在萌芽阶段，减少不必要的损失。同时，通过权威的信息传播媒介和渠道，向社会公众快速、准确、及时地发布各类食品安全信息，实现安全信息的迅速扩散，减少社会的恐慌，保证社会稳定，促进社会可持续发展。

## 二、我国食品安全预警体系的现状

食品安全预警是食品安全保障系统的一部分，它研究风险的产生和变化，预防和警示风险的产生和积累，以保障食品安全，最大限度地降低由此导致的损失。我国食品安全预警研究已开展多年。许多研究机构和学者从理论、实践等方面进行了研究和论述。

2007 年 4 月，国家质量监督检验检疫总局正式推广应用了"快速预警与快速反应系统"（RARSFS），采集了监督抽查、定期检验、日常监管和专项检查等食品安全监管的工作数据，对涉及使用非食用原料、致病菌、重金属含量、农兽药残留严重超标等敏感问题的数据，48h 之内收集完毕，并初步实现了国家和省级监督数据信息的资源共享。卫生部开展了全国食品污染物监测和全国食源性疾病监测，制定了食品安全行动计划，从 2005 年在 15 个省（自治区、直辖市）建立了 50～60 个监测点，到 2010 年在 31 个省（自治区、直辖市）建立了 180～200 个监测点，初步形成了国家食品安全风险监测网络。农业部建立了农产品质量安全例行监测制度，对全国大中城市的蔬菜、畜产品、水产品质量安全状况实行从生产基地到市场环节的定期监督检测，并根据监测结果定期发布农产品质量安全信息。2011 年，我国正式成立了国家食品安全风险评估中心（CFSA），建立包括病例信息、实验室监测数据、致病菌分子分型、食源性疾病预警发布等为一体的食源性疾病主动监测与预警网络，以期准确掌握我国食源性疾病的发生和流行趋势，提高食源性疾病的预警防控能力。各地食品监督管理部门和研究机构也开展了食品安全预警体系的研究和应用，相关法律法规见二维码 2-7。

二维码 2-7

## 三、预警管理过程

在食品安全预警中，需要分析风险状况，并根据风险程度进行决策和控制。其中，食品安全预警系统是食品安全控制不可或缺的部分，是实现食品安全管理的有效手段。以风险评估为核心，将监测、评估、预警和控制合为一体，建立安全控制体系，是国际公共安全管理采用的重要模式。完善的食品安全预警体系可以通过监控食品质量和生产加工环节的安全状况，在食品安全风险尚处于潜伏状态时提前发出预警，防止重大的影响人民群众健康的食品安全事故发生。

### （一）食品安全风险分析

在食品安全预警机制建设的过程中，应以食品安全风险分析为支撑。食品中所包含的风险因素众多，主要来自生物、化学和物理性的危害物，另外，环境污染的影响及新型食品原料的不断开发使用，也可能给人体健康带来影响，使得评估越来越难以进行。这需要相关部门在质量管理环节加强食品安全风险分析，及时发现食品生产加工中的不安全因素，并立即采取措施有效消除整个食品质量管理环节的相关风险。对于企业而言，应将食品安全风险分析应用于食品运输、贮存等环节，根据食品安全风险分析结果，及时预警潜在的食品安全风险，确保食品在各个环节的安全性和完整性，为人们提供放心、安心的食品。为了使食品安全工作顺利开展，需要根据食品行业具体状况，针对性地构建食品安全风险评估机制，以保证食品安全风险分析有计划、有组织地完成相应工作，避免盲目性与混乱性。

### （二）食品安全预警风险指标体系

食品安全预警风险指标就是对食品风险因素进行研判、识别，并将引起风险的复杂因素分解成比较简单的、容易被识别的基本个体，从错综复杂的关系中找出风险因素之间的本质关联，在纷杂众多的影响因素中抓住问题的主干，找出与主要矛盾相联系的、最能反映当前食品安全风险状态和风险程度，且适用于风险监管的具体指标。对于食品安全预警风险指标的设立应遵循 5 个原则，分别是科学性原则、系统性原则、最优化原则、可操作性原则和适用性原则。而这 5 个原则又是食品安全预警风险指标设定的基础，根据原则以食品供应链流程环节作为主线分析，运用定性和定量相结合、理论和实际相结合的研究方法，通过风险辨识的德尔菲法调查、分析、讨论，拟定可能引起食品安全风险的所有风险预警指标。对风险预警指标的设定，主要通过信息搜集、指标筛选、问卷设计和指标确定这 4 个步骤进行。

### （三）食品安全预警分析系统

食品安全预警分析系统是整个预警体系的关键部分，其功能将直接影响食品安全预警的质量。食品安全预警分析系统以食品安全检测、监测数据为基础，通过数据筛选、清洗与转换，将数据存储于数据库中并进行分析，从而得出准确的警情通报结果，为预警响应系统做出正确、及时的决策提供判断依据。在预警分析系统中，食品安全数据库是其进行工作的基础，也是存放所有食品安全检测数据与关系数据库的地方。为了满足分析系统的预警及反应，必须持续、可靠地进行数据采集，保障数据库的补充和实时更新，从而进行有效、及时的数据分析。目前，常用的食品安全数据的分析工具主要是联机分析处理（OLAP）和数据挖掘（DM），用于帮助用户对数据进行分析、获取信息。通过建立标准数据库与检测样本进行对照，若检测结果数据异常则发出警报，并列出该样品产地、生产时间等相关信息。

### （四）食品安全预警响应系统

食品安全预警响应系统以矫正为手段、以免疫为目的，科学总结经验、吸取教训，并将其内化为安全管理的思维、能力与水平。当出现同类同性质的失误行为或相同致错环境时，系统对可能的波动失衡状态进行识别与警告，并主动预防控制、纠正错误，使安全趋势由劣性转向良性。食品安全预警响应系统根据收集到的食品安全危害信息，预测食品安全可能的发展趋势，对可能发生的食品安全紧急情况、事故做出预警。其中，食品安全事故分为特别重大、重大、较大和一般 4 个等级。并依据突发食品安全事故的危害程度、发展情况和紧迫性等因素，用颜色警示方式由高到低分为红色、橙色、黄色、蓝色 4 个级别，并进行分级应对。根据不同的预警等级采用不同的应急响应措施，提高处置效率，及时采取行动，杜绝预警等级升级和重大事故的发生。

## 四、我国食品安全预警体系存在的问题和对策

### （一）我国食品安全预警体系存在的问题

（1）零散性。信息网络平台局限于一定范围内，对其他地区突发事件产生原因的获取存在滞后性，未能在国家层面上实现整体性和系统性，也没有形成统一的、覆盖整个食品链的监测预警体系。

（2）封闭性。未建立共享平台，数据限制对外公开，造成了各省市、部门及各厂商对拥有的信息相互封锁和垄断，信息的使用效率大大下降。

（3）滞后性。有些地方和部门存在监测能力不足、过于行政化和监测系统反应不灵敏等问题，使得现有的监测预警体系往往流于形式，某些预警指标存在空白，造成预警意识滞后。

（4）落后性。首先，专业应急队伍力量薄弱，不能全面采用危险性评估技术和控制技术，没有对化学性和生物性危害的暴露评估和定量危险性评估，对一些新型食品添加剂、包装材料、农药残留等缺乏研究与评估。其次，技术落后，缺少对食品安全信息的获取、鉴别手段，难以保证及时搜取到客观的信息，在现有预警系统指标设计上，重"量化指标"轻"定性指标"，收集的数据存在偏差，导致预警无法达到预期效果。

### （二）解决食品安全预警存在问题的相关对策

#### 1. 建立食品安全信息发布和食品安全事故通报处理制度

对于食品安全信息要及时发布，有利于提高公众食品安全的普遍意识和食品安全管理的参与意识，让公众关注创建全国食品安全和食品安全信息发布体系的事件，有利于食品安全意识的普及。对于食品生产和不法行为的运作，有关部门必须要求其合法商家采取有效的食品安全通报制度，防止食品安全问题的出现。

#### 2. 引入先进的预警技术和方法

发展我国风险评估技术，借鉴发达国家的食品风险分析技术，建立合适的风险评估模型和方法，结合我国的国情进行使用。利用多次数据来评估食品安全风险及食品安全危害的区域分布和出现程度，促进主动监管水平的重大进步。食品安全监测能够很好地保证中国的食品安全状况正常运行，建立重大食品危害的监控机制。

**3. 提高食品安全领域的科技水平，加强与世界各国政府的合作**

研究食品安全问题的范围，同时提高食品生产、加工企业的水平。加强与发达国家的合作，加强研发食品安全监管机制及准确监管食品生产环节的技术。深入探讨食品的有害因素，有利于提高食品安全整体预警体系的技术水平。此外，深入要求其理论成果，有利于技术人员开发食品安全预警体系，掌握食品安全的教育方法。

**4. 提高全民对食品安全的认识**

管理者和经营者要帮助人们树立食品安全意识和提供处理食品安全问题的方法。同时，商家应对员工进行食品安全教育和培训，提高全社会的食品安全水平。对于大众的食品安全教育，要给大众普及食品安全有关信息，加强宣传教育工作。消费者为了解决粮食安全问题，已成为一个重要的评判员。

**延 伸 阅 读**

吸取国外经验，考虑食品安全预警体系具有的各项功用，构建的食品安全预警体系应包括数据源、信息源系统、分析评估系统、预警应对系统和食品安全科研系统。其中，分析评估系统由食品安全检验检测系统和信息分析及风险评估系统组成。预警应对系统包括预警系统和快速应对系统，以上各系统又都由食品安全科研系统提供技术支撑。

中国要借鉴国际食品安全当局网络（INFOSAN）、全球食品污染监测计划（GEMS/Food）、欧盟食品和饲料快速预警系统（RASFF）与美国食品安全预警体系在食品安全预警方面的成功经验，结合本国国情，需进一步完善中国食品安全预警体系、以预警机制为基础的食品安全法律法规体系及相关的食品安全标准；建立协调的监管体制，加强食品预警信息平台建设，引入先进的预警技术和方法，发展我国风险评估技术，建立食品安全监控计划，不断加强食品安全预警科研技术力量。针对频频发生的食品安全事故，要改变目前被动式的监管模式，因为其只能治标不治本，实施有效的预警策略，形成常态化的预警工作模式，推动食品安全管理从"消极、被动、事后和弥补"向着"积极、主动、事前和预防"的方向转变，有助于减少食品风险对社会的危害。

## 第八节　食品安全检测体系

民以食为天，食以安为先。食品的安全与人民群众身体健康和生命安全有着密切的关联，关系到中华民族的未来。党的二十大报告将食品安全纳入国家安全体系，强调要"强化食品药品安全监管"。这是党中央着眼党和国家事业全局，对食品安全工作做出的重要部署，突显出食品安全工作是实现中国式现代化的重要保障。随着食品类型的不断增加，各个地区的食品安全问题屡见不鲜，诸如食品中致病微生物问题、农药残留、污染物质或重金属超标等十分常见，影响十分恶劣。食品检测手段与食品安全的验证有着密切关系，同时相关食品安全检测部门要不断地完善自己的检测体系，提高检验能力，确保检验数据准确可靠，为食品安全检验工作保驾护航。

## 一、食品安全检测标准

在食品生产加工行业中，关注食品安全是至关重要的，其中食品检测又是管控食品安全质量的一个重要方式。食品安全检测是根据国家指标来检测食品中的有害物质，主要是一些对人体有毒有害、损害健康的物质，如重金属、食源性致病菌、农药残留、污染物、添加剂等。我国现由国家卫生健康委员会发布的（截至 2022 年 9 月），已有 1455 项食品国家标准，涵盖多项指标，覆盖了大部分食品类别和危害因素，为食品安全提供基础性制度保障。

## 二、食品安全检测过程

食品安全检测是对食品中有害物质进行检测分析，确认其成分和含量，以判定其是否超标和形成危害。检测项目主要是农药残留、微生物、重金属污染等。食品安全检测过程通常包括样品前处理和检测分析两个阶段，样品前处理和检测分析是食品安全检测的重要环节，常见的食品安全检测技术有色谱检测技术、近红外光谱检测技术、荧光定量 PCR 检测技术等。

### （一）样品前处理

食品在生产、运输、销售的全过程中，其质量可能会受到影响。为保证食品安全，食品检测必不可少。又因为在食品检测过程中对样品前处理是十分必要的，样品前处理工作占整个检测过程的 2/3，其处理效果与检测结果有着直接关系，所以在食品检测过程中应做好样品前处理工作。近年来，食品安全越来越重要，导致样品前处理工作得到了前所未有的重视，前处理技术从而也有了质的飞越。

#### 1. 微生物样品前处理技术

微生物检测中，前处理技术主要是在去除干扰基质的基础上富集和分离出目的微生物，起到增加被测物浓度的作用。目前常用的微生物样品前处理技术和方法主要有传统培养基分离技术、滤膜法、离心法、电泳技术、免疫磁分离技术。

传统培养基分离技术通常采用稀释样品后取上清、扩大培养、挑单克隆菌落等方法来实现分离。现利用改良后的选择性培养基添加抑制剂或生长因子达到选择性分离的目的，从而使待测微生物生长及抑制非待测微生物生长。此方法成本较低，操作简单但步骤复杂，且费时费力，因此并不是进行微生物样品前处理的首选方法。滤膜法是根据溶液中物质组分迁移率的不同而透过滤膜的孔径也不同来实现分离的，适用于大体积液体样品但不适合黏性液体，且灵敏度和特异性较低。离心法基于固体颗粒与液体颗粒相对密度上的差异，利用离心力的作用使不同相对密度的颗粒进行分层来实现样品的分离。离心法一般分为直接离心法和密度梯度离心法。电泳技术包括介电电泳和毛细管凝胶电泳。前者利用中子在非均匀电场中受到电场力而进行定向运动的原理，使得正负电荷分别聚于交界面两侧。免疫磁分离技术（IMS）在富集微生物、纯化蛋白、分离细胞、提取核酸等方面有着广泛的运用，是一种基于免疫学原理的分子生物学分离技术。

#### 2. 农药残留样品前处理技术

食品农药残留一直是食品安全质量领域的一项重要工作，轻则损害人体健康，重则危及人体生命安全，所以对农药残留的检测工作至关重要。农药残留样品前处理工作又是检测过程中的关键环节。目前农药残留样品前处理技术主要有固相萃取技术、凝胶渗透色谱技术、微波辅助提取技术和超临界流体萃取技术。

固相萃取技术采取吸附处理手段对样品的不同成分进行分离，以此实现富集、分离目标化合物的目的。该技术能够实现样品的浓缩富集，从而快速、准确地测定样品中的多项农药残留，且浓度测定的精确度较高，所以其在我国现阶段食品农药残留样品前处理过程中的应用较为广泛。凝胶渗透色谱技术是利用有机溶剂和疏水凝胶大分子，从样品中提取分离不同分子量的干扰物的一种分离技术。该技术常用于纯化含蛋白质、色素、类脂、聚合等复杂基体的组分，并且在减少农药残留方面有着显著效果。凝胶渗透色谱技术在操作过程中，具有自动化程度高、净化能力较强且对色谱设备的损害较小等优势。微波辅助提取技术利用微波的加热作用来提高溶剂的溶解效率，从而提高被检测物质的提取率，适用于易挥发化合物的提取。超临界流体萃取技术是利用超临界状态的流体作为溶剂，有针对性地对样品中待测组分进行萃取的方法，萃取效果与萃取剂的选择、温度、压力密不可分。萃取剂通常选择 $CO_2$，在萃取非极性物质时，$CO_2$ 发挥了无毒害、化学惰性、提纯便捷的优势，但其对极性物质的适应性较差。

### 3. 重金属样品前处理技术

随着环境污染的加剧，空气、土壤、水中重金属含量超标的现象屡见不鲜。针对重金属样品的前处理方法主要有湿法消解、干灰化法的消解、微波消解等。

湿法消解是实验室常见的样品前处理方法，其原理是将氧化性强酸加入样品中，利用其酸性及氧化性破坏样品结构，同时得到更好的待测无机物。该方法操作简单，应用范围较广，但也存在氧化反应时间长、劳动强度大、实验仪器及溶液带有一定腐蚀性等缺点。干灰化法的消解是在高温的加热灼烧条件下进行的，通过高温使有机物进行氧化分解，留下无机物，然后待分析测定。就其原理来看，干灰化的实质就是用温度控制检测的过程，不同温度针对不同元素的重金属。该方法具有操作较为简单且使用的试剂少、污染小的优点。微波消解是通过分子极化和离子导电两个效应对物质直接加热，促使固体样品表层快速破裂，产生新的表面与溶剂作用，在数分钟内完全分解样品，适用于土壤、固体废弃物、颗粒物和烟尘中重金属含量的测定。微波消解的加热速度非常快，效率高，能够对样品实施有效的控制，可降低试剂的使用量。

### （二）检测分析

检测分析是食品安全检测中进行定量分析的方式，需要科学的方法和严谨的过程管控，以及能够准确发现、分析有害残留物的技术手段。目前，针对微生物、农药残留及重金属的检测分析技术有多种，这些技术在研究人员的努力下不断地变化、进步，目的是能够更快、更准确地检测，保证食品质量安全。

### 1. 微生物检测技术

食品微生物检测技术作为管控食品质量安全的主要方式之一，在控制微生物引发的食源性疾病方面做出了巨大贡献。以下是几种常见的食品微生物检测技术。

（1）聚合酶链式反应（polymerase chain reaction，PCR）技术：是一种基于分子生物学的检测方法，原理是基于 DNA 半保留复制与碱基互补配对原则，在体外模拟 DNA 的天然复制过程，主要由"变性—退火—延伸"三个基本步骤构成。PCR 技术具有较高的灵敏度，且耗费时间较短，理论上能检出微生物的一个拷贝基因，能够在短时间增菌或不增菌的情况下即可筛选出待测微生物的优点。但其也会出现假阴性、假阳性的检测结果，以及在扩增过程中由装配误差而导致的结果不准确。

（2）微生物的代谢组学检测技术：是微生物检测过程中的最新技术措施，能够很好地弥补传统微生物检测技术的不足，应用效能和使用技能较好。其原理是利用各种技术检测不同病原体在特定培养环境中产生的初级代谢产物或次级代谢产物的量和种类的变化特征，以鉴定该微生物。代谢组学检测技术可分为电阻抗技术、ATP 生物发光技术、放射测量技术和接触酶测量技术等。

（3）免疫学检测技术：主要基于免疫学理论进行食品中微生物的检测，即借助各种指示抗原、抗体反应的形式，将传染病、食源性疾病、环境中含有的相关致病微生物抗体、抗原检测出来。其中酶联免疫吸附测定（enzyme linked immunosorbent assay，ELISA）的原理是在固相载体吸附抗原或抗体并进行免疫酶染色，在酶作用下出现显色反应，之后运用定性或定量方法分析有色产物量，进而确定样品中待测物质的含量，是一种特异性和敏感性较高的食品微生物检测方法。与传统技术相比，该技术具有一定的特异性、灵敏度较高、检测速度快、普及性高等优点。此外，免疫学检测技术还涉及免疫磁分离技术、免疫层析技术、荧光抗体检测技术等。

**2. 农药检测技术**

农药残留的检测是食品安全管理中重要的一个方面，农产品生产过程中离不开农药化肥的使用，这威胁了食品安全。为了保证人民食品健康安全，对农药残留的检测十分重要，同时应加大对该检测技术的研究，降低安全隐患。以下是常见的农药检测技术。

（1）色谱法：是一种农药残留检测的常规方法，是指利用待分离的组分在固定相和流动相中的分配系数、吸附能力的不同来进行分离，将分析物质的浓度转换成易被测量的电信号并用记录仪进行记录的方法。根据固定相和流动相组合方式的不同，分为气相色谱法和液相色谱法。气相色谱法是以气体（常用氮气或氢气）为流动相将样品导入气相色谱仪中进行分析，检测灵敏度及准确度较高。其主要被用于检测热稳定性强、分子量小、容易气化的农药，对有机磷类、有机氯类及拟除虫菊酯类农残的检测较为准确。液相色谱法以液体（甲醇、乙腈或水等）为流动相将样品导入液相色谱仪中进行分析。其对有机磷类和氨基甲酸酯类农药的检测效果较好，具有灵敏度高、检测速度快、辨识度高的优点。相比气相色谱法，液相色谱法的通用性较强，但在多残留超痕量分析时仍有局限性。

（2）生物传感器法：是一种新型检测方法，它把生物敏感元件产生的特异反应与信号经物理元器件转化成电、光、声等易于检测的信号，进而间接获得待测样本信息。目前使用的传感器是酶传感器、微生物传感器和免疫传感器。该方法检测时间短、对现场的适应能力强、选择性强、持续检测、响应快等，具有广阔的应用前景。

（3）酶抑制法：是通过某种物质对酶功能进行抑制，从而降低酶活力或者使酶活力丧失的快速检测方法。其可被用于有机磷类和氨基甲酸酯类农药的快速检测，其中对谷物中有机磷农药残留的检测较为准确。该方法检测速度快，适合对大批量样品进行预筛选，仪器简单，但在检测中容易出现假阳性或假阴性的结果而影响检测结果，且灵敏度和回收率不高，只适用于定性分析。

（4）免疫分析法：是将抗原抗体特异性免疫反应与色谱层析分离技术相结合的一种快速检测方法。其具有快速、灵敏、特异性强的特点，但是检测效率低且抗原制备复杂，不利于大量样品的检测。免疫分析法主要分为免疫吸附分析法、化学发光免疫分析法、电化学发光免疫分析法、荧光免疫分析法和放射免疫分析法等。

**3. 重金属检测技术**

我国的重金属检测技术已取得一定的进步，不仅能够快速检测出食品中的重金属，还能保证食品的安全。现有的重金属检测方法有光学分析法、电化学分析法、生物化学分析法等，但光学分析法仍是重金属检测的主流方法，主要包括原子吸收光谱法（AAS）、原子荧光光谱法（AFS）、电感耦合等离子体原子发射光谱法（ICP-OES）、电感耦合等离子体质谱法（ICP-MS）等。这些方法在金属离子精确分析方面有着极其重要的地位。

（1）原子吸收光谱法：是基于气态的基态原子外层电子对紫外线和可见光范围相对应的原子共振辐射线的吸收强度来测定被测元素含量的方法。该方法分析范围广、选择性强、抗干扰能力强，常用于检测土壤样品中所检测元素的含量及大米中重金属含量，能够有效地提高检测结果的准确性，同时还能够避免基体对检测结果造成的影响，是目前较为常用的方法。

（2）原子荧光光谱法：目前主要应用于测定砷、锑、铋、汞、硒和碲等元素，该方法是利用激发光源发出的特征发射光照射一定浓度的待测元素的原子蒸气，使之产生原子荧光，然后按照朗伯-比尔定律（Lambert-Beer law），通过测定荧光的强度来确定待测样品中该元素的含量。原子荧光光谱法具有谱线简单、灵敏度高、成本低、易操作、检测迅速等优点，但也有一定的缺陷，会出现散光干扰、饱和荧光、荧光猝灭等问题，对复杂样品分析尚有一定困难。

（3）电感耦合等离子体原子发射光谱法：是利用电感耦合等离子体使试样中的金属离子原子化，其中的激发态原子跃迁到基态时辐射出特征光谱，通过分析特征光谱信息来实现试样中重金属的测定。该方法对于微量、常量及痕量的元素具有显著性的特点，可实现对多种元素同时进行定量分析和定性分析，既可适用于低含量元素分析，也适用于高含量元素分析。其不容易受到外界因素的影响，测量动态线性范围宽，通常情况下有 5～6 个数量级，具有较低的检出限和较高的精密度。

（4）电感耦合等离子体质谱法：是以电感耦合等离子体作为离子源，将无机元素电离成带电离子后进入质谱仪，再根据质荷比不同，通过质量分析器进行检测的多元素分析方法。该方法与以上三种方法相比，具有检出限最低但线性范围宽、灵敏度高等优点，是实验室常用的检测重金属的方法之一。

随着我国对食品安全的重视程度不断加深，检测分析技术的研究也在不断进步。除以上所述检测技术方法外还有多种，但在实际应用中应根据具体情况及检测对象来选择不同的方法或技术，以得到准确有效的结果。

**延 伸 阅 读**

随着科学技术的发展，人们研究出了电子鼻用于食品检测，电子鼻是一种仿照人的鼻子设计而成的电子器件，主要由气体传感器阵列、信号采集系统、数据处理系统和控制系统 4 个部分组成，其结构如图 2-2 所示。电子鼻的应用广泛，如用于水果、蔬菜新鲜度的检测时，通过计算机视觉技术检测，利用图像传感器将果蔬图像信息转化为数字信息，模拟人类判别方法对果蔬新鲜度做出判断。电子鼻相比较于传统仪器检测更快，为区域特有食材检测开发电子鼻具有现实意义。

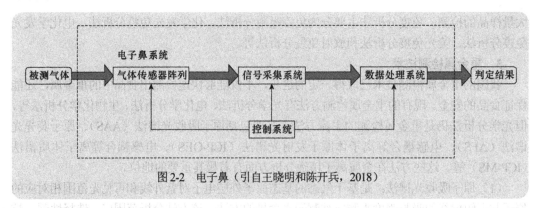

图 2-2　电子鼻（引自王晓明和陈开兵，2018）

## 三、我国食品安全检测体系的现状及措施分析

随着时代的发展及人们需求的变化，可供人们选择的食品越来越多，从而导致了对食品安全检测的要求也越来越高。检测技术落后、检测体系不够完善等问题开始浮现，因此，需要改善此现状，为食品检验检测奠定坚实基础，为人们食品安全提供有力保障。

### （一）现状

食品安全检测体系对老百姓、生产企业、食品行业及社会都有着非常重要的意义。人们最关注的就是自己的吃住行问题，其中将"吃"放在了首位，对食品安全最为关心。对于生产企业及食品行业而言，应严格按照相关法律法规的要求进行相关生产工作，以促进食品行业健康发展。同时食品安全检验工作也促进了社会的和谐发展，对保障人民健康有着重要意义。但由于我国人口基数大，食品种类繁多，许多问题会出现。

（1）检测体系不够完善。食品生产加工过程缺乏有效的监督管理体系。虽然我国建立了相关的食品安全检测体系，但多样化食品安全问题层出不穷，每年各地都会曝出一些食品安全事故。利用完善的食品安全检测体系，可以很好地对每个环节实时监控，从而能够从源头来把控食品安全质量，及时发现食品安全隐患，提高食品隐患预警能力。

（2）检测技术落后。检测技术在食品安全检测体系中是不可或缺的一部分。与发达国家相比，我国的检测技术和仪器设备相对落后，检测大部分以常规项目为主，缺乏针对性和有效的技术手段，导致很多东西无法检测。如对于农药残留，我们只能通过高效液相色谱法和超临界萃取技术来检测，但这些技术达不到快速检测的目的，检测方法也不是很稳定，如果控制不好，就可能出现数据异常。

（3）市场准入机制不完善。在我国，所有的食品经营生产活动都必须有食品经营许可证或者是食品生产许可证才能进行生产经营活动，这也是从源头上阻止了一些不符合食品卫生安全的企业的生产活动，为食品安全奠定了良好的基础。但是市场准入机制除了许可证这一指标，食品检验制度也应加强，就是只有检验合格的产品才能流入市场。"双随机、一公开"是国务院办公厅于 2015 年 8 月发布的《国务院办公厅关于推广随机抽查规范事中事后监管的通知》中要求在全国全面推行的一种监管模式。"双随机"即指随机抽取检查对象、随机选派执法检查人员，"一公开"即指抽查情况及查处结果及时向社会公开。随着"双随机、一公开"政策的出台、市场监督管理局的成立，政府监管职责更清晰，食品质量抽检、飞行检查、例行检查要求进一步落实，也让我们看到国家对食品安全的重视程度，对于食品生产和销售过程的持续监管力度加大，食品安全得到进一步保证。

（4）检测人员素质有待提高。检测人员每日的工作内容比较单一，变化不大，需要特别仔细严谨，按操作规程来进行，工作不轻松但工资较低，这也导致了许多高学历、高素质人才不会选择这一岗位。一些民营检测机构为了节约成本，很多就会选择一些兼职的食品安全检验员来进行检测工作。这些检验员做实验可能没有问题，但是在检测过程中遇到困难就很难自己解决。检验员的素质不高、基础薄弱，对检验水平及检验技术的进步也存在着一定的阻碍作用。

（二）措施

为提高我国食品安全水平，以及解决我国食品安全检测体系所存在的问题，提出以下对策。

（1）构建食品安全风险社会共治体系。人民群众是食品的使用者，食品为人民服务，为人民解决饥饿问题且使人民获得更好的满足感，人民群众的参与至关重要。首先，食品行业协会应充分发挥其作用，做好行业内部信息的传达、服务及培训教育，努力提高行业整体素质，共同制定本行业的标准，并做好监督工作。其次，发挥好媒体的职能，身处大数据时代，我们离不开网络，所以可以充分利用媒体的宣传及曝光职能，媒体可以向公众宣传食品安全知识，也可以曝光违反食品安全的商家等。最后，鼓励第三方检测机构参与到食品安全监管及检测活动中来，从而使食品安全检测体系更加完整。

（2）提升食品检测技术。首先，引进先进的检测设备及技术人才，借鉴国外相关经验；其次，加大对检测技术的创新优化，推动研究人员的研究进程，重视专利的申请，努力提升我国食品检测技术的综合竞争力；最后，加大对食品检测技术的投资，避免经费不足而导致研究中断的问题。

（3）建立食品检测资源共享库及创建检测机构网络系统。建立一个完善的检测资源共享库，有利于检测行业部门及检测人员之间进行资源共享整合。同时也能及时地在共享平台上发表自己的见解及研究，让检测人员间互相交流学习，食品企业学习到食品安全健康知识，从而促进我国食品检测水平的提升。对当前检测人员进行管理登记是创建检测机构网络系统的重要一步，能够进一步地规范行业，提高工作效率。食品检测机构网络的建设将实现食品检验检测相关信息的共享传递，从而使食品检验检测机构与社会发展之间紧密联合。

（4）完善食品安全法律法规。食品安全法律法规是食品安全检测体系的强大后盾，相关部门根据法律法规执行食品监管工作，食品企业依据法律法规进行合法生产，消费者利用法律法规保护自身的合法权益。借助报纸、新闻、互联网平台大力宣传和普及食品安全的法律法规。让食品安全落到实处，对危害食品安全的不法企业和个人进行严厉处罚，做到有法必依。

---

**延 伸 阅 读**

随着经济的发展，产品质量及其检验报告受到社会越来越多的关注，同时出现了检验检测机构为追求利益而出具虚假检验报告的违法行为。因此，学习辨别检验报告的虚伪很有必要。

（1）检验检测报告无"检验检测专用章"或检验单位公章的一律无效。

（2）复制报告未重新加盖"检验检测专用章"或检验单位公章的一律无效。

（3）检验检测报告无编制或主检、审核、批准人签字的一律无效。

（4）检验检测报告有涂改的一律无效。

（5）如若对检验检测报告结果有异议，应于收到报告之日起 15 日内向检验单位提出，逾期不予受理。

二维码 2-8

（6）委托检验检测仅对来样负责。

（7）向社会出具具有证明作用的检验检测报告，必须标注资质认定标志（CMA 标志），见二维码 2-8。

# 第九节　食品安全溯源体系

## 一、食品安全溯源体系的建立

### （一）食品溯源的概念

食品溯源是指在食品供应链的各个环节（包括生产、加工、配送及销售等）中，食品及其相关信息能够被追踪和溯源，使食品的整个生产经营活动处于有效的监控之中。食品溯源体系就是利用食品溯源关键技术标识每一件商品、保存每一个关键环节的管理记录，能够追踪和溯源食品在食品供应链的种植/养殖、生产、销售和消费整个过程中相关信息的体系。

食品溯源体系的功能包括标签溯源管理功能、个体溯源管理功能、食品污染物溯源管理功能和原产地溯源管理功能。食品溯源关键技术包括物种鉴别技术，如 DNA 技术、虹膜识别技术；电子编码技术，如全球统一标识系统（EAN·UCC）、产品电子编码（EPC）标准体系、ISO 标准体系等电子编码体系；自动识别技术，如条码、射频识别（RFID）技术、全球定位系统（GPS）等。

### （二）建立的意义

食品溯源就是使食品"从农田到餐桌"的过程中得到有效的控制及监管，一旦发生食品安全事故，能够快速准确地找到源头，评估危害程度，做出紧急预案，最大限度地保护人民的生命安全。因此，食品安全溯源体系的建立对企业、消费者、政府都有着重要意义。

（1）食品溯源可改善供应链的管理，提升企业信心。一旦在生产、运输、销售等过程中发现有产品存在质量或安全问题时，可以及时准确地做出反应，找到源头将产品召回以减少不必要的损失，优化产业链，有利于企业打造更加受欢迎的产品，同时提高经营效益，从而占据更多的市场份额；降低保险和诉讼成本，减少食品召回的成本，防止造假行为，保护特色产业，并帮助企业迅速回到正常状态；促进企业提高生产经营技术，通过导入溯源制度使生产者严格遵守、规范经营、合理化生产。

（2）对于消费者而言，在购买及食用产品的过程中通过食品包装上的生产商家、地区、成分表及二维码或条码能够准确追溯该产品，真正实现合格产品的有效追踪。这样使消费者更加放心，吃得更安心。

（3）食品溯源有助于提高政府的公信力。在相关法律法规的基础上，进一步制定和完善食品溯源制度、市场准入制度及具体的实施细则，明确政府、生产者、消费者三个行为主体的责任和义务，使质量追溯工作从企业资源转向一种政府强制行为，加强政府的监督管理，从源头抓起，严厉处罚违法违规行为，减少企业间的不公平竞争现象。

综上所述，食品安全溯源体系提供了食品从农田到食品加工厂、物流运输流通、商家销售、民众购买消费等所有环节中相关人员共同关心的公共信息追溯要素，对政府、企业及消费者都有重要意义。

### （三）国内外发展历程及现状

**1. 国外食品溯源的发展历程**

从 20 世纪 90 年代开始，许多国家和地区就通过建立食品安全溯源体系来管理控制食品安全，其中欧盟、美国、日本是较先发展食品溯源标准化的国家和地区，已经逐渐建立起了健全的法律法规、执行方案和以预防、控制、追溯为特征的监管机制，以切实有效地保证食品安全。食品安全溯源最早起源于 1997 年欧盟为应对"疯牛病"问题而逐渐建立和发展的食品安全溯源机制，并提出了食品溯源的概念。2000 年欧盟发表的《食品安全白皮书》首次提出"从农场到餐桌"的概念。

从 2004 年起，要求在欧盟范围内销售的所有食品都能够进行跟踪与追溯，否则就不允许上市销售。规定产品的名称、供货商、出产地、销售对象、交易量、条码等产品信息要求保存至少 5 年，供追溯时查询。日本政府为解决国内的食品安全问题，于 2001 年开始探索建立食品溯源制度的实验。次年开始着手溯源系统的开发，利用互联网、条码、温度传感器等技术来记录、传递食品生产加工、流通信息。在 2005 年底建立的食用农产品"身份"认证制度，实现了更有效的追溯。美国于 2002 年通过了《生物性恐怖主义法案》，将食品安全提高到国家安全的战略高度，提出"从农场到餐桌"的风险管理，要求企业建立产品可追溯制度。

**2. 我国的现状**

相较于发达国家，我国在食品安全溯源方面起步较晚，但已在该领域做了许多的探索。早在 2003 年就启动了"中国条码推进工程"，让一些产品拥有自己的身份证。2007 年，中国标准化研究院启动了"农产品溯源质量快速溯源系统设计与运行规范研究及技术实现"项目，为之后建立全面的食品溯源体系奠定了基础。2015～2019 年颁布了许多关于食品溯源的法律法规及相关政策，2015 年 10 月 1 日新修订实施的《食品安全法》中，明确规定要建立食品安全全程追溯制度和体系。2016 年 1 月 12 日，《国务院办公厅关于加快推进重要产品追溯体系建设的意见》提出，要建立食品药品等追溯体系，保障消费安全。2017 年4 月 1 日，国家食品药品监督管理总局颁布了《关于食品生产经营企业建立食品安全追溯体系的若干规定》，规定食品生产经营企业负责建立、实施和完善食品安全追溯体系，保障追溯体系有效运行。2019 年 5 月 9 日，我国出台了《中共中央 国务院关于深化改革加强食品安全工作的意见》，推动了农产品追溯入法，做到产品来源可查、去向可追。2019 年12 月 1 日起施行的《中华人民共和国食品安全法实施条例》第十八条指出，食品生产经营者应当建立食品安全追溯体系，保证食品可追溯。目前，我国与发达国家的溯源体系相比仍有差距，但在研究人员及相关从业者的努力下，正不断地缩小差距并努力保障我国食品安全，保证人民食用安全。

## 二、食品安全溯源体系研究的主要内容

食品溯源体系作为一种信息追踪技术，主要涉及食品全链条信息的采集和管理，是一种

食品安全监管的重要手段，对保障食品质量和安全有重要意义，有利于促进食品贸易的便利化。随着社会生活的不断发展进步，人们对食品的要求越来越高，越来越看重食品安全，购买食品时更加关注其来源，这也成为食品溯源体系建立的原因之一。据此，食品安全溯源体系研究的主要内容包括食品溯源信息、食品溯源技术和食品溯源系统等。

（一）食品溯源信息

目前，对溯源信息的描述主要分为基础信息和关键信息。基础信息包括商品的产地和流通过程，如原材料的种植、采摘情况，运输过程中运输者的基本信息、班次信息，生产者的信息、生产批号、加工方式及食品添加剂的使用情况等信息。关键信息主要是与商品的质量和安全密切相关的信息。食品到餐桌上需要经历多个环节，按照现有的溯源信息采集标准存在采集成本高、工作量大的问题，需要在实践中不断地统一和简化溯源信息。

（二）食品溯源技术

为应对人们对食品安全领域的担忧，建立一个高效、灵敏、准确、完善的溯源体系已经成为保障食品安全中的关键一步，而建立溯源体系又少不了对溯源技术的研究。

**1. 传统的溯源方法**

传统的溯源方法，如纸质台账溯源，主要是针对一些中小型企业，在进行销售的过程中通过纸质台账对消费者的消费信息进行登记记录，在种植或生产过程中记录产品的生长或生产情况。若出现食品安全问题则通过查阅台账来进行溯源，找到用药记录、购买人、销售者等信息，从而追溯负责人。该方法操作简单，对操作者的要求不高，目前仍在使用，但其效率较低、费时，并不能满足现代发展的要求。

**2. 物理方法溯源**

从物理方法方面来看，现在常见的溯源技术主要有近红外光谱溯源、条码技术溯源、二维码技术溯源、RFID 技术溯源等。这些方法在我们日常生活中能够经常使用到，但其原理、常用领域各有不同。

（1）近红外光谱溯源：是通过采集被分析物的光谱信息并对其进行建模，来分析测试样品的有机物组成及其各成分含量的一种间接测量技术。这是一种兼具快速、简便、不破坏试样、分析过程中无试剂的绿色溯源技术，在科研、农工业、食品等领域都有着广泛的应用，特别是在食品检测方面有更广阔的发展前景。

（2）条码技术溯源：通过条码所包含的物品信息实现溯源功能，通过对条码的编写可以将产品种类、生产日期、加工方式等信息包含进去。条码是由一组粗细不同、彩色或黑白相间的条、空及字符、数字、字母组成的标记，通常分为一维码和二维码。其中一维码常见用于商品包装、图书封底，对商品进行标识，不能对产品进行描述，若要进行描述则需要后台数据库的支持。欧盟在牛肉溯源领域较早使用条码溯源技术，通过采用 EAN·UCC 标志系统，将牛肉产品的产地信息（国家、饲养场等）、分割信息、销售信息等编入条码，实现了牛肉的可溯源。

（3）二维码技术溯源：通过光电扫描或图像识别自动读取信息以实现食品溯源。我们常见的二维码在食品溯源中的应用就是利用如手机对二维码扫描进而读取商品的信息。二维码克服了一维码的许多缺点，具有容量大、保密性好、抗损性强、纠错性好、成本低等优点，然而仍存在病毒链接通过二维码传播等缺点。

（4）RFID 技术溯源：射频识别系统主要由电子标签、读写器、天线等部分组成，其中电子标签由耦合元件及芯片组成，每个标签具有唯一的电子编码，附着在物体上标识目标对象。读写器则是读取或写入标签信息的设备，可设计为手持式或固定式。射频识别技术的优势在于，可通过无线电信号实现数米之内穿透、无屏障同时读取多个标签信息，具有快速、自动、准确采集与存储信息等特点。

### 3. 化学方法溯源

在日常的研究工作中常见的利用化学方法进行溯源的技术有同位素溯源、矿物元素溯源、电子舌技术溯源。

（1）同位素溯源：通过分析食品中某一种或多种同位素的含量来判别食物源地。在食品溯源中，常用的同位素有 C、H、O、N、S、B、Sr 和 Pb，不同的同位素对应不同的分析技术。有相关研究利用 C、H、O、N、Pb 和 Sr 等同位素对葡萄酒的来源进行分析，得出结论 C、H、O 等轻元素受气候等的影响较大，易发生改变，Sr 的同位素受季节温度的影响不大。同位素溯源技术作为一种有效的溯源方法，已被广泛用于鉴别果汁、葡萄酒、蜂蜜、饮料等是否掺假，猪、牛、羊、鸡肉的饲料成分和地理起源。

（2）矿物元素溯源：食品中的矿物元素含量和成分与其所处环境息息相关，通过检测矿物元素来达到对食品产地溯源的目的，然后利用方差分析、聚类分析等数学方法对食品中的矿物元素进行分析，这就是矿物元素溯源。由于食品中的矿物元素含量容易受农药、食品添加剂等的影响而导致结果不准确，因此该方法有一定的局限性。

（3）电子舌技术溯源：是一门融合了多学科包括计算机科学、数学、化学、材料科学等学科的新技术，目前主要被应用于饮料类、果蔬、调味品等食品溯源，新鲜度、品质分级、质量安全监控等方面。该方法的检测灵敏度高、速度快，不需要对样品进行复杂的前处理，而且可以检测食品中大部分物质包括挥发性和不挥发性物质的信息。

### 4. 生物方法溯源

从生物学方面来看，常见的溯源技术有 DNA 溯源技术和虹膜溯源技术。

（1）DNA 溯源技术：起源于 DNA 的遗传与变异，每个个体都有特定的 DNA 序列，且其对应的 DNA 图谱也是独一无二的，根据 DNA 的独特性来进行溯源。DNA 溯源技术主要有 5 种标记方法，分别为随机扩增 DNA 多态性（RAPD）、扩增片段长度多态性（AFLP）、限制性片段长度多态性（RFLP）、微卫星标记（SSR）和单核苷酸多态性（SNP），其中 SSR 和 SNP 技术的应用较多。该技术与传统溯源技术相比有检测手法简单、所得的 DNA 分子易保存且 DNA 序列稳定、不易受外界环境的影响等优点。分子生物学的发展，为 DNA 溯源技术奠定了基础，其在未来将会有更广阔的前景。

（2）虹膜溯源技术：最早是由眼科专家阿兰·萨菲尔（Aran Safir）和伦纳德·弗洛姆（Leonard Flom）共同提出的，设想将该技术用于人员身份识别。虹膜的形成由遗传基因决定，具有独特性，可利用虹膜来进行生物身份识别。虹膜识别作为一种稳定有效的生物特征识别方式，被应用于大型动物识别中，可以消除其他动物识别系统中的欺骗和设备功能异常现象。利用虹膜溯源技术对动物个体进行识别，结合二维码、PRID 电子标签技术，可有效地解决肉食品溯源中个体标识难的问题，有利于建立更完善的食品安全溯源体系。

二维码 2-9

溯源技术在不同种类食品中应用得十分广泛，对于不同食品原材料，所采用的溯源技术也有所不同，食品溯源技术及效果的比较见二维码 2-9。

注：针对不同的动物源或植物源采取不同的溯源技术，主要根据不同溯源技术的取材难易程度、前处理的复杂程度、耗时、经济成本、适用性，结合化学计量法的算法难易性及溯源能力（即溯源正确率）对各种溯源技术进行评价打分，溯源技术评价打分为 0～5 分，每个"＋"代表 1 分，"＋"越多代表评分越高。

## （三）食品溯源系统

随着科学技术的进步，在食品安全溯源体系的建立中对溯源系统的研究也是重要一步。基于互联网信息技术全面构建食品溯源系统，将食品溯源信息面向消费者，让消费者通过食品溯源系统了解商品信息。同时构建食品溯源系统时，生产现场的监控信息是不可缺少的内容，需要建立起全面网络联系体系将生产现场的视频信息，通过数据传输整合到食品安全溯源系统中。

通常食品溯源系统包括系统基础数据子系统、信息查询子系统、信息统计分析子系统、信息发布公示子系统、消费者投诉处理子系统和系统管理子系统等。这些子系统会针对不同的信息进行划分管理。例如，企业信息、主要产品、销售量、出口量、产品批次、第三方审核信息等会划分给系统基础数据子系统。管理者和消费者查询、消费者投诉处理情况等属于信息查询子系统。企业的产品信息统计分析、投诉的统计分析、对政府部门监管信息的统计分析等则属于信息统计分析子系统。信息发布公示子系统是对认证评价信息的发布、讨论组的内容等进行管理，主要有对法律法规、互动空间管理的功能。而消费者投诉处理子系统则用来处理消费者投诉请求。系统管理子系统的核心是对员工在线认证评价系统的用户、角色、权限等的管理。

## 三、食品安全溯源体系存在的问题及对策

### （一）食品安全溯源体系存在的主要问题

食品安全溯源体系的建立是一项周期长、投入大的工程，国际上对它的研究已有数十年，取得了一定的成效，也有了一定的积累。我国对其的探索已有十多年，为充分吸收国内外的经验，许多学者对此展开了许多研究，并取得了一些成果，但依然存在问题和不足。

首先，回溯反馈机制薄弱，追溯主体缺乏自主参与性。消费者在购买产品时对产品的追溯意识薄弱，对有瑕疵的产品没有进行回溯，导致商户继续生产该产品，不利于市场的健康发展。其次，溯源标准建立不完善，相关制度、法规不健全、不完善。溯源信息的采集是一项庞大而繁复的工作，但各地出台的标准不一，内容交叉，质量参差，制度法规的不完善使追溯主体缺乏实际约束力。再次，溯源技术的使用不完全。我国在农产品生产等方面的机械化、信息化程度尚不成熟，技术基础无法切实满足食品安全溯源体系的需求。从事追溯工作的职工不稳定、变动大，导致一些溯源工作无法充分开展。最后，信息平台建设问题，难以确保追溯信息的真实性和完整性，缺乏社会认可度。追溯信息与追溯主体密切相关，记录的

信息内容主要依靠生产主体的自觉性，难以保证是否准确真实。消费者对溯源信息平台不了解，且对所记录的信息持怀疑态度，这种不信任导致所记录的信息变动毫无价值。

**延伸阅读**

　　目前国内外无论是政府机构还是民间企业，都积极参与溯源平台的建设，并将其广泛应用于食品、农产品、药品、消费品等各个行业。图 2-3 展示了一种农产品溯源平台的基本框架，显示了溯源过程及能实现的功能。

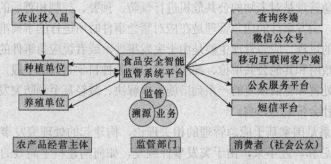

图 2-3　一种农产品溯源平台（引自王虹等，2021）

### （二）完善食品安全溯源体系的对策

针对食品安全溯源体系建设过程中存在的主要问题，提出以下几条建议或对策。

（1）健全溯源体系结构，加快完善相关法律，统一国家溯源标准，对溯源系统的健康持续发展具有重要的作用。溯源过程包括生产、加工、物流、批发、零售等环节，各环节与溯源体系结构的稳定性密切相关，通过加快对相关法律法规及溯源标准的完善，明确溯源过程中相关人员或企业的责任与义务，并且针对不同的食品应制定相应的标准和要求，同时政府部门也应明确主要负责监管和审查的部门，制定惩处措施，对参与主体弄虚作假的行为进行严厉的打击。

（2）完善产品信息库建设。明确溯源体系的基本要求，规范信息采集标准、数据上传格式、标签编码规则，运用食品溯源先进技术等，实现溯源标准全国统一，逐渐发展为产销一体化的产品质量安全追溯信息网络系统，实现通过移动终端和政府平台网站对食品溯源信息的及时获取。

（3）积极宣传，加大资金扶持。政府及各食品安全管理、监督、检测部门在食品溯源平台中及时发布食品安全相关信息，同时做好对企业及一些个体户的宣传工作，使其加强对溯源工作的认识。此外，还应加强对先进技术的示范、宣传，可以选择一些企业作为试点进行技术的推广，促进更多的企业积极加入食品溯源工作中，共建食品溯源体系。

## 第十节　食品安全突发事件应急管理体系

当代中国，随着市场经济的发展和工业化进程的推进，食品新技术、新资源被广泛应用于食品领域，食品受到自然、意外污染或蓄意破坏的风险因素在不断增加，加之我国食品生产经营的集约化程度低，小作坊、食品摊点众多而卫生保证能力差，食品加工设备落后、自身管理水平差等原因，控制食品安全风险的难度增大。为了切实保障人民群众的生命健康安全，减少风险系数，必须建立科学的食品安全突发事件应急管理机制。近年来，我国政府高度重视对各类突发事件的应急管理，在"一案三制"（应急预案、应急管理体制、机制和法制）的基础上逐步建立起我国食品安全应急管理体系。

## 一、相关概念

突发事件应急管理是对未知的公共危机进行预防、预警、控制和善后的过程。美国联邦应急管理局认为，突发事件的应急管理是在应对紧急事件时所进行的事前准备、事中应对及事后恢复、重建的过程。应急管理主要是由于突发事件，或者说应急事件的产生而产生的。针对突发事件，政府和其他公共单位、部门通过应用各种科学有效的手段，采取事前预防、事发应对、事中处置和善后恢复的一系列措施，以解决、减轻甚至预防突发事件给人民群众生命财产和经济社会带来的影响。

应急管理体系是国家基于应急管理的相关理论，构建起的处理突发事件的所有组织机构和政策架构的总和。近年来，由于突发事件频发，如何构建科学高效的应急管理体系成为各国研究的重点课题，经过系统地分析和研究突发事件的产生、发展、结果和特点等，同时在应急管理体系的实际运作过程中发现不完善的方面，不断地完善现有的事前预防、事发反应、事中干预、事后补偿等环节构成的应急管理的操作细节，不断地健全以现有的政府和食品药品监督管理部门为主导，工商、质监、卫生、环保等部门分工配合，技术、执法部门执行的组织机构，以期能够在应对突发事件时做到尽可能地减少或者避免人民群众的生命财产损失。

**案例分析**

2021 年 5 月 24 日 14 时 57 分，四川省宜宾市长宁县某食品公司在检修设施时发生疑似有害气体中毒事件。据参与救治的医生透露，截至 25 日上午 10 时，死亡人数上升至 7 人。根据死亡人员的临床表现，考虑是硫化氢中毒。

硫化氢在常温下是一种急性剧毒气体，低浓度的硫化氢对眼睛、呼吸系统及中枢神经都有影响，吸入少量高浓度硫化氢可于短时间内致命。

硫化氢的产生过程离不开发酵，所以在化粪池、发酵缸及生活污水管道等地方，微生物在发酵有机物的过程中，都可能会形成硫化氢。食品公司中出现硫化氢并不稀奇，因为有些食物需要发酵。例如，该公司就从事蔬菜制作加工，生产有罗汉笋，而罗汉笋就需要发酵，在发酵过程中就会形成硫化氢等物质。

硫化氢中毒事件几乎每年都会发生，而每次发生时都会有大量人员在参与施救过程中死亡。类似事件年年都在发生，并且每次都会造成大量人员伤亡，有以下原因：第一，硫化氢是剧毒气体，且生物发酵后能够产生，导致在密闭空间内可能存在着高浓度的硫化氢，而工人却并不知情。第二，进入该场所的工人，其安全意识不强，或者没有接受过相关的培训，没有携带任何专业器材进入可能存在硫化氢的地方。第三，施救人员没有做好防护措施而盲目施救，周边没有警告牌提示，有可能会盲目施救，导致伤亡事件进一步扩大。

## 二、我国食品安全突发事件的相关法律

在法律层面上，我国的食品安全事故应急处置法律体系主要有《中华人民共和国突发事件应对法》（见二维码 2-10）和《中华人民共和国食品安全法》。其中，《中华人民共和国突发事件应对法》是综合性法律，对政府应急处置各类突发事件做出了总体性要求。《中华人民共和国食品安全法》则根据食品的特性，专门对食品安全突发事件的应对制定出常规性的规定。在法规层面，现行有效的法规主要是《突发公共卫生事件应急条例》《国家突发公共事件总体应急预案》和《国家食品安全事故应急预案》，也是涵盖综合性应急法规和食品安全突发事件的专一性应急法规。在应急预案层面，有《国家突发公共事件总体应急预案》、从中央到地方的各级食品安全事故应急预案。《国家突发公共事件总体应急预案》对四大类突发性公共事件的应对进行总体规范，各级政府的预案则是只针对食品安全事故做出专业性的应急处置规定。

二维码 2-10

---

**延 伸 阅 读**

2009 年，第十一届全国人民代表大会常务委员会第七次会议审议并通过了《中华人民共和国食品安全法》，随着建设中国特色社会主义法治体系进程的不断深入推进，我国又陆续颁布并施行了一系列相关的法律法规，并且在 2015 年又将《中华人民共和国食品安全法》进行了修订，以适应新时代的食品监管；2011 年 10 月 5 日，国务院对《国家食品安全事故应急预案》进行了修订，对组织机构及职责、应急保障、监测预警、事故报告、应急响应、后期处置等处置事项和内容做出详细规定。从 2009 年将食品由卫生层级提高到安全层级，到 2011 年新修订的《国家食品安全事故应急预案》，再到 2015 年对《中华人民共和国食品安全法》的修订，我国食品安全事故应急处置法律体系得以不断完善，形成了以《中华人民共和国食品安全法》和《中华人民共和国突发事件应对法》为"灵魂"，以《突发公共卫生事件应急条例》等行政法规和部门规章为"骨干"，以食品安全事故应急预案体系为"血肉"的较为完善的法制体系。

---

## 三、我国食品安全突发事件的应对机制

### （一）突发事件应急管理流程

突发事件应急管理流程如图 2-4 所示。

### （二）食品安全突发事件事前应对阶段

目前，我国应对食品安全突发事件前的准备机制主要包括两部分，分别是"应急保障机制"和"监测与预警机制"。

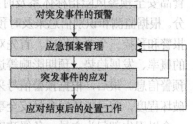

图 2-4　突发事件应急管理流程

#### 1. 应急保障机制

食品安全突发风险信息的及时处理与传达，实现风险信息的早预警、共分享并及时做出处理，将有可能发生的食品安全事故防患于未然有赖于应急保障机制，其主要包括以下几项内容。

（1）物资保障机制。物资保障是否完备制约着应急部门的处理水平，应急物资、装备和

资金的储备是食品安全突发事件进行处理的基础。在物资保障上应要求各级政府设立专项资金，将应急处置物资保障所用经费纳入各级政府财政预算，并规定使用后及时补充，从根本上保障了应对食品安全事故所需的各项物资的调用和储备。

（2）信息保障机制。信息保障机制的功能是负责收集、整理、更新和补充有关的数据与信息。我国建立了由国家卫生健康委员会负责管理的食品安全网络信息体系。各个部门依据法定职权对各类食品安全风险监管情况进行上报，并设立举报电话，畅通信息报告渠道，做好信息的交流传递工作。同时应做好各信息系统的日常维护，确保信息的及时性、准确性。

（3）人员及技术保障机制。2013年3月，我国设立国家食品药品监督管理总局，内设应急管理司，下设综合处、应急监测处、应急指导处和应急处置处。2018年3月，我国组建国家市场监督管理总局，履行国家食品药品监督管理总局的职责。目前，大部分城市都设立了相应的机构，但我国的应急管理仍处在应对新闻媒体和社会舆论比较初级的水平上。此外，储备专业的指挥决策人员、公关人员、救治人员也是必不可少的。

（4）医疗保障机制。由卫生部门建立医疗救治体系，以便在事件发生后能够迅速开展救治工作。

（5）宣传教育培训。注重对企业的食品安全管理员、个体的食品经营业户和公众进行食品防护的相关培训，同时利用公众号推送、广播和电视等各种方式，积极宣传食品安全应急管理相关知识，从而促进企业和经营业户增强责任意识，提高公众的防范能力和风险意识。

综上所述，应急保障机制是为突发食品安全危机储备必要的迅速处置能力，避免突发事件发生时手忙脚乱，不能及时进行部署而导致事件进一步恶化。其包含多个部分，且每个部分都密切相关，至关重要。

**2. 监测与预警机制**

为了应对食品安全突发事件，需要建立有效的食品安全监测与预警机制。不能等突发事件发生了才进行监测，应该未雨绸缪，事先开展食品安全监测与预警工作。监测机制主要包括三个环节，分别是监视、识别和估计，对食品安全风险各要素的变动情况进行日常观察和严密监视，重点是对各种风险进行动态监测。待食品安全风险要素监视信息被确认后，根据食品安全预警风险指标体系及时判断识别是否是食品安全突发事件的征兆并进行详细的划分。根据监测和识别信息来及时预估是否会构成食品安全危机。另外，预警机制主要由评价、报警和预控三个要素构成。首先对食品安全突发事件风险征兆进行风险评价，接着对其发生的概率、发展趋势、预期影响等进行预测。然后，经综合评价后及时发布食品安全突发事件预警信息。最后，根据预警信号采取各种预防措施，控制危机事态进一步发展，降低危机的破坏程度，将可能诱发食品安全事故的风险点在源头掐灭。我国现行的应急预案的机制，是一个以卫生部门为主导，各级政府综合利用，范围覆盖全国的动态食品安全检测体系。各级卫生部门在现有监测机构能力基础上，综合其部门或机构发现的食品风险监测信息，对本地区的食品安全状况进行总体分析，针对风险系数较高的食品发布风险警示信息。监管部门在获得风险警示信息后，及时采取下架、召回、销毁等控制手段。

**（三）食品安全突发事件事中应对阶段**

当食品安全突发事件暴发时，合理有效的危机处理成为遏制暴发的最后一道防火墙，能否做出快速反应是食品安全应急管理机制完善与否的标志，在一定程度上决定着危害发展的状态。实现快速反应的关键是做到及时准确地启动响应级别、有序组织应急处置、保障物资和人员及时到位、协调各部门分工、畅通信息渠道等。针对食品安全突发事件，我国将应急响应分为Ⅰ、Ⅱ、Ⅲ、Ⅳ四级响应。对于核定为特别重大的食品安全事故，则上报国务院，由国务院组织开展应急处置并宣布启动Ⅰ级响应。对于重大、较大、一般的食品安全事故，则是由事件发生地的省、市、县级人民政府来进行应急处置并启动相应级别的应对方案。在事件响应期间，各个部门应关注事态发展趋势，及时做出预判，做好信息通报和交流工作。指挥中心起到了统筹协调的作用，是处理食品安全事故的"大脑"，随着事态发展，指挥中心有权提升或降低该事件的响应级别。在事件应对期间，各个部门的相互协作是至关重要的，每个部门都有各自的职责（表2-2），大家共同协作才能使食品安全事故转危为安。

**表2-2 突发事件发生各部门的职责**

| 部门 | 地位/作用 | 职责 |
| --- | --- | --- |
| 政府部门 | 主体部门 | 协调相关部门救治受害人员并展开调查 |
| 卫生部门 | 调查牵头部门 | 成立调查组，开展调查、采集、评估等工作；调查后做出结论和提出预防检验措施；制订救治方案；成立检测评估组进行检测确定原因，预测事件发展趋势并制订处置方案和采取相应的控制措施，提供建议 |
| 公安部门 | 协调 | 进行刑事侦查，控制公众情绪，加强治安力量，维护社会稳定 |
| 食品、农业、畜牧、渔业等相关监管部门 | 执行 | 调查、取证、现场控制和保存证据工作；监督涉事企业或个人对相关产品进行处理；必要时，依法责令涉事企业或个人启动食品召回程序，并停止涉事企业或个人的一切经营行为 |
| 食品安全委员会或办公室职能的食品监管部门 | 沟通协调 | 负责定期通报最新处置情况，统一向公众提供真实、准确的消息。积极主动掌握事件爆发初期的话语权，避免谣言和公众恐慌情绪的蔓延 |

**延伸阅读**

根据事件性质、危害程度、波及范围、产生原因、存在形态、引发事件发生的食品种类等因素进行分类，通常可以将食品安全突发事件分为以下4类。

（1）按照其性质、危害程度和波及范围分为Ⅰ级（特别重大）、Ⅱ级（重大）、Ⅲ级（较大）和Ⅳ级（一般）。

（2）根据其产生的原因分为不可预知的食品安全突发事件和人为的食品安全突发事件。

（3）根据其存在形态分为显性的食品安全突发事件和隐性的食品安全突发事件。

（4）根据引发其发生的食品种类分为物理性食品安全突发事件、化学性食品安全突发事件和生物性食品安全突发事件。

## （四）食品安全突发事件善后阶段

经事前和事中两阶段的处置后，食品安全事故得以控制，则应将应急管理工作转向善后阶段。可转向的标志是已全部救治此次事件中产生的伤病员，其病情稳定已在24h以上，并且没有出现新的急性病症患者，被污染食品及受影响的环境已经得到有效控制，次生和衍生事件隐患被排除，经有关部门评估，认为可解除响应的，应当及时终止响应。

善后工作主要包括：①赔偿救治工作，保险机构及涉事企业根据相关法律法规对受害者给予相应的赔偿，并承担后续费用。奖惩相关人员，对防止事件恶化及处理过程中有突出贡献的人或单位进行嘉奖，反之对玩忽职守和有违法犯罪行为的人员及企业进行惩处。②心理辅导工作，平复受害者的报复情绪，消除社会恐慌心理，恢复人们对食品安全的信心。③总结完善工作，应急处置工作结束后，由卫生部门组织有关部门对此次事件和应对工作进行总结，分析其原因，总结本次应对的经验，并提出相关改进建议，进一步完善和优化应急管理机制。同时应将本次事件向公众发表公告，反思经验教训，提高全社会的食品安全意识。

### 延伸阅读

2020 年，新冠疫情大流行不仅给全球卫生系统带来了巨大威胁，也滋生出众多的食品安全谣言，给消费者带来了极大的恐慌与不安，突出了特殊时期维护食品安全与稳定的极端重要性。这从侧面也反映出在暴发食品安全事故后做好善后工作的必要性。例如，疫情之初传出的三文鱼"案板门"事件，尽管三文鱼携带新冠病毒被官方多次辟谣，但经过各大网络媒体的断章取义，导致相关舆论消息仍然不胫而走，三文鱼"案板门"事件演化为了食品安全谣言事件，许多消费者潜意识里将三文鱼案板上检测出病毒等同于三文鱼携带病毒，此次事件对全国三文鱼产业链上下游产生了强烈的冲击。

### 思 考 题

1. 《中华人民共和国食品安全法》的调整范围是什么？
2. 《中华人民共和国农产品质量安全法》最新修订的内容有哪些？
3. 《中华人民共和国产品质量法》的立法意义是什么？
4. 简述与食品有关的国际组织，它们主要负责的工作有什么？
5. 从国外的食品法律法规可以学到哪些知识来进一步完善我国的食品法律法规？
6. 食品安全标准的主要内容有哪些？
7. 我国食品安全标准有哪些不足？应该如何完善？
8. 标准化有哪些原则？
9. 我国现行的食品添加剂标准有哪些？
10. 食品流通环节主要包括哪些环节？分别举例说明所涉及的标准。
11. 过去主要采用以终端食品检验为主的监管方法来保证食品安全，其弊端是什么？
12. 简述食品安全风险分析在我国食品安全监管中的重要作用。
13. 简述食品安全风险分析的理论框架。
14. 危害特征描述的一般步骤包括哪些内容？
15. 风险管理的程序包括哪些内容？
16. 风险交流与传统的单向告知模式有什么不同？
17. 风险交流的基本原则有哪些？
18. 如何进行食品安全性评价？
19. 科学建立食品安全性评价有哪三方面的要求？

（编者：石　慧，陈　思，商　颖，徐瑷聪，程　楠，程菲儿）

# 第三章 食品安全管理成效评价体系

**【本章内容提要】**食品不安全要素贯穿于食品供应链的全过程,为控制"从农田到餐桌"全过程中可能出现的各种风险,近年来,我国开始重新审视多年来形成的既定食品安全管理体制,力求以消费者安全与健康为核心,进一步加大食品安全管理各部门间的协调力度,完善协调机制,以统一的食品安全质量标准、有效的食品安全预警制度及通畅的食品安全信息网络,促使我国食品安全管理逐步向规范化、法治化、科学化道路迈进。目前,我国的食品安全状况评价主要以相关质量安全标准为对照,根据检验结果即"合格率"来判断产品是否合格,这种方法存在很多局限性。因此,要建立科学的综合评价指标体系,定期综合、客观地评价食品安全管理状况,有利于获知食品安全发展态势、找出食品安全监管的薄弱环节、加强社会资源在食品安全方面的合理分配,有效地提高食品安全水平。

## 第一节 政府食品安全状况及监管成效的评价

食品安全监管是一项系统工程,高效的监管制度、机制应建立在对食品安全状况客观综合评价的基础之上,如何科学、客观地评价食品安全状况一直是食品安全监管工作中的难题。长久以来,食品抽检合格率是评价食品安全状况的主要指标,但是由于抽检过程的复杂性,如样品的代表性、抽样过程的规范性、检验过程的科学性对抽检结果的影响较大,不同时间、不同地点抽检的结果可比性较差。另外,食品抽检合格率属于结果类指标,也难以反映食品安全监管过程的整体状况。因此,相关各方对于食品抽检合格率指标并不完全认可。实践证明,一个国家或地区的食品安全状况由多种要素构成,除了较为直接的产品不合格率、食物中毒人数及死亡人数等狭义的食品安全状况,企业生产经营安全状况、政府行政能力等过程类要素也从不同方面深刻地影响着当地的食品安全状况。在我国,影响食品安全的不确定过程要素很多,如法规标准正在清理整合、监测评估体系尚不完善、追溯召回亟待规范等,甚至企业持证经营等基本要求仍不能完全满足。这些不确定过程要素的任何变动都会影响到最终的食品安全整体状况,只有将各要素综合考虑、有效整合,才能够接近客观地描述食品安全整体状况。

近年来,国内各级政府部门陆续组织开展食品安全考核工作,通过客观、公正地考核、评价各地食品安全状况和工作成效,推动落实食品安全监管责任制,并将食品安全工作纳入科学发展综合考核指标体系中。在这些考核评价活动中,食品抽检合格率仍然是重要甚至是唯一的指标。针对这种情况,目前急需对考核指标开展系统性的梳理、提炼和拔高,建立符合我国现阶段实际情况的食品安全状况及监管成效的考核体系和评价方法。

## 一、我国现有食品安全状况评价方法存在的问题分析

我国现有食品安全状况评价指标以食品抽检合格率为主,即以随机抽取的样品为检测对

象，以产品的相关质量安全标准为参照，根据检验结果判断产品是否符合标准的要求，完全符合就是合格品，有一项或多项不符合即不合格品，再根据批次产品中不合格品的数量计算得到某批产品的合格率。在我国食品安全监管实践中发现，这种食品抽检合格率的获得方式通常存在以下问题。

## （一）食品质量或安全标准的局限性

食品质量或安全标准中列出的指标，一方面根据食品加工工艺的要求而设立，另一方面则是根据已知的风险因素而设立。因此，指标的设定不可能面面俱到，特别是对于未知的风险因素，不可能通过预先设定检测指标的方式来规避。由于食品质量和安全标准的这种局限性，一些符合标准要求的产品也可能为缺陷产品。

> **延伸阅读**
>
> 2008 年 6 月 28 日，位于兰州市的中国人民解放军第一医院收治了首例患"肾结石"病症的婴幼儿，随后短短两个多月，该医院收治的患婴人数迅速增长至 14 名。9 月 11 日，除甘肃省外，中国其他省份都有类似案例发生。经调查发现，患儿多有食用三鹿牌婴幼儿配方奶粉的历史。9 月 12 日，河北省石家庄市政府经调查认定三鹿乳业集团的奶粉中含有人为添加的三聚氰胺成分。三聚氰胺是一种化工原料，可导致人体泌尿系统产生结石。在此次事件中，总共有 4 个婴孩因喝了毒奶死亡，逾 30 万儿童患病。
>
> 2009 年，浙江省金华市"晨园乳业"被查出制造"皮革奶"，同时还在现场发现了 60kg 白色皮革水解蛋白粉末，引起质检总局高度重视，召回全部受污染的奶制品，并明确要求严禁使用皮革蛋白粉等皮革碎料制品作为食品原料。皮革水解蛋白是把皮革废料或动物毛发等加以水解提炼而成的物质，不法商家将其掺入奶中，企图以此来提高牛奶中的蛋白质含量。
>
> "毒奶粉""皮革奶"的产生均是由于不良商家钻了产品标准和检验方法标准局限性的空子，奶粉、牛奶等乳制品中对蛋白质的含量是有要求的，《食品安全国家标准 生乳》（GB 19301—2010）中规定，生乳中蛋白质含量不应少于 2.8g/100g，不良商家便通过添加三聚氰胺等含氮物质来增加产品中所谓的"蛋白质含量"。而采用国际通用的凯氏定氮法测定乳制品中蛋白质含量时，该检验方法无法区分氮元素的来源是蛋白质还是其他含氮物质，从而导致了悲剧的发生。

## （二）食品安全管理体制的局限性

食品安全管理体制始终是确保食品安全最重要的一道屏障，经历了由少部门管理向多部门管理转变的过程，进而出现农业、卫生、质检、工商多个部门负责的局面。实践证明，把"从农田到餐桌"一个完整食物链分割开来的结果是出现"没有问题都来管，出了问题都不管"局面，这种多头管理的体制也导致了"谁也不管谁，谁也管不了谁"，且漏洞百出，重复监管、重复抽检时常发生。

为了弥补监管漏洞，明确各部门责任，第十二届全国人民代表大会第一次会议进一步对我国食品安全监管体制做出了重大调整。除农业部（现农业农村部）继续负责初级农产品食用安全性监管外，新设立了国家食品药品监督管理总局（China Food and Drug Administration，CFDA），负责加工生产、运输、贮存、流通和餐饮环节的监管，还兼有政策和规划制定、综合协调、重大事件处理等职责。卫生部（现国家卫生健康委员会）的职能仍是风险监测、风险评估和标准的制定与修订。工商总局不再负责流通环节的监管，质检总局只负责食品相关产品的监管和进出口食品监管。此次改革从体制上减少了监管部门的数量，益于避免整个产业链监管中各环节间出现"缝隙"。但这次改革并没有一步到位，食品安全管理各部门间的协调力度、机制规范化等仍有待进一步完善。

### （三）抽检过程的不确定性

农产品质量安全抽检数据的质量首先取决于其抽样过程，抽样方案要综合考虑农产品种类、检验项目、地域、人群，以及企业类型和规模的覆盖面等。我国人口众多、地域辽阔、农产品种类繁多、城乡差别和区域差别巨大，农产品质量安全监管对象极其复杂。而我国的食品安全监管支撑体系薄弱，无论是抽检还是监测，覆盖面窄和代表性低的问题都有可能直接导致抽样过程的不确定性增加，影响数据质量。另外，检验和数据分析过程的科学性对抽检结果的判定也存在较大影响。在这种情况下，单一合格率指标评价犹如"把鸡蛋放在同一个篮子里"，不但没有回旋的余地，对合格率波动的原因分析也难以追根溯源。

> **延伸阅读**
>
> 2006 年 9 月，上海连续发生了瘦肉精食物中毒事件，涉及上海市 9 个区 300 多人，而引发此次食物中毒的罪魁祸首居然是一批具有合法检疫证明的猪肉及内脏。
>
> 瘦肉精事件的发生与当前部分人员守法意识薄弱，不法之徒向农民兜售非法兽药有关，但很大程度上还是归结于食品在抽检过程中出现的大量不确定性因素。目前，我国农业生产的种植和养殖单位仍主要是数量多达两亿多的个体农户，如河南一省的养猪户就有 200 多万户，抽检基数庞大，导致少数食品超标事件时有发生，单一合格率指标也难以保证食品的绝对安全。

### （四）百分比抽样方案的局限性

在食品安全监督抽检工作中，通常按照百分比抽样方案确定抽样量，其过程大致如下：假定某批食品的批量为 $N$（袋），批中的不合格品数为 $D$（袋），则不合格品率 $P=D/N$。从该批产品中随机抽出 $n$ 袋产品作样本，并规定样本不合格品容许数为 $c$，如果样本中的不合格品数为 $d$，当 $d<c$ 时，判定该批产品合格，当 $d>c$ 时，则判定该批产品不合格。

统计学中通常将 $n$ 和 $c$ 组成的方案称作抽样方案（$n$，$c$），把某批产品按规定的抽样方案"判断为合格"而接收的概率称为接收概率。显然，当（$n$，$c$）一定时，接收概率是该批实际不合格品率 $P$ 的函数，记作 $L$（$P$）。另外，即使该批产品的实际不合格品率 $P$ 不变，接收概率 $L$（$P$）也会随着（$n$，$c$）的变化而变化。例如，某批产品 $N=1000$，$D=80$，分别用 4 个抽样方案（1，0）、（6，0）、（10，1）、（16，2）进行检验，接收概率计算如表 3-1 所示。

表 3-1　不同抽样方案下的接收概率

| (n, c) | L (P) |
| --- | --- |
| (1, 0) | 0.920 |
| (6, 0) | 0.606 |
| (10, 1) | 0.812 |
| (16, 2) | 0.869 |

从表 3-1 可以看出，（6，0）方案最为严格，而采用（1，0）方案，不合格品逃脱检查的可能性增加。反过来，对于不合格品率 $P$ 不同的几个批次产品，如果采用同一种抽样方案，也会导致不合理的结果。例如，某批产品 $N=30$，抽样方案为（2，0），则对应于不同的不合格品率 $P$ 的接收概率如表 3-2 所示。

表 3-2　不同的不合格品率下的接收概率

| P/% | 5 | 10 | 15 | 20 | 25 | 30 | 35 |
| --- | --- | --- | --- | --- | --- | --- | --- |
| L (P) | 0.90 | 0.80 | 0.72 | 0.64 | 0.56 | 0.49 | 0.42 |

当不合格品率 $P=5\%$ 和 $10\%$ 时，其接收概率 $L(P)$ 都是比较合理的，但当 $P=30\%$ 时，仍有近 50% 的可能被接收，这时再采用方案（2，0）是不合理的。

批量大小也会影响百分比抽样的准确度。即使是同样的百分比抽样方案，由于交检产品的批量不同，抽样数量也就不相同，进而抽样特性曲线就会不一致。交检产品批量越大，抽样方案就显得越严格。

由此可见，抽样方案对于抽检结果的最终判断至关重要，可以说抽样方案直接关系着抽检工作有效与否。食品安全抽检，特别是市场监督抽检，不同于生产流水线抽检，批次总量 $N$ 及实际不合格品率 $P$ 都无法准确预判。在这样的情况下，虽然每次采用的抽样百分比都相同，但实际的严格程度不一样，结果严重影响了监督抽检工作的科学性、公正性和权威性。

（五）合格率指标所反映的食品安全信息量有限

食品市场上的信息不（或不完全）对称是造成市场失灵和食品安全问题产生的原因之一。为缓解食品安全信息需求与供给之间的矛盾，世界各国在实施食品安全管理时，都十分重视食品信息的有效供给。然而，我国食品安全信息的有效供给不足。近几年，由于食品安全事故频频见诸报端，公众对食品行业及政府食品安全监管的信任度下降，政府口径的食品抽检或监测合格率信息不被认可。相反，公众对于食品安全的负面新闻却抱着"宁信其有"的态度并津津乐道，加之不良新闻媒体的推波助澜，导致目前我国公众对食品安全的关注度高而接受度低。公众不能接受"食品安全不是零风险"这一客观事实，并希望获得尽可能全面的食品安全信息。在这种情况下，单一的结果类指标要么让公众将信将疑，要么让公众更加恐慌。

（六）风险分析框架应用不到位

风险分析是 FAO/WHO 倡导的预防和应对任何食品安全问题必须遵循的原则，由三部分组成，即风险评估、风险管理和风险交流。《食品安全法》的实施，大大强化了风险监测和风险评估，风险管理也有一定的提升，但风险交流方面在食品中的应用则较为薄弱。

《食品安全法》由国家卫生健康委员会组织实施，规定"国家建立食品安全风险监测制度，对食源性疾病、食品污染以及食品中的有害因素进行监测"。自 2010 年开始，我国每年开展化学污染物和致病微生物的监测，覆盖了中国大陆全部的省、自治区、直辖市。到 2014 年，监测点已发展到 2489 个，监测食品 29 大类 507 种，监测指标（化学、微生物）286 个。根据风险评估和标准制定的需要，每年都开展专项风险监测，如 2011 年的食品中塑化剂专项监测、2013～2014 年的食品中铝含量专项监测等。在化学污染物监测方面，中国已赶上欧美发达国家的水平，但在食源性疾病方面与之差距仍较大，尤其是在疾病负担和病因确定方面。

《食品安全法》规定"国家建立食品安全风险评估制度，运用科学方法，根据食品安全风险监测信息、科学数据以及有关信息，对食品、食品添加剂、食品相关产品中生物性、化学性和物理性危害因素进行风险评估"。2009 年，卫生部按照《食品安全法》的要求，成立了第一届由食品、农业、医学等方面的专家组成的食品安全风险评估专家委员会。参照国际经验，每年制定优先评估项目计划，组织各方面专家实施。我国在风险评估方面，无论是技术水平还是结果应用上，与发达国家还有一定的差距，亟须加强此方面的能力建设。

风险交流是目前我国应用风险分析框架的一块短板，政府及食品行业的努力不能得到消费者的认同，信息不对称的情况严重。有部分媒体擅自夸大或进行不实报道，而部分老百姓对于这种不真实、不科学的"新闻"则是宁可信其有，对科学的解释反而持怀疑态度。

## 二、食品安全状况综合评价研究现状

鉴于单一合格率指标评价的局限性，近年来，国内外陆续开展了对食品（农产品）安全状况综合评价的研究。这类研究可大致分为两类：①对原有合格率数据的深度挖掘；②综合食物数量安全和质量安全的评价体系。

### （一）基于抽检数据的食品安全状态评价方法

当前，国内对食品安全状况综合评价的研究主要建立在对食品抽检原始数据再挖掘的基础之上。例如，从产品安全的角度出发，设计食品安全状态评价指标体系，包括项目指标、食品种类指标和整体状态指标三个层次。项目指标是整个评价指标体系的最底层和基础指标，主要根据食品检验标准和法规中危害物含量的指标计算得出。食品种类指标包括食品的合格率和食品的不安全度（食品中某类危害物超标的程度）。整体状态指标则是综合考虑危害物超标状况和人体耐受量得出的，计算公式如下：

$$\text{IFS} = \left( \sum \text{IFS}_c \right) / n \quad (c = 1 \rightarrow n)$$

式中，IFS 表示某种物质对消费者健康产生影响的单项食品安全指数；$\text{IFS}_c$ 表示食品中某危害物质 $c$ 对消费者健康产生影响的单项食品安全指数；$n$ 表示 1 种物质、2 种物质……$n$ 种物质中的 $n$（指数量）。

$$\text{IFS}_c = (\text{EDI}_c \cdot f) / (\text{SI}_c \cdot \text{bw})$$

式中，$\text{SI}_c$ 表示安全摄入量；bw 表示平均体重（kg），缺省值为 60；$f$ 表示校正因子，如果安全摄入量采用每日允许摄入量（acceptable daily intake，ADI）、参考剂量（reference dose，RFD）、临时每日耐受摄入量（provisional tolerable daily intake，PTDI）等日摄入量数据，$f$ 取 1，如果

安全摄入量采用临时每周耐受摄入量（provisional tolerable weekly intake，PTWI）等周摄入量数据，$f$ 取 7；EDI$_c$ 表示物质 $c$ 的实际摄入量估算值。

可以预期的结果是：IFS 远小于 1，表明所研究消费人群的食品安全状态很好；IFS 稍小于 1 或 IFS ≥ 1，表明所研究消费人群的食品安全状态为不可以接受，应该进入风险管理程序。在上述计算公式中，项目指标和食品种类指标的准确程度完全依赖于标准的完备程度。同时，IFS 的具体数值很难给出，因此上述公式仅是一个概念公式。

### （二）综合性食品安全状态评价方法

有学者参照 FAO 的分析框架，将食品安全分为食品数量安全、食品质量安全和食品可持续安全，并以此三项准则构成食品安全综合评价指标体系，建立了计算模型，见表 3-3。

**表 3-3　食品安全综合评价指标体系**

| 类别 | 指标 |
| --- | --- |
| 食品数量安全指数 | 人均热能日摄入量 |
| | 粮食储备率 |
| | 低收入阶层食品安全保障水平 |
| | 粮食自给率 |
| | 年人均粮食占有量 |
| | 粮食总产量波动系数 |
| 食品质量安全指数 | 优质蛋白质占总蛋白质比例 |
| | 脂肪热能比 |
| | 动物性食品提供热能比 |
| | 兽药残留抽检合格率 |
| | 农药残留抽检合格率 |
| | 食品卫生监测总体合格率 |
| 食品可持续安全指数 | 森林覆盖率 |
| | 人均水资源量 |
| | 水土流失面积增加量 |
| | 人均耕地面积 |

国外的食品安全综合评价研究更多的是针对食品的数量安全。可持续安全是指一个国家或地区，在充分合理利用和保护自然资源的基础上，确定技术和管理方式以确保在任何时候都能持续、稳定地获得食品，使食品供给既能满足现代人类的需要，又能满足人类后代的需要。具体见表 3-4～表 3-6。

**表 3-4　食品数量安全性评价指标**

| 类别 | | 指标 |
| --- | --- | --- |
| 宏观层次指标 | 基础性指标 | 粮食储备率 |
| | | 人均食物占有量 |
| | | 恩格尔系数 |
| | | 人均热能日摄入量 |

续表

| 类别 | | 指标 |
|---|---|---|
| 宏观层次指标 | 公平性指标 | 基尼系数 |
| | | 消费水平差异指数 |
| | | 生活无保障人口比例 |
| | | 人均食物量标准差 |
| | 可靠性指标 | 粮食产量增长率波动系数 |
| | | 粮价波动系数 |
| | | 人均收入水平 |
| | | 外汇储备量 |
| | | 食物自给率 |
| | | 市场发育度 |
| 微观层次指标 | 家庭食物消费和能量摄入类指标 | 家庭人均热能日摄入量 |
| | | 人均食物消费量 |
| | 家庭收入及贫困类指标 | 家庭及个人实际可支配的收入水平 |
| | | 食品收入需求弹性 |
| | | 价格需求弹性 |
| | | 食品与非食品之间的交叉弹性 |
| | 遇到粮食不安全问题时采取的对策、手段及运用这些手段的频率 | 反粮食危机对策 |
| | | 对策的频率 |
| 其他指标 | | 粮食分销能力 |
| | | 粮食获取能力差距 |
| | | 家庭间收入差距 |

**表3-5　食品质量安全性评价指标**

| 类别 | 指标 |
|---|---|
| 食品卫生指标 | 食品卫生监测合格率 |
| | 食源性病原菌抽检合格率 |
| | 工业源污染物抽检合格率 |
| | 真菌毒素类抽检合格率 |
| | 海藻毒素类抽检合格率 |
| | 食物质量安全标准达到国际标准的比例 |
| | 某些植物毒素抽检合格率 |
| | 食品添加剂抽检合格率 |
| | 化学农药残留抽检或普查合格率 |
| 平衡膳食结构指标 | 热能适宜摄入值 |
| | 脂肪提供的热能应占总热能比例 |
| | 动物性食物提供的热能占总热能的比例 |
| | 优质蛋白质占总蛋白质的比例 |
| | 各种微量营养素的适宜摄入量 |
| 营养及病理类指标 | 儿童营养不良发生率 |
| | 低体重儿出生率 |
| | 身体健康体检指标 |

**表 3-6 食品可持续安全性评价指标**

| 类别 | | 指标 |
|---|---|---|
| 经济发展指标 | 经济总量指标 | GDP 总量 |
| | | 消费水平 |
| | | 农业产值 |
| | | 工业产值 |
| | 经济结构指标 | 人均 GDP |
| | | 人均消费水平 |
| | | 城乡收入比例 |
| | 基础设施指标 | 交通条件：公路密度 |
| | | 农业基础设施 |
| 社会人口发展指标 | 人口压力指标 | 人口密度 |
| | | 单位耕地面积承养的人口 |
| | 人力资源支持能力指标 | 义务教育普及率 |
| | | 大专以上人数占总人口的比例 |
| | 科技进步指标 | 全社会研究与试验发展经费占 GDP 比例 |
| | | 科技成果转化率 |
| | | 技术市场成交额占 GDP 比例 |
| 资源状况及其消耗指标 | 资源状况指标 | 人均水资源拥有量 |
| | | 人均耕地面积 |
| | | 人均林地面积 |
| | | 水浇地占耕地总面积的比例 |
| | 资源消耗指标 | 单位粮食产量消耗的水资源量 |
| | | 单位粮食产量使用的耕地面积 |
| 生态环境及其治理指标 | 反映环境水平的指标 | 人均废气排放量 |
| | | 人均废水排放量 |
| | | 人均 $SO_2$ 排放量 |
| | 反映生态水平的指标 | 受灾率 |
| | | 水土流失率 |
| | | 荒漠化率 |
| | 反映治理保持的指标 | 环保投资占 GDP 比例 |
| | | 三废处理率 |
| | | 森林覆盖率 |
| | | 人均造林面积 |

注：GDP. 国内生产总值

在上述框架的指引下，英国经济学人智库每年发布一次《全球食品安全指数报告》。通过各个国家的可负担性（affordability）、可用性（availability）、质量和安全性（quality & safety）及自然资源和弹性（natural resource & resilience）4 个指标计算得到综合的粮食安全指数。中国 2016 年和 2017 年的排名（名次/得分/参评国家数）分别为 42/64.9/113 和 45/63.7/113。

值得注意的是，FAO 的评定模型更加关注食品的数量安全，对我国农产品质量安全问题的针对性不强。我国当前食品安全问题主要表现为食品的质量安全，如果将食品的质量安全与数量安全和可持续安全并列考虑，反倒弱化了对食品质量安全的关注。

### （三）基于各类数学模型的食品安全状态评价方法

基于各类数学模型来使一系列定量指标指数化，进而客观、全面地反映食品安全状态的评价方法称为指数评价法，包括微观指数评价法和宏观指数评价法。微观指数评价法是由世界卫生组织和国际食品法典委员会的食品安全风险评估专家制定的，利用食品中危害物安全摄入量与实际摄入量间的数量关系构建了食品安全指数，以此进行食品安全危害物暴露风险的评价。然而微观指数评价法只可针对单一危害物，如重金属污染、农兽药残留等在一种或几种食物中的暴露风险进行评价，不适合用于衡量一个国家或地区总体的食品安全状况。宏观指数评价法利用食品安全综合评价指标体系，以层次分析法、灰色关联分析法、主成分分析法或德尔菲法等数量方法来确定指标权重，最终构建食品安全指数。其中，德尔菲法应用较为广泛，下面以德尔菲法为例对食品安全状况进行综合评价。

利用德尔菲法实行两轮专家咨询，确立食品安全状况综合评价指标体系所含指标；通过模糊综合评判法计算确定指标权重系数。

指标体系的构建：汇总国内外多种指标体系所包含的指标，形成指标库；参考多种指标体系中指标间的所属关系，利用层级指标体系形式来确定一级指标和二级指标。

专家遴选：专家为高校、疾控机构、食品药品监管机构等相关领域，长期从事食品卫生、食品检验、安全监管工作的中级及以上职称的人员。

筛选指标：利用德尔菲法进行两轮专家咨询，调查内容包括专家基本情况、专家判断依据及熟悉程度等。一、二级指标的可行性和重要性评定均利用5级评分法。指标可行性分为很差、较差、一般、较好和很好5个等级，分别赋值1~5分；重要性分为非常不重要、不重要、一般、重要和非常重要5个等级，分别赋值1~5分。指标筛选标准包括：①可行性3.5分以下，重要性4分以下，总分7.5分以下或有2名及以上专家提出删除、认为不可行、不重要的指标予以删除；②若指标可行性、重要性在3~3.5分，但总分高于7.5分、无任何专家提出删除意见的保留；③若有2位及以上专家提出相同指标增加、修改意见的采纳，只有1名专家提出的建议则考虑专家背景及指标内容合理选取；④考虑到经第一轮的专家咨询，专家意见会较之前趋向一致，保留可行性和重要性为3分以上的指标。

统计分析：采用均数统计每个指标的可行性和重要性，有效问卷回收率反映专家积极程度，专家权威系数 Cr 反映专家的权威程度，Cr＝（Cα＋Cs）/2，其中 Cα 表示判断系数，是专家的判断依据，分为实践经验、理论分析、对国内外同行的了解、直觉4类，分别赋予0.8、0.6、0.4、0.2分，Cα≤1；Cs 表示专家对问题的熟悉程度，分为非常熟悉、很熟悉、熟悉、一般、不太熟悉、不熟悉6类，分别赋值1.0、0.8、0.6、0.4、0.2、0.0分。用肯德尔和谐系数（$W$）评价多个专家对不同指标进行重要性评分时的一致性程度，经 $\chi^2$ 检验，$P<0.05$ 即可认为协调系数具有统计学意义。

### 延伸阅读

德尔菲法又称专家调查法。2011年，乔希（Joshi）等利用德尔菲法、逼近理想解排序（technique for order preference by similarity to an ideal solution，TOPSIS）法和层次分析法

（analytic hierarchy process，AHP）共同构建评价冷链性能提升的基准框架，由包含 14
名专家在内的专家组，历经 15d，对原有的 36 个指标进行筛选后得到 7 项指标 25 项次级
指标进而组成评价体系，该体系能够协助管理者理解现有的冷链性能、优缺点、性能影
响因素等，并依据先进经验和现有基准对冷链实行改进。2021 年，房军等利用德尔菲法
吸纳多个专家对于发展食品风险管理框架工作的观点和意见，确定了三个层级指标（8
个一级指标、21 个二级指标、49 个三级指标）与各指标权重且组成评估体系，达成专家
共识，进而实现指标评价可量化，权重设置科学有效。德尔菲法的应用能够较为全面地
对食品安全状况进行综合评价，且科学高效，符合当前食品安全发展现状。

## （四）引入粗集理论的食品安全状态评价方法

粗集理论是发现分类问题给定属性间冗余及依赖的一种强大的数据推理工具。引入扩展
的粗集理论，可从食品卫生综合等级评价表中提取出新颖的、有效的、最终可被理解的模式
应用于食品评级中，来提高食品评级的决策及管理水平，以保障食品安全。优势粗集理论可
被应用于具有偏好的多属性决策分析中，偏好属性可导致典型事例决策分析的不一致性，且
可由偏好属性决策表导出偏好决策规则。

利用粗集理论处理数据前，数据需要以类别的形式呈现，即连续数据应首先进行离散化
处理。有效的离散化可使原始数据的一般性增加，显著提高对样本的聚类能力。依据食品安
全国家标准及分类法对各条件属性值进行离散，如可离散为"优""合格""不合格"三个不
相交的偏好区间，按照离散区间，将食品监督抽检结果离散为具有偏好属性的决策表。

对于具有偏好属性的决策表中的决策属性与条件属性，其包含评价过程中的偏好信息。
依据决策属性，可将食品综合评级分为三个偏好顺序类：$Cl_1 =$不合格，$Cl_2 =$合格，$Cl_3 =$优。
这样，由偏好决策类对论域进行划分，可得到如下决策类的并集（表 3-7）。

**表 3-7　食品决策类并集对应的综合评级**

| 决策类并集 | 综合评级 |
| --- | --- |
| $Cl^p_1 = Cl_1$ | "不合格" |
| $Cl^p_2 = Cl_1 \cup Cl_2$ | 至多为"合格" |
| $Cl^p_3 = Cl_1 \cup Cl_2 \cup Cl_3$ | 至多为"优" |
| $Cl^f_1 = Cl_1 \cup Cl_2 \cup Cl_3$ | 至少为"不合格" |
| $Cl^f_2 = Cl_2 \cup Cl_3$ | 至少为"合格" |
| $Cl^f_3 = Cl_3$ | "优" |

注：p 和 f 分别代表两类并集

按照优势粗集方法来搜寻约简，由约简生成最小偏好的决策规则集 $D_f$ 和 $D_p$。无论其他
指标评级如何，只要有任意一项条件属性的评级为"不合格"，则综合评价即"不合格"；
所有条件属性至少为"合格"时，综合评价才至少"合格"；条件属性中至少有两个评级为
"优"，且其余条件属性至少为"合格"时，综合评价才为"优"，这与实际的综合评价结果
相符。

# 第二节 食品安全指数的建立

回望过去,"大头娃娃""毒奶粉"等典型的食品安全事故让整个社会做出反思,同时我国的食品安全监管体系也历经多次改革。当前,我国食品安全监管对象复杂、监管体系薄弱、公众食品安全意识强烈,由于单一结果类指标的评价方法存在数据质量无保障、食品安全信息公开程度低、影响食品安全的不确定要素多、食品安全监督抽检中百分比抽样方案具有局限性等问题,其不适用于我国的国情,只有采用综合评价指标才有可能接近客观地反映食品安全的整体水平。

食品安全综合评价指标体系是指通过建立一系列指标及相应指标的度量标尺来分析和评价一个地区的食品安全状况,包括食品消费安全状况、食品生产经营安全状况、食品安全监管状况三个维度。通过对食品安全综合评价指标进行量值归一、权重计算和累加,可得到食品安全指数。

## 一、食品安全综合评价及食品安全指数的作用

建立科学的食品安全综合评价指标体系,定期综合、客观地评价食品安全状况,有利于获知食品安全发展态势、找出食品安全监管的薄弱环节、加强社会资源在食品安全方面的合理分配,有效提高食品安全水平。具体来讲,食品安全综合评价指标体系和食品安全指数的作用如下所述。

(1)食品安全综合评价指标体系和食品安全指数从不同角度反映食品安全状况,可以简化和改进社会各界对食品安全的了解,缓解公众对食品合格率等单一评价指标的抵触和恐慌。

(2)食品安全指数避开使用单一合格率数字,综合定性、定量指标,并对数据的不确定性给予充分重视,为政府的风险交流活动留下余地。

(3)食品安全综合评价指标体系可以引导政策制定者和决策者以相应指标为目标,使各项政策相互协调,不偏离保障食品安全的轨道。

(4)食品安全综合评价指标体系可以使决策者关注那些与食品安全相关的关键问题和优先发展领域,同时也使决策者掌握这些问题的当前状态和进展情况,有针对性地进行政策调控或系统结构的调整。

(5)通过食品安全综合评价指标体系计算得到的食品安全指数能够较为科学、客观、全面地反映食品安全状况。

## 二、食品安全综合评价的工作原则和一般评价步骤

我国现有的、与食品安全性评价相关的各类基础数据包括食品中毒数据、食品抽检数据、食品检测数据、产地环境数据、企业或产品认证数据、投诉举报数据、行政处罚数据、食品安全犯罪数据等,这些数据从不同角度、不同层次反映了食品安全状况。构建食品安全综合评价指标体系的过程,就是分析各类数据的价值和相互关系的过程,在这个过程中应遵循系统性、先进性、客观性、代表性、指标之间相互独立、指标数目最小化、可测性与可比性工作原则。

根据上述各项原则对现有数据做出取舍后,食品安全综合评价通常按照图 3-1 所示步骤展开。

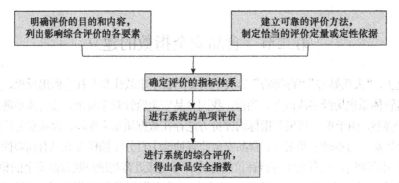

图 3-1　食品安全综合评价的一般步骤

## 三、食品安全综合评价指标体系的构建

在系统化的综合评价活动中，合理地确定指标层级隶属关系及其权重，建立结构化的指标体系，具有重要的意义。多种因素能够影响到指标体系的结构，如评价因子的社会价值、决策者的管理目的、评价者的个人知识等。结合我国食品安全监管的特点和实际情况，本节选择层次分析法作为指标的构建及权重计算方法。

### （一）递阶层次结构的建立

国家的食品安全状况由多种要素构成。在我国，影响食品安全的不确定过程要素很多，任何一个要素的变动都会影响到最终的国家食品安全整体状况，只有将各要素综合考虑、有效整合，才能够接近客观地描述我国的食品安全整体状况。

通过深入分析各类影响食品安全整体状况的因素，结合我国食品安全监管实际情况，可以将上述各要素归纳为食品消费安全状况、食品安全行政及执法状况和社会满意度三个维度。从这三个维度出发，可以延伸设计出若干一级指标和二级指标，初步建立相应的指标体系，如表 3-8 所示。

表 3-8　食品安全综合评价指标体系

| 准则层 | 一级指标 | 二级指标 |
| --- | --- | --- |
| 食品消费安全状况 | 产品合格率 | 食品（包括农产品）检测或抽检合格率 |
| | | 进出口食品合格率 |
| | 食品安全事故 | Ⅰ、Ⅱ、Ⅲ、Ⅳ级重大食品安全事故发生情况 |
| 食品安全行政及执法状况 | 行政 | 食品安全风险监测和监督抽检工作 |
| | | 食品安全行政处罚情况 |
| | | 政府风险交流活动（包括宣教培训和危机应对） |
| | | 有无渎职情况 |
| | 执法 | 公安机关侦破食品安全犯罪案件情况 |
| | | 人民法院审理食品安全案件情况 |
| 社会满意度 | 社会满意度 | 社会满意度 |

上述三个维度的选取，充分考虑了当前影响我国食品安全状况研究判定的过程类要素和

结果类要素。例如，食品消费安全状况的两个一级指标均属于结果类要素，且是现阶段政府监管过程中重要的客观性指标，数据容易获取，便于比较。过程类要素主要考察政府行政监管活动和执法状况，6 个二级指标从监管行为、监管能力、监管效果、执法效力等方面，对现有数据进行统计分析。社会满意度指标也属于结果类指标，但属于主观性指标，主要反映消费者群体对当前食品安全状况的认可程度，这个指标与食品安全的真实状况之间有必然联系，同时又会受到经济、社会发展状况及舆情的影响。

三个维度之间也存在一定的因果关系。食品安全行政及执法状况好转，其效果将在食品消费安全状况上有所体现，而食品消费安全状况好转，久而久之，社会满意度自然提升。由此可见，三者在时间轴上并不同步，如图 3-2 所示，食品安全整体状况的改善总是滞后于监管活动的变化和监管行为的调整。

图 3-2　准则层三要素在时间轴上的顺序

对于指标体系中可以量化的指标，主要根据实际情况确定恰当的量值范围；对于定性指标，主要依据文字表述打分，打分表如表 3-9 所示。

表 3-9　食品安全指标评价打分表

| 编码 | 指标 | 打分 |
| --- | --- | --- |
| （1） | 食品（包括农产品）检测或抽检合格率 | |
| （2） | 进出口食品合格率 | |
| （3） | Ⅰ、Ⅱ、Ⅲ、Ⅳ级重大食品安全事故发生情况 | |
| （4） | 食品安全风险监测和监督抽检工作 | |
| （5） | 食品安全行政处罚情况 | |
| （6） | 政府风险交流活动（包括宣教培训和危机应对） | |
| （7） | 有无渎职情况 | |
| （8） | 公安机关侦破食品安全犯罪案件情况 | |
| （9） | 人民法院审理食品安全案件情况 | |
| （10） | 社会满意度 | |

结合食品安全监管的特性，指标评价的具体内容及其计算方式举例如下。

（1）食品（包括农产品）检测或抽检合格率：使用实际合格率数据。

（2）进出口食品合格率：使用实际合格率数据。

（3）Ⅰ、Ⅱ、Ⅲ、Ⅳ级重大食品安全事故发生情况：重大食品安全事故的定义见国家卫生和计划生育委员会（现国家卫生健康委员会）相关文件。发生重大食品安全事故得 0 分，未发生得满分。

（4）食品安全风险监测和监督抽检工作。

（5）食品安全行政处罚情况。

（6）政府风险交流活动（包括宣教培训和危机应对）：建立定性指标，根据与定性指标的符合程度打分。

（7）有无渎职情况：有食品安全渎职行为的行政诉讼或立案，得0分；没有上述情况，得满分。

（8）公安机关侦破食品安全犯罪案件情况。

（9）人民法院审理食品安全案件情况：建立定性指标，根据与定性指标的符合程度打分。

（10）社会满意度：组织社会满意度调查，使用实际满意度数据。

## （二）构造判断矩阵

在层次分析法中，"因子1对因子2的相对重要程度"可通过标度进行定量。标度的数量可在一定范围内调整，如果标度过多，容易造成专家打分困难，即不能准确判断"因子1对因子2的相对重要程度"，打分结果有可能不能通过一致性检验；而标度过少，则不能有效区分"因子1对因子2的相对重要程度"。涉及食品安全的因子相对重要程度判断标度建议使用如表3-10所示的判断矩阵标度及含义。

表3-10　判断矩阵的标度及含义

| 标度 | 含义 |
| --- | --- |
| 1 | 相同重要 |
| 2 | 稍重要 |
| 3 | 明显重要 |
| 4 | 强烈重要 |
| 5 | 极端重要 |

假设专家的判断是"因子1与因子2一样重要"，那么$a_{12}=1$，如果判断是"因子1比因子2明显重要"，那么$a_{12}=3$。以此类推计算其他$a_{ij}$，$a_{ji}=1/a_{ij}$，从而构造出判断矩阵$A$。专家打分举例如表3-11所示，为了便于理解，这里仅涉及三个准则层。

表3-11　准则层专家打分表

| 指标项 | 食品消费安全状况 | 食品安全行政及执法状况 | 社会满意度 |
| --- | --- | --- | --- |
| 食品消费安全状况 | 1 | 1/3 | 2 |
| 食品安全行政及执法状况 | / | 1 | 5 |
| 社会满意度 | / | / | 1 |

注："/"表示不需要打分

如果认为"食品安全行政及执法状况"与"食品消费安全状况"相比，后者明显重要（标度为3），可在相应的空格中填"1/3"；如果认为"社会满意度"比"食品安全行政及执法状况"极端重要（标度为5），可在相应的空格中填"5"。

专家无需给标注"/"的空格打分，这些空格的得分相应计算如表3-12所示。

**表 3-12 准则层判断矩阵表**

| 指标项 | 食品消费安全状况 | 食品安全行政及执法状况 | 社会满意度 |
|---|---|---|---|
| 食品消费安全状况 | 1 | 1/3 | 2 |
| 食品安全行政及执法状况 | 3 | 1 | 5 |
| 社会满意度 | 1/2 | 1/5 | 1 |

## （三）层次单排序及一致性检验

判断矩阵 $A$ 对应于最大特征值 $\lambda_{max}$ 的特征向量 $W$，经归一化后即同一层次相应元素对于上一层次某因素相对重要性的排序权值，这一过程称为层次单排序。

通过构造两两比较判断矩阵，虽能减少其他因素的干扰，客观地反映出一对因子影响力的差别。但综合全部比较结果时，会发现其中难免包含一定程度的非一致性。例如，回收的专家打分表中出现了这样的打分：食品消费安全状况比食品安全行政及执法状况明显重要（标度为 3），社会满意度比食品消费安全状况稍重要（标度为 2），根据这两个打分，可以初步确定专家认为社会满意度比食品安全行政及执法状况重要，但恰恰在比较社会满意度和食品安全行政及执法状况这对因子时，专家给出了食品安全行政及执法状况比社会满意度稍重要（标度为 2）这样的打分。因此，需要判断矩阵进行一致性检验，以发现和剔除误判，这也是层次分析法的优势之一。

检验的步骤如下。

（1）计算一致性指标（CI）：

$$CI = (\lambda_{max} - n) / (n - 1)$$

（2）查找相应的平均随机一致性指标（RI）（表 3-13）。

**表 3-13 平均随机一致性指标（RI）取值**

| $n$ | 1 | 2 | 3 | 4 | 5 | 6 | 7 | 8 | 9 | 10 |
|---|---|---|---|---|---|---|---|---|---|---|
| RI | 0 | 0 | 0.58 | 0.90 | 1.12 | 1.24 | 1.32 | 1.41 | 1.45 | 1.49 |

一致性比例 CR＝CI/RI，当 CR＜0.10 时，认为判断矩阵的一致性是可以接受的，否则应对判断矩阵做适当修正或取舍。

（3）权重的计算及应用：通过对各阶层判断矩阵进行计算，得到各级指标权重，建立食品安全指标体系各招标权重表。然后，采用综合指数法将权重与指标评价得分进行相乘、累加，计算得出食品安全指数。举例如下。

以准则层为例，假设三个要素的量值和权重分布如表 3-14 所示。

**表 3-14 准则层的量值和权重**

| 准则层 | 量值* | 权重** |
|---|---|---|
| 食品消费安全状况 | 82 | 3.7 |
| 食品安全行政及执法状况 | 84 | 2.8 |
| 社会满意度 | 76 | 3.5 |

*各因素量值设定在［0，100］分布

**权重总和设定为10，综合指数无限接近1000

采用综合指数法将表 3-14 中的权重与量值进行相乘、累加，计算得出食品安全指数为 805。该结果说明，食品基本消费安全有保障；食品消费安全状况和食品安全行政及执法状况在食品安全综合评价中占有较高权重，说明公众对结果的关注程度高于对过程的关注，同时，寄希望于通过提高食品安全监管水平改善食品安全整体状况。接下来通过对一级指标和二级指标的量值归一和权重分析，可找出食品安全的薄弱环节和优先发展领域。

上述指标体系综合结果与过程要素、定性与定量指标，并对数据的不确定性给予充分重视，较为科学和全面地反映了我国食品安全的整体状况。在实际应用中，该体系中指标的设定还可根据具体状况做出调整。

**延伸阅读**

自 20 世纪 90 年代以来，国际上的食品安全恶性事件时有发生，随着全球经济的一体化，食品安全已逐渐变得没有国界，世界上某一地区的食品安全事故很可能会波及全球。《全球食品安全指数报告（2021）》结果显示，爱尔兰以 84.0 的综合分数再次摘下全球第一的桂冠。中国以 71.3 的综合分数排名全球第 43 位，较上一次上升 11 名。食品安全永远是人类无法忽视的重大问题，近年来世界各国也都加强了食品安全工作，各国政府纷纷采取措施，建立和完善食品管理体系与有关法律法规。

## （四）层次分析法简介

食品安全性评价指标体系是一个具有多层次、多指标的复合体系，在系统综合评价中，合理地确定指标权重具有重要的意义。层次分析法通过构造两两比较的判断矩阵，先计算单层指标的权重，然后再对层次间的指标进行总排序，以确定所有指标因素相对于总指标的相对权重。对于多层次指标体系来讲，层次分析法是一种很好的解决途径。

利用层次分析法，可以降低专家打分的难度，同时提高指标权重的精确度，而且可以通过判断矩阵进行一致性检验等措施剔除误判，提高权重计算的可信度，具有较强的可操作性。下面对层次分析法确定指标权重作简介。

### 1. 层次分析法的特点

食品安全综合评价是一个由多种相互关联、相互制约的因素构成的复杂而往往缺少定量数据的系统，其本质是决策和排序，层次分析法为这类问题的解决提供了一种简洁实用的建模方法。层次分析法是由美国运筹学专家萨蒂（T. L. Saaty）于 20 世纪 70 年代中期提出的对复杂、模糊问题做出决策的简便、灵活而又实用的多准则决策方法。作为一种综合人的主观判断来分析复杂定性问题的拟定量方法，层次分析法对指标之间重要度的分析有较强的逻辑性，再加上数学处理，可信度高，应用范围广，适用于难以完全定量分析的问题。

首先，层次分析法是一种系统性的分析方法，把研究对象作为一个整体，按照"分解→比较判断→综合"的思维方式和顺序进行决策，是系统分析的重要工具。

其次，层次分析法是一种简洁实用的决策方法。这种方法把定性与定量方法有机地结合起来，把多目标、多准则、难以全部量化处理的决策问题转化为多层次单目标问题。

层次分析法的优势还在于所需定量数据较少，注重评价者对问题的本质和要素的理解，通过模拟人们决策过程中的思维方式，把"判断各要素的相对重要性"这一任务分解为两两比较，因此，这种方法能处理许多用传统的最优化技术无法着手的实际问题。

**2. 层次分析法的运算步骤**

首先将复杂问题分解成递阶层次结构；从最低层次的因素开始，按照各因素对上层因素的重要程度进行两两比较判断，构造判断矩阵；通过对判断矩阵的计算，进行层次内单排序，并通过排序结果分析和解决问题。

（1）递阶层次结构的建立。把问题条理化、层次化，构造出有层次的结构模型，在这个模型中，复杂问题被分解为基本元素，这些元素又按其属性关系形成若干层次，上一层次的元素对下一层次有关元素有支配作用。各元素所支配的下层元素一般不超过9个。

（2）构造判断矩阵。在层次分析法中，"因子1对因子2的相对重要程度"可通过标度进行定量。标度过多容易造成打分困难，而标度过少，则不能有效区分"因子1对因子2的相对重要程度"。

（3）层次单排序及一致性检验。层次单排序是指确定同层次某因素对上一层次某因素相对重要性的排序权值。构造两两比较判断矩阵的办法虽能较客观地反映出一对因子影响力的差别，但综合全部比较结果时，其中难免包含一定程度的非一致性，需要对判断矩阵进行一致性检验，发现和剔除误判，这也是层次分析法的优势之一。

（4）权重的计算及应用。通过对各矩阵进行计算，得到各级指标权重，建立食品安全指标体系各指标权重表。采用综合指数法将权重与指标评价得分进行相乘、累加，计算得出食品安全指数，从而对食品安全状况进行综合评价。

---

**延 伸 阅 读**

随着我国社会主义市场经济的不断发展，居民的物质生活水平有了很大的提升，对食品的安全性也有了更高的要求。最近几年，我国对食品质量和安全工作的投入力度显著提高，做到了检测指标科学严谨，统计信息公开透明。但仍然存在着漏洞和不足，食品安全问题依然十分普遍。2019年，《中共中央　国务院关于深化改革加强食品安全工作的意见》指出，必须深化改革创新，坚持最严谨的标准、最严格的监管、最严厉的处罚、最严肃的问责，增强食品安全监管统一性和专业性，切实提高食品安全监管水平和能力。要加强"从农田到餐桌"全过程食品安全工作，严防、严管、严控食品安全风险，保证广大人民群众吃得放心、安心。

---

# 第三节　典型案例分析

本章构建的食品安全综合评价及食品安全指数可以被应用于多个领域，包括：食品安全总体状态评价，如食品安全权威信息发布、食品安全工作绩效考核等；食品安全关键影响因素识别，如食品安全风险研判、食品安全舆情干预、食品安全工作重点确定等；食品安全趋势预测，如食品安全预警等。

本节将运用食品安全综合评价及食品安全指数对某省的食品安全绩效考核进行典型的案例分析，在解决具体问题的同时，验证食品安全综合评价和食品安全指数的适用性。

## 一、某省基本情况介绍

某省是食品生产、消费和出口大省，拥有粮食加工、食用植物油加工、水产品加工等20

个行业。2015 年，全省主营业务收入超过 10 亿元的食品加工企业有 200 多家，其中 10 家企业超过 100 亿元。其中原盐、精制食用植物油、饮料酒（包括啤酒、葡萄酒）、淀粉、功能糖类、禽肉加工产品、果蔬加工产品、水产加工产品等产量全国领先，小麦粉、乳制品（液体乳）和白酒等产品的产量居全国前列。

自 2013 年开始，该省把食品安全工作纳入全省科学发展综合考核指标体系，2014 年将食品安全纳入全省综合治理及平安建设考核评价体系。在 2017 年全省科学发展综合考核指标体系中，食品药品抽检合格率作为共性定量评价体系的指标，在千分制考核中占 30 分，另外食品药品安全事故列入扣分项。该省食品安全委员会办公室印发的《食品药品安全考核工作方案》，将食品药品抽检合格率与重点工作完成情况列为考核内容，同时设加分项和扣分项。

2017 年，食品安全考核工作取得预期成效的同时，也发现存在一些问题和不足。

（1）抽检合格率作为考核指标，样品的代表性、抽样过程的规范性、检验过程的科学性对抽检结果的影响较大。

（2）考核抽检合格率，对以问题为导向统领监督抽检工作可能造成一定的影响。

（3）抽检合格率作为考核的主要指标或唯一指标，不能全面、客观、科学地评价一个地区的食品安全状况和工作成效。

（4）2017 年的考核方案虽然将重点工作完成情况列入考核，但对考核指标缺乏系统性的梳理和研究，需要提炼和论证。

针对以上存在的问题和不足，该省需要开展系统性的研究，并借鉴发达国家及国际组织评价食品安全状况的实践，以及外省市开展食品安全考核评价的工作经验，建立符合该省实际的食品安全考核体系和评价方法。

## 二、具体考核指标的确定

根据本章内容，结合该省实际和以量化指标为主的考核方式，建议该省食品安全综合考核指标体系为以下三个维度 10 个具体考核指标（表 3-15）。

**表 3-15　某省食品安全综合评价指标体系建议表**

| 维度 | | 具体指标 |
| --- | --- | --- |
| 一、食品消费安全状况 | 1 | 食品安全评价性抽检合格率 |
| | 2 | Ⅰ、Ⅱ级重大食品安全事故发生情况（减分项，不参与权重计算） |
| 二、政府履行职责情况 | 3 | 食品安全检验检测样本量每千人份数 |
| | 4 | 食品安全投诉举报及时办结情况 |
| | 5 | 抽检不合格样品跟踪查处情况 |
| | 6 | 公安机关侦办食品安全案件情况 |
| | 7 | 监管人员失职渎职情况（减分项，不参与权重计算） |
| | 8 | 政府风险交流活动（加分项，不参与权重计算） |
| | 9 | 政府年度食品重点工作落实情况（不参与权重计算） |
| 三、社会满意度 | 10 | 公众食品安全社会满意度 |

注：其中 4 项为单纯加分项或减分项，不参与指标体系权重计算，但计入总分。另外，可以根据当地年度工作重点，适当增加一部分加分项或减分项，以充分发挥考核的引领、导向、激励、约束作用

**1. 食品安全评价性抽检合格率**

该指标是传统考核指标，也是现有考核指标体系中表征食品消费安全的可量化、可比对的重要指标之一，在考核指标体系的转换过程中起承上启下的作用。指标中评价性抽检的样本组成以市场抽检产品为主，检验内容以食品安全性评价为主。在此基础上，比较各地市合格率结果，并将其换算成满分为100分的标准分值。

**2. Ⅰ、Ⅱ级重大食品安全事故发生情况（减分项，不参与权重计算）**

该指标是表征食品消费安全状况的另外一个重要指标。原卫生部将食品安全事故分为Ⅰ、Ⅱ、Ⅲ、Ⅳ四级。本考核指标体系仅考察Ⅰ和Ⅱ级重大食品安全事故的发生情况，辖区内如发生Ⅰ或Ⅱ级重大食品安全事故，则从总分中扣除10分。

**3. 食品安全检验检测样本量每千人份数**

根据国际惯例，食品安全检验检测样本量大致在4份/1000人到9份/1000人。我国（省）人口基数巨大，实际样本量并不是简单套用上述参考数值，而是在充分考虑时间、经费和人员的基础上，确定合理的数值。在当前国情和省情下，样本量的多少直接反映了政府对食品安全工作的重视程度，也反映了政府监管能力的大小。

**4. 食品安全投诉举报及时办结情况**

受理食品安全投诉举报是政府食品安全监管职责的一项重要内容，也是政府获取食品安全违法违规行为线索的重要途径。本指标体系设计了食品安全投诉举报及时办结率（%）指标，反映了政府（监管机构）的行政效能。具体运用该指标时，首先应获知各地市食品安全投诉举报办结率，然后比较各地市办结率，并将其换算成满分为100分的标准分值。

**5. 抽检不合格样品跟踪查处情况**

对抽检不合格样品进行跟踪查处体现了以问题为导向的食品安全监管思路。发现问题，进而解决问题，才能在监管者与被监管者之间形成良性互动，因此，本考核体系将抽检不合格食品的跟踪查处率（%）作为一项指标。具体运用该指标时，首先应获知各地市抽检不合格样品跟踪查处率，然后比较各地市跟踪查处率，并将其换算成满分为100分的标准分值。

**6. 公安机关侦办食品安全案件情况**

当前，无论从全国范围还是该省来看，食品安全违法犯罪事件时有发生。辖区内公安机关侦办的食品安全犯罪案件数与当地政府食品安全监管效能直接正相关，因此，本考核体系设立了辖区内公安机关每万人口侦办食品安全犯罪案件数这一定量指标。具体运用该指标时，首先应获知各地市公安机关每万人口侦办食品安全犯罪案件数，并将其换算成满分为100分的标准分值。

**7. 监管人员失职渎职情况（减分项，不参与权重计算）**

辖区内如果有食品安全渎职行为的行政诉讼立案，扣10分。

**8. 政府风险交流活动（加分项，不参与权重计算）**

政府风险交流活动包括宣教培训和危机应对等。食品安全风险交流是食品安全管理的重要一环，对食品安全事故的事前预防和事后危机应对都有非常重要的意义。我国《食品安全法》第十条规定："各级人民政府应当加强食品安全的宣传教育，普及食品安全知识……"。由此可见，食品安全风险交流活动逐渐成为政府行政能力的重要体现。鉴于各地市食品安全风险交流活动的开展情况差异可能较大，在本考核指标体系中，该指标不参与权重计算，仅作为加分项计入总分，满分 10 分。

**9. 政府年度食品重点工作落实情况（不参与权重计算）**

可根据当地年度工作重点，适当增加一部分加分项或减分项计入总分。

**10. 公众食品安全社会满意度**

二维码 3-1

委托第三方做公众食品安全满意度的调查，以百分数计，并将其换算成满分为 100 分的标准分值。在开展此项调查的过程中，问卷内容、运作方式、调查人群选取等因素都会对结果产生影响。鉴于该项工作无先例可循，社会满意度指标的权重不宜过高（详见二维码 3-1）。

## 三、权重的计算

权重计算采用层次分析法赋值，设计表格如表 3-16 和表 3-17 所示。

**表 3-16　某省食品安全综合评价打分表（1）**

| 指标项 | 食品消费安全状况 | 政府履行职责情况 | 社会满意度 |
| --- | --- | --- | --- |
| 食品消费安全状况 | 1 | | |
| 政府履行职责情况 | / | 1 | |
| 社会满意度 | / | / | 1 |

**表 3-17　某省食品安全综合评价打分表（2）**

| 指标项 | 辖区内食品安全检验检测样本量 | 食品安全投诉举报及时办结情况 | 抽检不合格样品跟踪查处情况 | 公安机关侦办食品安全案件情况 |
| --- | --- | --- | --- | --- |
| 辖区内食品安全检验检测样本量 | 1 | | | |
| 食品安全投诉举报及时办结情况 | / | 1 | | |
| 抽检不合格样品跟踪查处情况 | / | / | 1 | |
| 公安机关侦办食品安全案件情况 | / | / | / | 1 |

面向省内食药系统发放调查问卷，收到来自 12 个地级市及省农业农村厅、林业厅和省食品药品监督管理局的调查问卷共 85 份，调查对象所在岗位涵盖农产品种植/养殖、食品生产、食品流通、餐饮、保健品管理及食品安全标准和综合协调。

根据问卷调查结果，采用层次分析法软件计算各项权重，如表 3-18 和表 3-19 所示。

**表 3-18　某省食品安全综合评价权重表（1）**

| 食品消费安全状况 | 政府履行职责情况 | 社会满意度 |
| --- | --- | --- |
| 0.51 | 0.29 | 0.20 |

**表 3-19　某省食品安全综合评价权重表（2）**

| 辖区内食品安全检验检测样本量 | 食品安全投诉举报及时办结情况 | 抽检不合格样品跟踪查处情况 | 公安机关侦办食品安全案件情况 |
| --- | --- | --- | --- |
| 0.21 | 0.30 | 0.31 | 0.18 |

这些来自监管人员的调查问卷表明，食品消费安全是重中之重，在政府主导的综合评价活动中，应突出食品消费安全的重要性。政府履行职责的 4 个方面中（表 3-19），抽检不合格样品跟踪查处情况的权重最高，其次是食品安全投诉举报及时办结情况。上述两个指标与食品消费安全直接相关，进一步体现了该省监管人员对食品消费安全的重视程度。

## 四、食品安全指数的计算

对照各项打分标准，该省某地级市各项指标得分如表 3-20 所示。

**表 3-20　该省某地级市各项指标得分**

| 维度 | | 具体指标 |
|---|---|---|
| 一、食品消费安全状况 | 1 | 食品安全评价性抽检合格率，98.5 |
| | 2 | Ⅰ、Ⅱ级重大食品安全事故发生情况（减分项，不参与权重计算） |
| 二、政府履行职责情况 | 3 | 食品安全检验检测样本量每千人份数，90.2 |
| | 4 | 食品安全投诉举报及时办结情况，86.1 |
| | 5 | 抽检不合格样品跟踪查处情况，89.3 |
| | 6 | 公安机关侦办食品安全案件情况，85.0 |
| | 7 | 监管人员失职渎职情况（减分项，不参与权重计算） |
| | 8 | 政府风险交流活动（加分项，不参与权重计算） |
| | 9 | 政府年度食品重点工作落实情况（不参与权重计算） |
| 三、社会满意度 | 10 | 公众食品安全社会满意度，80.2 |

"食品安全评价性抽检合格率"得分可直接转化为"食品消费安全状况"得分。"公众食品安全社会满意度"得分可直接转化为"社会满意度"得分。运用表 3-19 中列出的权重，"政府履行职责情况"的得分计算如下：

$$90.2×0.21＋86.1×0.30＋89.3×0.31＋85.0×0.18＝87.8$$

参考表 3-18 中列出的权重，可知准则层三个要素的量值和权重分布如表 3-21 所示。

**表 3-21　准则层三个要素的量值和权重**

| 准则层 | 量值 | 权重 |
|---|---|---|
| 食品消费安全状况 | 98.5 | 0.51 |
| 政府履行职责情况 | 87.8 | 0.29 |
| 社会满意度 | 80.2 | 0.20 |

采用综合指数法将上述权重与量值进行相乘、累加，计算得出该地级市食品安全指数为

$$98.5×0.51＋87.8×0.29＋80.2×0.20＝91.7$$

该综合指数反映了区域内食品安全的整体状况，可用于横向比较该省在时间序列上的变化发展。同时，从三个准则层的权重分布来看，食品消费安全状况仍然是影响食品安全整体状况最重要的因素。

# 思 考 题

1. 我国现有的食品安全状况评价方法存在哪些问题？
2. 食品质量或安全标准存在局限性的原因有哪些？
3. 简述食品安全综合评价及食品安全指数的作用。
4. 简述食品安全综合评价的工作原则。
5. 什么是层次分析法？
6. 简述层次分析法的运用步骤。

（编者：朱龙佼，程 楠，罗云波）

# 中 篇

## 食品企业的食品安全管理

# 第四章 国际标准化组织管理体系

**【本章内容提要】** 本章主要从概念、原则、制定机构等方面介绍与食品安全管理密切相关的三类标准相关内容，分别是 ISO 9000 系列标准（质量管理体系）、ISO 14000 系列标准（环境管理体系）和 ISO 22000 系列标准（食品安全管理体系），这三类标准均由国际标准化组织制定，在全球应用广泛，是食品企业规范自身管理、提高食品安全水平的技术支撑。

## 第一节 ISO 9000 系列标准——质量管理体系

### 一、质量管理体系的概念

质量管理体系（quality management system，QMS）是指在质量方面指挥和控制组织的管理体系。质量管理体系是组织内部建立的、为实现质量目标所必需的、系统的质量管理模式，是组织的一项战略决策。针对质量管理体系的要求，国际标准化组织（ISO）的质量管理和质量保证技术委员会（ISO/TC176）制定了 ISO 9000 系列标准，以适用于不同类型、产品、规模与性质的组织，该类标准由若干相互关联或补充的单个标准组成。ISO 9000 系列标准作为有效和高效质量管理体系的基础，赢得了全球声誉，其中为大家所熟知的是《质量管理体系要求》（ISO 9001：2015）。

---

**延 伸 阅 读**

国际标准化组织（International Organization for Standardization，ISO）是一个独立的非政府性国际组织，拥有 165 个国家标准机构的成员。1946 年 10 月 14 日至 26 日，来自中国、英国、法国、美国等 25 个国家的 64 名代表会聚于英国伦敦，讨论国际标准化的未来，决定成立一个新的国际标准化机构。1947 年 2 月 23 日，ISO 正式成立，总部设在瑞士日内瓦，参加 1946 年 10 月会议的 25 个国家为创始成员国，中国是其中之一。迄今为止（截至 2022 年 3 月 28 日），ISO 共有 804 个技术委员会和分技术委员会，发布了 24 230 项国际标准。国际标准是一个包含实用信息和最佳实践的文件，它通常描述的是一个商定的做事方式或针对全球问题的解决方法。国际标准是由来自行业、政府、消费者组织、科研院所、非政府机构等的专家共同制定的，他们是标准的使用者和会受到标准影响的用户，ISO 的成员代表国家对标准提出意见和建议，ISO 中央秘书处协调标准研制进程并且最终发布标准。

---

### 二、ISO 质量管理和质量保证技术委员会

ISO 质量管理和质量保证技术委员会（ISO/TC176）成立于 1979 年，加拿大标准委员

会承担秘书处工作。ISO/TC176 制定的标准范围包括：质量管理领域的标准化（通用质量管理体系和支持技术），以及受行业要求和 ISO 技术管理局的要求在特定行业开展的质量管理标准化。截至 2022 年 1 月 6 日，ISO/TC176 有中国、美国、英国等 92 个积极成员，以及越南、乌兹别克斯坦等 32 个观察成员。ISO/TC176 下设概念和术语分技术委员会（ISO/TC176/SC1）、质量体系分技术委员会（ISO/TC176/SC2）、配套技术分技术委员会（ISO/TC176/SC3）等三个分技术委员会，以及主席战略顾问团、西班牙语翻译工作组、ISO 9001 审核实践组、沟通和产品支持、ISO 9001 品牌诚信、质量新趋势等 6 个工作组。ISO/TC176/SC1 成立于 1982 年，美国国家标准学会承担秘书处工作，发布了《质量管理体系 基础和术语》（ISO 9000：2015）国际标准。ISO/TC176/SC2 成立于 1982 年，英国标准学会承担秘书处工作，发布了《质量管理体系 要求》（ISO 9001：2015）、《质量管理 组织的质量 实现持续成功指南》（ISO 9004：2018）、《质量管理 质量计划指南》（ISO 10005：2018）等 5 项国际标准。ISO/TC176/SC3 成立于 1989 年，荷兰标准化协会承担秘书处工作，发布了《质量管理 顾客满意 组织行为规范指南》（ISO 10001：2018）、《质量管理 顾客满意 组织投诉处理指南》（ISO 10002：2018）、《质量管理 顾客满意 组织外部争议解决指南》（ISO 10003：2018）等 12 项国际标准。

## 三、质量管理的原则

ISO/TC176 发布的质量管理相关标准都基于质量管理的 7 个原则，这 7 个原则分别是以顾客为关注焦点、领导力、人员参与、过程方法、改进、循证决策和关系管理。这些原则能够促进组织机构管理效能的提高。这些原则在不同组织的重要性不同，同时，重要性也会随时间变化。

### （一）以顾客为关注焦点

**1. 概念**

以顾客为关注焦点是指质量管理是为了满足客户的要求并努力超越客户的期待。一个组织要想获得持续的成功，必须要吸引客户，要了解客户当前和未来的需求，要多与客户互动，从而为客户提供更多的价值。

**2. 主要益处**

以顾客为关注焦点原则能够为组织增加客户价值、增加客户满意度、提升客户忠诚度、增加回头客、提高组织的声誉、扩大客户群、增加收入和市场份额。

**3. 可开展的活动**

（1）要识别直接和间接客户，这些客户都能从组织中获得价值。

（2）要了解客户当前和未来的需求与期望。

（3）要将组织的目标与客户的需求和期望联系起来。

（4）在整个组织中传达客户的需求和期望。

（5）计划、设计、开发、生产、交付商品及服务要以满足客户需求和期望为目的。

（6）要监测客户满意度并采取适当的行动。

（7）要在对消费者满意度产生影响的各方面采取一些措施。

（8）积极管理与客户的关系以取得持续的成功。

## （二）领导力

### 1. 概念

各层级的领导树立统一的目标和方向，创造条件让员工都参与其中，以实现组织的质量目标。在参与过程中，组织会不断调整其战略、政策、流程和资源以实现其目标。在管辖的范围内充分地利用人力和客观条件，以最小的成本办成所需的事，提高整个团体办事效率的能力即领导力。

### 2. 主要益处

（1）能够在满足组织的质量目标上提高效率。

（2）能更好地协调组织的发展。

（3）能够改善组织层级和部门功能之间的沟通状况。

（4）发展和改进组织及员工交付预期结果的能力。

### 3. 可开展的活动

（1）传达组织的使命、愿景、战略、政策和工作进展。

（2）在组织各层级创造和维持共同的价值观、公平和行为道德模范。

（3）建立信任和正直的文化。

（4）鼓励全组织做到质量承诺。

（5）确保各级领导都是积极的典范。

（6）为员工提供所需的资源、培训和授权，以便他们能够负责任地做事。

（7）启发、鼓励和认可员工的贡献。

## （三）人员参与

### 1. 概念

对提高组织的创造力和促进价值产生来说，组织必须在各层次都拥有能力强的员工。高效地管理一个组织，就要让各级别的员工都参与进来，并尊重他们。要认可员工、帮助员工提升能力，促进人员参与，以实现组织的质量目标，该过程即人员参与。

### 2. 主要益处

人员参与可以使组织的员工加深对质量目标的理解，增加员工在提高活动水平上的参与度，有助于人员的发展和提升创新力、提高人员的满意度、增强组织内人员的信任与合作，在组织里增加对共同价值与文化的关注。

### 3. 可开展的活动

（1）多交流，促进员工对他们个人贡献重要性的理解。

（2）在公司里促进协作。

（3）促进公开讨论和分享知识、经验。

（4）授权人员主动工作，不要有顾虑。

（5）认可员工的贡献、学习和能力的提高。

（6）针对个人目标，实现绩效自我评估。

（7）调查评估员工的满意度、交流结果，并采取恰当的措施。

## （四）过程方法

### 1. 概念

当一项活动能够被理解，且组织过程能够成为一个连贯的系统时，就会更加有效、高效地取得预期成果，该系统即过程方法。质量管理体系由相互关联的过程组成，理解结果的产生能够帮助组织优化整个体系。

### 2. 主要益处

（1）能够更好地将精力集中在改进的关键流程和机会上。

（2）通过系统的流程能够获得一致且可预测的结果。

（3）通过有效的过程管理，高效利用资源，减少跨职能壁垒，可以优化组织的表现。

（4）由于一致性、高效性、有效性，组织能够向各有关方提供信心。

### 3. 可开展的活动

（1）组织要确定系统的目标及实现目标的过程。

（2）管理过程要确立权力和责任。

（3）要了解组织的能力并确定资源约束。

（4）要确定流程的相互依赖关系，并分析单个部分的修改对整个系统的影响。

（5）要系统地管理流程及其相互关系，以便有效和高效地实现组织的质量目标。

（6）要确保能够获取必要的信息来操作和改进过程，以监控、分析和评估整体的绩效。

（7）要管理那些可能会影响流程和整体输出的风险。

## （五）改进

### 1. 概念

一个优秀的组织必须持续改进，这对于维持当前的绩效水平、创造新的机会、应对内部和外部的变化都是必不可少的，该过程即改进。

### 2. 主要益处

（1）能够提升工艺性能、组织的能力和客户满意度。

（2）能够提高对问题发生的根本原因和决策的关注度，紧接着就能采取预防和纠偏措施。

（3）能够增强预测和应对内外部风险和机遇的反应能力。

（4）能够增强对量变和质变的考虑。

（5）能够更好地利用学习进行改进。

（6）能够增强创新驱动。

### 3. 可开展的活动

（1）在组织的各层级建立改进的目标。

（2）在组织的各层级开展教育和培训，使员工学会如何应用基本工具和方法以实现改进目标。

（3）确保职工的能力，从而成功推动和完成改进项目。

（4）开发流程以实施改进项目。

（5）对改进项目的计划、实施、完成和结果进行跟踪、审查和审核。

（6）将改进考虑因素整合到新产品、新服务、新过程的开发中。

（7）认识并承认改进。

## （六）循证决策

### 1. 概念

循证决策是指基于数据分析和评估的决策从而更容易达到预期的结果。做决策涉及很多主观因素，但事实上，证据和数据分析会引导决策更加客观和更有信心。

### 2. 主要益处

循证决策可以改进决策过程，以及对过程性能的评估；提高实现目标的能力，运营的效果和效率，审查、挑战和改变决定的能力，以及展示过去决策有效性的能力。

### 3. 可开展的活动

（1）确定、测量和监控关键指标来证明组织的绩效。

（2）向相关人员提供所有需要的数据。

（3）确保数据和信息足够准确、可靠和安全。

（4）使用适合的方法分析、评估数据和信息。

（5）确保人员有能力分析和评估数据。

（6）基于证据做出决策并采取行动，同时要平衡经验和直觉。

## （七）关系管理

### 1. 概念

要获得持久的成功，组织要和供应商等与之相关的利益方管理好关系。合作伙伴会影响组织的绩效，因此与合作伙伴的关系管理非常重要。

### 2. 主要益处

（1）通过回应与每个合作伙伴的机会和限制，能够提高组织和利益相关方的绩效。

（2）会使利益相关方对目标和价值观有共同的理解。

（3）各方通过共享资源、能力、管理与质量相关的风险，提高为利益相关方创造价值的能力。

（4）良好的供应链能够提供稳定的商品和服务流动。

### 3. 可开展的活动

（1）确定利益相关方及他们与组织的关系。

（2）确定利益相关方关系并确定其优先顺序。

（3）建立伴随长远考虑的且能平衡短期收益的关系。

（4）与利益相关方聚合和共享信息、专业知识与资源。

（5）衡量绩效并酌情向利益相关方提供反馈，以改进举措。

（6）与供应商、合作伙伴等利益相关方协作开发，以共同改进活动。

（7）鼓励和认可改进及供应商和合作伙伴取得的成就。

## 四、ISO 9000 系列核心标准

ISO 9000 系列质量管理标准和指南在全球广泛使用，为建立有效的质量管理体系提供了技术基础，以下介绍 ISO 9000 家族的三项核心标准。

（一）ISO 9000：2015

《质量管理体系　基础和术语》（ISO 9000：2015）标准，为质量管理体系提供了基本概念、原则和术语，为其他标准奠定了基础。该标准可帮助使用者高效地实施质量管理体系，并实现质量管理体系其他标准的价值。该标准适用于所有组织，无论其规模、复杂程度或经营模式如何，旨在增强组织在满足顾客和相关方的需求与期望方面，以及在实现其产品和服务满意方面的义务和承诺意识。

ISO 9000：2015 标准的术语包括有关人员、组织、活动、过程、体系、要求、结果、数据、信息和文件、顾客、特性、确定、措施和审核。我国国家标准《质量管理体系　基础和术语》（GB/T 19000—2016）等同采用了 ISO 9000：2015，见二维码 4-1。

二维码 4-1

（二）ISO 9001：2015

《质量管理体系　要求》（ISO 9001：2015）标准是世界范围内应用最广泛的 ISO 国际标准，该标准为下列组织规定了质量管理体系的要求：①需要证实其具有稳定提供满足顾客要求及适用法律法规要求的产品和服务的能力；②通过体系的有效应用，包括体系改进的过程，以及保证符合顾客要求和适用的法律法规要求，旨在增强顾客满意度。该标准规定的所有要求是通用的，旨在适用于各种类型、不同规模和提供不同产品与服务的组织。我国国家标准《质量管理体系　要求》（GB/T 19001—2016）等同采用了 ISO 9001：2015，见二维码 4-2。

二维码 4-2

ISO 9001：2015 的基本框架包括：1.范围；2.规范性引用文件；3.术语和定义；4.组织环境；5.领导作用；6.策划；7.支持；8.运行；9.绩效评价；10.持续改进。一般按照第 4～10 章具体执行。

（三）ISO 9004：2018

《质量管理　组织的质量　实现持续成功指南》（ISO 9004：2018）标准为组织增强其实现持续成功的能力提供指南。该标准适用于各种规模、不同类型和从事不同活动的任何组织。ISO 9004：2018 国际标准是为了使已达到 ISO 9001：2015 标准要求或获得质量管理体系认证的组织有更大的发展空间，同时为有进一步提升管理水准意愿的组织提供指导，帮助他们应对未来复杂、严峻和不断变化的环境，并在此过程中实现更高水平的绩效。我国国家标准《质量管理　组织的质量　实现持续成功指南》（GB/T 19004—2020）等同采用了 ISO 9004：2018，见二维码 4-3。

二维码 4-3

ISO 9004：2018 的基本框架包括：1.范围；2.规范性引用文件；3.术语和定义；4.组织的质量和持续成功；5.组织的环境；6.组织的特质；7.领导作用；8.过程管理；9.资源管理；10.组织绩效的分析和评价；11.改进、学习和创新。

## 五、ISO 9000 质量管理体系风险评估

质量管理体系风险评估适用于识别和评价企业的活动、产品或服务全过程的危害因素。质量管理体系风险评估是指识别企业的活动、产品或服务中能够控制及可以期望对它施加影响的质量因素和食品安全因素，并分析判定哪些危害因素具有或可能具有重大影响，从而确

定重要危害。

## （一）危害因素的识别

### 1. 识别范围

（1）活动：主要指围绕产品的生产、搬运、贮存和交付过程对质量/食品安全危害的影响。

（2）产品：主要指原料、半成品、成品、辅料、包装材料等生产或使用中对质量/食品安全危害的影响。

（3）服务：指为产品生产和销售提供的服务性业务，如行政、人力资源、财务、采购等对质量/食品安全危害的影响。

### 2. 识别方法

（1）危害因素的识别应以产品生命周期分析和危害/风险预防的思想为指导。

（2）将工艺流程分析、工作职能板块分析、现场检查、问题调查等方法相结合，以识别危害因素。

## （二）重要危害因素的评价

### 1. 评价依据

（1）危害/风险的严重程度、发生频率、控制管理情况。

（2）有关法律法规的要求。

（3）企业的实际情况，包括技术水平、经济承受能力；对企业公共形象的影响。

（4）相关方的要求。

### 2. 风险等级

风险等级与由产品质量造成的事件严重程度、对食品安全造成的严重程度、发生危害的频率、控制措施等有关。企业可依据自身的生产类型、规模、管理水平、质量安全意识水平和质量安全管理的发展程度来确定控制措施。

### 3. 风险评估的原则

（1）优先评估公司所有设备及商业资产存在的风险。

（2）优先评估新的工作实践或过程的风险。

（3）优先对工作系统的改变或对已存在设备的改变进行风险评估。

### 4. 风险评估的频率

应当每年建立风险评估时间表并进行评审，此时间表应考虑：施行的范围；上一年风险评估后取得的进步；上一年发生的事件、风险及处理结果；法规的变化；过程/设备的改变；评审已完成的行动计划。

### 5. 风险的更新

当企业的活动、产品或服务发生较大变化时（如生产新产品、增加新设备、采用新工艺等），或当有关的法律法规和其他要求发生变化时，或当相关方提出抱怨或合理要求时，要对质量管理体系中的潜在风险进行更新。尤其是当企业发生某一影响质量和食品安全的事件时，不论事件的大小和轻重，必须对该工序及相关工序进行危害因素重新识别、分析和评价，重新回顾现有的控制措施，分析导致事故发生的根本原因，从而制订有针对性的改进措施或行动计划。

# 第二节　ISO 14000 系列标准——环境管理体系

## 一、环境管理体系的概念

环境管理体系（environmental management system，EMS）是企业创建的一组流程，旨在帮助企业以具有成本效益的方式实现环境目标。EMS 也被视为旨在满足监管标准的组织框架。美国环境保护署（EPA）建议 EMS 应具备以下基本要素：审查组织的环境目标；分析其环境影响和法律要求；设定环境目标和指标以减少环境影响并遵守法律要求；制订计划以实现这些目标和指标；监测和衡量实现目标的进展；确保员工的环保意识和能力；审查 EMS 的进度并进行改进。

## 二、ISO 环境管理体系分技术委员会

ISO 环境管理技术委员会环境管理体系分技术委员会（ISO/TC207/SC1）成立于 1993 年，英国标准协会承担秘书处工作。ISO/TC207/SC1 制定的标准范围是环境管理体系领域的标准化，以此来支持可持续发展。截至 2022 年 2 月 6 日，ISO/TC207 有中国、美国、澳大利亚等 68 个积极成员，以及卢旺达、乌克兰等 30 个观察成员。ISO/TC207/SC1 下面有未来挑战研究、衡量成功、沟通和参与、用户调查任务、按主题领域将 ISO 14001 框架应用于环境各方面等 5 个工作组。目前 ISO/TC207/SC1 发布了 10 项国际标准，包括《环境管理体系 要求及使用指南》（ISO 14001：2015）、《环境管理体系 使用 ISO 14001 解决环境主题领域内环境因素和条件的指南 第 1 部分：总则》（ISO 14002-1：2019）等。

## 三、ISO 14000 系列核心标准

### （一）ISO 14001：2015

《环境管理体系 要求及使用指南》（ISO 14001：2015）是国际公认的标准，规定了环境管理体系的要求。该标准通过更有效地利用资源和减少浪费，帮助组织提高环境绩效，获得竞争优势和利益相关者的信任。ISO 14001：2015 适用于所有类型和规模的组织，无论是私人组织、非营利组织还是政府机构。它要求组织考虑与其运营相关的所有环境问题，包括需要持续改进组织的系统和解决环境问题的方法。

ISO 14001：2015 的基本框架包括：1.范围；2.规范性引用文件；3.术语和定义；4.组织所处的环境；5.领导作用；6.策划；7.支持；8.运行；9.绩效评价；10.改进。
我国国家标准《环境管理体系 要求及使用指南》（GB/T 24001—2016）等同采用了 ISO 14001：2015，见二维码 4-4。

二维码 4-4

### （二）ISO 14004：2016

《环境管理体系 通用实施指南》（ISO 14004：2016）为组织建立、实施、保持和改进一个坚实的、可信的、可靠的环境管理体系提供了通用的框架指南。该标准可供寻求以系统的方法管理其环境的组织使用，从而为"环境支柱"的可持续性做出贡献。实施环境管理体系

的预期结果包括：提升环境绩效、履行合规义务、实现环境目标。该标准适用于任何规模、类型和性质的组织，并适用于组织基于生命周期观点所确定的其活动、产品和服务中能够施加影响的环境因素。

ISO 14004：2016 的基本框架与 ISO 14001：2015 一致，包括：1.范围；2.规范性引用文件；3.术语和定义；4.组织所处的环境；5.领导作用；6.策划；7.支持；8.运行；9.绩效评价；10.改进。

二维码4-5

我国国家标准《环境管理体系 通用实施指南》（GB/T 24004—2017）等同采用了 ISO 14004：2016，见二维码4-5。

### （三）ISO 14005：2019

分阶段实施是基于 ISO 14001：2015 的环境管理体系的关键。《环境管理体系分阶段实施的灵活方法指南》（ISO 14005：2019）旨在帮助各种类型的企业以适合本组织的方式建立环境管理体系，并在过程中的每一步都获得利益。中小型企业由于员工和资源较少，在实施环境管理体系过程中可能会遇到更多的挑战。ISO 14005：2019 为中小型企业提供了一种方法，使它们可以根据环境管理体系的具体需要，分阶段灵活地应对环境管理体系的要求，从而克服在实施过程中遇到的困难，并能够最终满足 ISO 14001：2015 的要求。

# 第三节　ISO 22000 标准——食品安全管理体系

## 一、食品安全管理体系的概念和意义

食品安全管理体系是指与食品链相关的组织（包括生产、加工、包装、运输、销售的企业和团体）以良好操作规范（good manufacturing practice，GMP）和卫生标准操作程序（sanitation standard operation procedure，SSOP）为基础，以国际食品法典委员会《HACCP 体系及其应用准则》为核心，融入组织所需的管理要素，将消费者食用安全作为关注焦点的管理体制和行为。

食品安全管理体系的实施对食品企业、消费者、政府都具有重要意义。

（1）对食品企业的意义：能够增强消费者和政府对该企业的信心；减少法律和保险支出；增加市场机会；降低生产成本；提高产品质量的一致性；提高员工对食品安全的参与意识；有利于降低商业风险。

（2）对消费者的意义：减少食源性疾病的危害；增强卫生意识；增强对食品供应的信心；食品安全管理体系的实施，使公众对企业的食品供应和保障更有信心。

（3）对政府的意义：改善公众健康；更有效和更有目地进行食品监控；减少公众健康支出；确保贸易畅通。

## 二、ISO 食品安全管理体系分技术委员会

ISO 食品技术委员会食品安全管理体系分技术委员会（ISO/TC34/SC17）成立于 2009 年，丹麦标准化协会承担秘书处工作。ISO/TC34/SC17 制定的标准范围是食品管理体系领域的标准化，覆盖了从初级生产到消费的食品供应链各环节，以及食品、饲料及动物繁殖材料。截

至 2022 年 2 月 11 日，ISO/TC34/SC17 有中国、德国、法国等 63 个积极成员，以及乌拉圭、乌克兰等 37 个观察成员。ISO/TC34/SC17 下面有专家小组、ISO 22000 族标准交流、食品安全管理体系和食品安全前提方案等 4 个工作组。目前 ISO/TC34/SC17 发布了 2 项国际标准和 7 项技术规范，分别是《食品安全管理体系　食品链中各类组织的要求》（ISO 22000：2018）、《饲料和食品链的可追溯性　体系设计与实施的通用原则和基本要求》（ISO 22005：2007）、《食品安全的前提方案　第 1 部分：食品生产》（ISO/TS 22002-1：2009）、《食品安全的前提方案　第 2 部分：餐饮》（ISO/TS 22002-2：2013）等。

## 三、ISO 22000 介绍

ISO 22000 标准于 2005 年首次出版，2018 年发布了修订版本。ISO 22000 的目的是在全球水平规范和协调食品安全管理的要求，被世界各地的组织用于管理食品安全。ISO 22000：2018 的基本框架包括：1.范围；2.规范性引用文件；3.术语和定义；4.组织环境；5.领导作用；6.策划；7.支持；8.运行；9.绩效评价；10.改进。ISO 22000：2018 使用与 ISO 9001：2015、ISO 14001：2015 等 ISO 管理体系标准共同的高阶结构（HLS）、通用定义和术语及采用共同的核心内容，方便不同管理体系间相衔接。与 ISO 22000：2005 相比，ISO 22000：2018 主要产生了以下变化。

### （一）由于采用 HLS 引起的关键变化

#### 1. 组织环境和相关方

条款"4.1 理解组织及其环境"对影响组织实现食品安全管理体系预期结果能力的外部、内部因素的考虑做出新的规定；条款"4.2 理解相关方的需求和期望"说明了组织应确定与食品安全管理体系有关的相关方及其要求。

#### 2. 风险管理

条款"6.1 应对风险和机遇的措施"要求组织确定、考虑并在必要时采取措施，以解决可能影响（无论正面还是负面影响）管理体系实现其预期结果的能力的任何风险和机遇。组织采取应对风险和机遇的措施应与以下方面相适应：①对食品安全要求的影响；②食品和服务与顾客的符合性；③食品链中相关方的要求。

#### 3. 其他由于采用 HLS 引起的变化

其他由于采用 HLS 引起的变化有：①条款"5.1 领导作用和承诺"加强了对领导作用和承诺的重视；②条款"6.2 食品安全管理体系目标及其实现的策划""9.1 监测、测量、分析和评价"加强了对目标的关注，作为改进的驱动因素；③条款"7.4 沟通"对沟通机制有了更多规定，包括决定沟通的内容、时间、方式、对象、人员等；④条款"7.5 成文信息"明确了对于不同组织，食品安全管理体系成文信息的多少与详略可以不同，删除了对文件化程序的明确要求等。

### （二）PDCA 循环

ISO 22000：2018 标准提出，在建立、实施食品安全管理体系和提高其有效性时采用过程方法，在满足适用要求的同时，提高安全产品和服务的生产水平。过程方法包括按照组织的食品安全方针和战略方向，对各过程及其相互作用进行系统的规定和管理，从而有效、高效地实现预期结果。过程方法包括两个计划-执行-检查-修正（plan-do-check-act，PDCA）循环：一个是食品安全管理体系整体框架的 PDCA 循环，是组织业务运营和组织管理层次的 PDCA，是关于组织战略、业务发展、经营目标、风险和机遇、食品安全方针、组织绩效、体系有效性和体系更新的。另一个是食品安全系统内的 PDCA 循环，是有关产品实现过程，也是食品安全管理体系 PDCA 中的 D 部分，其涵盖 HACCP 原则，主要与危害控制计划的策划、实施、验证和改进活动相关。以下按食品安全管理体系整体框架的 PDCA 解读要点。

**1. 策划过程**

策划过程可分成若干个子过程，这些子过程是建立食品安全管理体系必须要加以识别和管理的，可分为以下 7 点：组织环境的识别和评审过程；食品安全管理体系策划过程；人力资源管理过程；基础设施和工作环境管理过程；外部提供的过程、产品和服务控制过程；内外部信息沟通过程；成文信息控制过程。

**2. 运行过程**

运行过程是该标准的核心过程，在运行过程中存在另一个 PDCA 循环，食品安全系统内的各种运行过程可分为以下 4 个子过程：前提方案（PRP）、可追溯性系统、应急准备与响应和危害分析。

**3. 食品安全管理体系的绩效评价过程**

组织应分析和评价通过监视与测量获得的适当的数据和信息，包括与前提方案和危害控制计划相关的验证活动的结果、内部审核和外部审核，以确定食品安全管理体系的绩效和有效性。该过程可分为分析与评价过程、内部审核过程、管理评审过程。

**4. 改进过程**

组织应持续改进食品安全管理体系的适宜性、充分性和有效性，并根据与相关方沟通的结果、验证活动结果分析的输出及管理评审的输出更新食品安全管理体系，该过程可分为持续改进过程、食品安全管理体系的更新。

## （三）其他与食品安全管理相关的变化

**1. 与食品安全管理相关术语的变化**

（1）前提方案：前提方案是维护食品安全的必要的基本条件和活动，前提方案不再仅限于"卫生环境"，而是扩大范围至"食品安全"。

（2）污染：在食品或食品环境中引入或产生的包括食品安全危害的污染物。污染物不一定是食品安全危害。

（3）控制措施：首先，"消除"食品安全危害是不现实的，故定义只保留了预防和（或）减少重大食品安全危害两个控制手段；其次，控制措施是通过危害分析确定的。

（4）食品安全危害：注释中增加了食品安全危害，包括放射性物质。

**2. 拓展了工作环境要求**

ISO 22000：2018 的条款"7.1.4 工作环境"中提出，工作环境是人为因素和物理因素的组合，如心理（如减压、预防倦息、情绪保护）、物理（如温度、热量、湿度、光线、气流、卫生、噪声），拓展了原有工作环境的概念。

**3. 增加了对外部开发要素的要求**

ISO 22000：2018 的条款"7.1.5 食品安全管理体系的外部发展要素"中指出，组织所使用的外部开发要素应按照 ISO 22000：2018 的要求开发；适用于组织的场地、过程和产品；经食品安全小组转化，以适应组织的过程和产品；按照 ISO 22000：2018 的要求实施、维护和更新；保留作为书面信息。

**4. 明确了对外部提供过程、产品和服务的控制要求**

ISO 22000：2018 的条款"7.1.6 外部提供的过程、产品或服务的控制"中，明确提出了对外部提供过程、产品和服务的控制要求，包括对其进行评估、选择、绩效监测和重新评估的要求；向外部提供者充分传达的要求；确保不会对组织满足食品安全管理体系要求的能力产生不利影响；保留记录的要求。

**5. 增加了对要求过程和过程环境的描述**

条款"8.5.1.5.3 过程和过程环境的描述"指出食品安全小组应描述厂房的布局，还应适当考虑由预期的季节变化或班次模式引起的变化。保持书面信息并适当更新。

## 四、ISO 9000、ISO 14000 和 ISO 22000 之间的区别与联系

ISO 9000 是质量管理体系；ISO 14000 是环境管理体系；ISO 22000 是食品安全管理体系。三套标准都是自愿采用的管理型国际标准，遵循相同的管理系统原理，在组织内形成一套完整的、有效的、文件化的管理体系；通过管理体系的建立、运行、监控和改进，对组织的产品、过程、活动及要素进行控制和优化，实现方针和承诺达到预期的目标；结构和运行模式十分接近，按照 PDCA 循环，持续改进；要素基本相同（如管理职责、文件控制、记录控制、能力、意识和培训、审核和管理评审等）；三者均可能成为贸易的条件，消除贸易壁垒。但它们分别是不同的管理体系，只是标准要求描述时都采用了过程管理的方法。

ISO 9000 是指质量管理体系标准，它不是指一个标准，而是一族标准的统称。ISO 9000 是由 ISO 质量管理和质量保证技术委员会（ISO/TC176）制定的所有国际标准。

ISO 14000 系列标准的用户是全球商业、工业、政府、非营利性组织和其他用户，其目的是用来约束组织的环境行为，达到持续改善的目的，与 ISO 9000 系列标准一样，对消除非关税贸易壁垒即"绿色壁垒"，促进世界贸易具有重大作用。

ISO 9000 和 ISO 14000 最大的区别就是面向的对象不同，ISO 9000 标准是对顾客做出的承诺，而 ISO 14000 面对的是政府、社会和众多的利益相关方（包括股东、借贷方、保险公司等）；ISO 9000 标准缺乏有效的外部监督机制，而实施 ISO 14000 过程中，必须引入政府、管理当局、社会公众和众多的利益相关方的监督。

ISO 22000 食品安全管理体系既是描述食品安全管理体系要求的使用指导标准，又是可供食品生产、操作和供应的组织认证与注册的依据。ISO 22000 按照 ISO 导则来架构，从而保证 ISO 22000 标准与 ISO 9000 和 ISO 14000 标准有一致的结构，这便于建立整合性的基于风险的安全质量管理体系。但 ISO 22000 并不是 ISO 9000 族标准衍生的食品质量管理标准，而是关注食品质量之外的食物安全和食物安全系统的建立。安全是政府管理和控制的对象，绝不允许对不安全的食物有所姑息，而质量高低是可以通过市场调节的，如果质量低下，则企业会面临丧失市场份额的风险，市场压力就成为推动企业生产商提高质量产品的动力，因此对食品安全和质量管理两者的要求是不同的。此外，ISO 22000 并不是 HACCP 的 7 项原则和 ISO 9000 族标准要求的简单组合，而是一种风险管理工具，能使实施者合理地识别将要发生的危害，并制订一套全面有效的计划来防止和控制危害的发生。

# 思 考 题

1. 质量管理体系的概念是什么？
2. 质量管理的原则有哪些？
3. ISO 9000 系列标准有哪些，哪些是核心标准？
4. ISO 9001：2015 执行的关键点有哪些？
5. 食品安全管理体系对食品加工企业、消费者、政府都具有哪些意义？
6. ISO 22000 里有几个 PDCA 循环？分别在哪里使用？
7. 环境管理体系的概念是什么？
8. ISO 14001：2015 能为企业带来哪些作用？

（编者：祁潇哲，唐春红）

# 第五章　良好操作规范与卫生标准操作程序

【本章内容提要】本章讲述的主要内容是食品企业良好操作规范（GMP）和卫生标准操作程序（SSOP）。第一节介绍了 GMP 的起源和发展，我国食品 GMP 的发展与现状，实施 GMP 的目的和意义，重点讲述了 GMP 的主要内容，并通过实际案例强调企业在制定并建立自身 GMP 体系时明确和规范的具体要求。第二节介绍了 SSOP 的起源与发展，重点讲述了 SSOP 的主要内容，在此基础上阐述了 SSOP、GMP 与 HACCP 的关系。在讲述过程中，通过思政案例强调了食品企业认真执行良好操作规范和卫生标准操作程序的必要性与责任担当。

## 第一节　良好操作规范

良好操作规范（good manufacturing practice，GMP）也称良好作业规范，是为了保证产品品质而建立的企业生产操作标准，适用于制药、食品等行业。通过良好操作规范，可促使企业从原料、人员、设施设备、生产过程、包装运输、质量控制等方面达到国家规定的卫生质量要求，确保最终产品的质量（包括食品安全卫生）符合国家法规的要求。食品行业 GMP 的建立能够防止食品在不卫生条件或可能引起污染及品质变坏的环境中生产，减少生产事故的发生，确保食品安全卫生和品质稳定。

### 一、概述

#### （一）GMP 的起源和发展

GMP 的概念最早来源于药品的良好操作规范。1963 年，美国为解决来自药品与化妆品的公共卫生问题，颁布了药品的良好操作规范。经过几年实践经验的有效验证后，1967 年世界卫生组织（WHO）在《国际药典》的附录中收录了该制度，并在 1969 年的第二十二届世界卫生大会上建议各成员方采用 GMP 体系作为药品生产的监督制度。

同年，美国将 GMP 引入食品生产规范中，以联邦法规的形式公布食品的 GMP 基本法《食品制造、加工、包装、储运的现行加工良好操作规范》（21CFR Part 110），并陆续发布各类食品的 GMP。国际食品法典委员会（CAC）在良好操作规范的基础上制定了《食品卫生通则》（CAC/RCP 1-1969）及 42 个各类食品的卫生技术规范，供各会员国政府在制定食品法规时作为参考。这些法规已经成为国际食品生产贸易的准则，对消除非关税壁垒和促进国际贸易起到了很大的作用。

欧盟也发布了一系列食品生产、进口和投放市场的卫生规范与要求。例如，91/493/EEC 指令"水产品和投放市场的卫生要求"中就规定了水产品生产的厂房设备要求、卫生条件、加工卫生、人员卫生。

另外，GMP 在有些国家被政府机构作为强制性要求写入法律条文。例如，加拿大实施的 GMP 中既包括政府制定的有关食品控制法规，也包括企业自身管理章程。对于强制性 GMP（如《肉类食品监督条例》中的有关厂房建筑的规定），要求食品生产企业必须遵守。而对于推荐性 GMP，则鼓励生产企业自愿遵守，通过消费者对 GMP 认证企业的信任来提高生产者实施 GMP 的积极性。

## （二）我国食品 GMP 的发展与现状

我国食品企业质量管理规范的制定工作起步于 20 世纪 80 年代中期。与药品和医疗器械的监管略有不同，国家采用发布相关食品安全国家标准的形式予以规范。1988～1998 年，卫生部先后颁布了 19 个食品企业卫生规范。针对当时我国多数食品企业卫生条件和卫生管理较为落后的现状，重点规定厂房、设备、设施的卫生要求和企业的自身卫生管理等内容，借以促进我国食品企业卫生状况的改善。其中，1994 年我国建立了《食品企业通用卫生规范》（GB 14881—1994）。这些规范制定的指导思想与 GMP 的原则类似，将保证食品卫生质量的重点放在成品出厂前的整个生产过程的各个环节上，而不仅仅着眼于最终产品上，针对食品生产全过程提出相应技术要求和质量控制措施，以确保最终产品卫生质量合格。

近年来，食品加工新工艺、新材料、新品种不断涌现，食品企业生产技术水平进一步提高，对生产过程控制提出了新的要求，原标准的许多内容已经不能适应食品行业的实际需求。为此，中华人民共和国国家卫生和计划生育委员会在 2013 年组织修订了新版《食品生产通用卫生规范》（GB 14881—2013）。国家卫生和计划生育委员会也先后颁布了关于乳制品、粉状婴幼儿配方食品、特殊医学用途食品、食品接触材料及其制品、食品添加剂的生产卫生规范，作为各类食品生产过程管理和监督执法的依据。另外，针对我国特色的小作坊食品加工形式，多地政府以地方标准的形式发布了《食品安全地方标准 食品生产加工小作坊卫生规范》（详见二维码 5-1），从原先单一品种的加工卫生规范调整为小作坊通用卫生规范，为我国地方特色美食建立了配套的卫生管理体系。

二维码 5-1

对于出口食品生产企业的卫生管理模式，我国也进行了不断的探索和改革。1984 年，国家进出口商品检验局制定了类似 GMP 的卫生法规《出口食品厂、库最低卫生要求（试行）》，对出口食品企业提出了强制性的卫生要求。该法规于 1994 年被修改发布为《出口食品厂、库卫生要求》，并与后续发布的 9 类出口食品的专业卫生规范共同构成了我国早期出口食品的 GMP 体系。2002 年，国家对《出口食品厂、库卫生要求》进行修订并发布了《出口食品生产企业卫生要求》，作为申请卫生注册和卫生登记的食品出口企业，遵照和参照建立卫生质量体系的标准。

国家质量监督检验检疫总局局务会议于 2011 年和 2017 年先后审议通过了《出口食品生产企业备案管理规定》第 142 号令和第 192 号令。增加建立了食品防护计划内容，并在监督管理环节增加了分类监管、监管联动、信息管理和信用管理 4 个方面的内容。另外，对企业卫生控制体系的要求进一步明确为"建立和实施以危害分析和预防控制措施为核心的食品安全卫生控制体系"。2021 年 3 月，海关总署署务会议审议通过《中华人民共和国进出口食品安全管理办法》，同时废止《出口食品生产企业备案管理规定》。在监督管理章节新增了风险预警控制措施、应急管理、监督检查措施、过境食品检疫、复验管理等规定。

### （三）GMP 的工作原理

GMP 是一种具有专业性的质量保证体系和制造业管理体系。它要求企业必须具备良好的生产设备、科学合理的生产工艺（生产过程）、完善先进的检测手段、高水平的人员素质及严格的管理体系和制度，即包含 4M 管理要素：人员（man）、原料（material）、设备（machine）和方法（method）。依据 GMP 的法律效力，可将其分为食品生产企业必须遵守的强制性 GMP 和国家有关部门制定并推荐给企业参照执行的指导性或推荐性的 GMP。根据制定机构和适用范围也可以将 GMP 分为国家权力机构、行业组织和食品企业自己制定的 GMP。例如，中国卫生部制定了《食品安全国家标准 食品生产通用卫生规范》（GB 14881—2013），所有企业在生产食品时都应自主采用该操作规范。同时政府还针对各种主要类别的食品制定了地方标准及团体标准以更好地满足市场竞争、创新发展的需求。同类企业可共同参照、自愿遵守。最后企业可根据自身生产的实际情况制定各自的 GMP，将标准内容进一步细化、具体化、数量化，作为企业内部管理规范。

GMP 的重点是制定操作规范和双重检验制度，确保食品生产过程的安全性；防止异物、有毒有害物质、微生物污染食品；防止出现人为的损失；标签的管理，生产记录、报告的存档及建立完善的管理制度。在编制某食品 GMP 时应包括以下格式和内容：范围，规范性引用文件，术语和定义，选址及厂区环境，厂房和车间，设备与设施，卫生管理，食品原料、食品添加剂和食品相关产品，生产过程的食品安全控制，检验，食品的贮存和运输，产品召回管理，培训，管理制度和人员，记录和文件管理等。

### （四）实施 GMP 的目的和意义

实施 GMP 的基本精神是将人为的差错控制到最低限度，防止食品在制造过程中受污染或质量劣变，保证产品的质量管理体系高效运行，建立健全自主性质量保证体系。

首先，GMP 对整个生产销售链的各个环节均提出具体的控制措施、技术要求和相应的检测方法及程序，实施 GMP 管理系统是确保每件终产品合格的有效途径。其次，实施 GMP 可以促进食品企业质量管理的科学化和规范化，提高食品行业整体素质。GMP 以标准形式颁布，具有强制性和可操作性。实施 GMP 可使企业依据 GMP 规定建立和完善自身科学化质量管理系统，规范生产行为，为 ISO 9000 和 HACCP 的实施打下良好基础，推动食品工业质量管理体系向更高层次发展。再次，实施 GMP 还有利于食品进入国际市场。GMP 原则已被世界上许多国家认可并采纳，GMP 是衡量企业质量优劣的重要依据之一，所以在食品企业实施 GMP 将会提高其在国际贸易中的竞争力。另外，实施 GMP 可以提高卫生行政部门对食品企业进行监督检查的水平。对食品企业进行 GMP 监督检查，可使食品卫生监督工作更具科学性和针对性，提高对食品企业的监督管理水平。最后，实施 GMP 可以促进食品企业公平竞争。企业实施 GMP 后，其产品质量将会大大提高，从而带动良好的市场信誉和经济效益。通过加强 GMP 的监督检查，可淘汰一些不具备生产条件的企业，促进公平竞争。

## 二、GMP 的主要内容

目前，我国食品企业遵守的 GMP 是 2013 年卫生部修订的《食品安全国家标准 食品生产通用卫生规范》（GB 14881—2013）（详见二维码 5-2）。该标准从 12 个方面对

二维码 5-2

食品企业的操作提出了规范性的要求,包括:选址及厂区环境,厂房和车间,设施与设备,卫生管理,食品原料、食品添加剂和食品相关产品,生产过程的食品安全控制,检验,食品的贮存和运输,产品召回管理,培训,管理制度和人员,记录和文件管理及附录。与 1994 年的最初版本相比,该标准更加强调了对原料、加工、产品贮存和运输等食品生产全过程的食品安全控制要求,并制定了控制生物、化学、物理污染的主要措施;修改了生产设备有关内容,从防止生物、化学、物理污染的角度对生产设备布局、材质和设计提出了要求;增加了原料采购、验收、运输和贮存的相关要求;增加了产品追溯与召回的具体要求;增加了记录和文件的管理要求;增加了附录 A "食品加工过程的微生物监控程序指南"。下面对该标准的具体内容进行详细说明。

## (一)选址及厂区环境

厂区选址时不应选择对食品有显著污染的区域。例如,某地对食品安全和食品宜食用性存在明显的不利影响,且无法通过采取措施加以改善,应避免在该地址建厂。厂区不应选择有害废弃物及粉尘、有害气体、放射性物质和其他扩散性污染源不能有效清除的地址。厂区不宜选择易发生洪涝灾害的地区,难以避开时应设计必要的防范措施。厂区周围不宜有虫害大量滋生的潜在场所,难以避开时应设计必要的防范措施。

厂区环境应考虑环境给食品生产带来的潜在污染风险,并采取适当的措施将其降至最低水平。厂区应合理布局,各功能区域划分明显,并有适当的分离或分隔措施,防止交叉污染。厂区内的道路应铺设混凝土、沥青或者其他硬质材料;空地应采取必要措施,如铺设水泥、地砖或铺设草坪等方式,保持环境清洁,防止正常天气下扬尘和积水等现象的发生。厂区绿化应与生产车间保持适当距离,植被应定期维护,以防止虫害的滋生。厂区应有适当的排水系统。宿舍、食堂、职工娱乐设施等生活区应与生产区保持适当距离或分隔。

## (二)厂房和车间

厂房和车间的内部设计与布局应满足食品卫生操作要求,根据生产工艺合理布局,避免食品生产中发生交叉污染。厂房和车间应根据产品特点、生产工艺、生产特性及生产过程对清洁度的要求合理划分作业区,并采取有效分离或分隔。例如,通常可划分为清洁作业区、准清洁作业区和一般作业区;或清洁作业区和一般作业区等。一般作业区应与其他作业区域分隔。检验室与生产区域分隔。厂房的面积和空间应与生产能力相适应,便于设备安置、清洁消毒、物料存储及人员操作。

建筑内部结构应易于维护、清洁或消毒。应采用适当的耐用材料建造。例如,顶棚应使用无毒、无味、与生产需求相适应、易于观察清洁状况的材料建造;若直接在屋顶内层喷涂涂料作为顶棚,应使用无毒、无味、防霉、不易脱落、易于清洁的涂料。墙面、隔断则应使用无毒、无味的防渗透材料建造。若使用涂料,应无毒、无味、防霉、不易脱落、易于清洁。门窗通常使用坚固、不变形的材料制成,以保证闭合严密。窗户玻璃应使用不易碎材料。若使用普通玻璃,应采取必要的措施防止玻璃破碎后对原料、包装材料及食品造成污染。地面应使用无毒、无味、不渗透、耐腐蚀的材料建造。地面的结构应有利于排污和清洗。

## (三)设施与设备

食品工厂的设施涉及生产过程控制的各直接或间接环节。设施通常包括供水排水设施、清洁消毒设施、废弃物存放设施、个人卫生设施、通风设施、照明设施、仓储设施和温控设施。设备包括生产设备、监控设备及设备的保养和维修。

工厂应配备与生产能力相适应的生产设备，并按工艺流程有序排列，避免引起交叉污染。用于监测、控制、记录的设备，如压力表、温度计、记录仪等，应定期校准、维护。应建立设备保养和维修制度，加强设备的日常维护和保养，定期检修，及时记录。

（四）卫生管理

卫生管理从原材料采购到出厂管理，贯穿于整个生产过程。具体包括卫生管理制度、厂房及设施卫生管理、食品加工人员健康管理与卫生要求、虫害控制、废弃物处理、工作服管理。食品企业首先应建立针对生产环境、食品加工人员、设备设施及关键控制环节的监控制度。厂房内各项设施应保持清洁，出现问题及时维修或更新。工厂应制定和执行虫害控制措施及废弃物存放和清除制度，防止虫害侵入及滋生。车间工人进入作业区域应穿着工作服及配套的鞋靴、帽、口罩、手套等，并在必要时及时更换；生产中应注意保持工作服干净完好。

（五）食品原料、食品添加剂和食品相关产品

应建立食品原料、食品添加剂和食品相关产品的采购、验收、运输和贮存管理制度，确保所使用的食品原料、食品添加剂和食品相关产品符合国家有关要求。不得将任何危害人体健康和生命安全的物质添加到食品中。对于食品原料和食品添加剂，在采购时应选择具有相关生产资质的供应商并在验收合格后才可使用。食品原料在使用前还可进行感官检验，必要时应进行实验室检验；食品原料和食品添加剂的运输环境与工具应符合其卫生需要，并安排专人进行仓库管理，定期检查质量和卫生情况，及时清理变质或超过保质期的产品。食品原料、食品添加剂和食品包装材料等进入生产区域时应有一定的缓冲区域或外包装清洁措施，以降低污染风险。其盛装包装或容器的材质应稳定，无毒、无害，不易受污染，符合卫生要求。

（六）生产过程的食品安全控制

食品企业应通过危害分析方法明确生产过程中的食品安全关键环节，并设立相应的控制措施。在关键环节所在区域，应配备相关的文件以落实控制措施，如配料（投料）表、岗位操作规程等。GMP 鼓励企业采用危害分析与关键控制点（HACCP）体系对生产过程进行食品安全控制。

食品在生产过程中受到的污染可分为生物污染、化学污染和物理污染。对于生物污染的控制，首先要根据原料、产品和工艺的特点、生产设备和环境制定有效的清洁消毒制度。另外，还要根据产品特点确定关键控制环节进行微生物监控；必要时应建立食品加工过程的微生物监控程序，包括生产环境的微生物监控和过程产品的微生物监控。对于化学污染的控制，应建立防止化学污染的管理制度，分析可能的污染源和污染途径，制订适当的控制计划和控制程序。同时应注意食品添加剂的使用，不得在食品加工中添加食品添加剂以外的非食用化学物质和其他可能危害人体健康的物质。对于物理污染的控制，同样应建立防止异物污染的管理制度，分析可能的污染源和污染途径，并制订相应的控制计划和控制程序。工厂中可设

置筛网、捕集器、磁铁、金属检查器并采取设备维护、卫生管理、现场管理、外来人员管理及加工过程监督等措施，最大限度地降低食品受到玻璃、金属、塑胶等异物污染的风险。最后，还要保证所采用的包装材料能在正常的贮存、运输、销售条件下最大限度地保护食品的安全性和食品品质。

## （七）检验

食品企业应通过自行检验或委托具备相应资质的食品检验机构对原料和产品进行检验，建立食品出厂检验记录制度。自行检验应具备与所检项目适应的检验室和检验能力；由具有相应资质的检验人员按规定的检验方法检验；检验仪器设备应按期检定。检验室应有完善的管理制度，妥善保存各项检验的原始记录和检验报告。应建立产品留样制度，及时保留样品。另外，企业应综合考虑产品特性、工艺特点、原料控制情况等因素，合理确定检验项目和检验频次以有效验证生产过程中的控制措施。净含量、感官要求及其他容易受生产过程影响而变化的检验项目的检验频次应大于其他检验项目。同一品种不同包装的产品，不受包装规格和包装形式影响的检验项目可以一并检验。

## （八）食品的贮存和运输

企业应建立和执行适当的仓储制度。根据食品的特点和卫生需要选择适宜的贮存和运输条件，必要时应配备保温、冷藏、保鲜等设施。不得将食品与有毒、有害或有异味的物品一同贮存运输。贮存、运输和装卸食品的容器、工器具和设备应当安全、无害，保持清洁，降低食品污染的风险。贮存和运输过程中应避免日光直射、雨淋、显著的温湿度变化和剧烈撞击等，防止食品受到不良影响。如运输距离较长，可在运输箱中装配温度计监控食品环境温度的变化。对于易碎或易破损的食品包装，应在运输箱表面粘贴"轻拿轻放""易碎品"等标识，并在箱内加配缓冲材料以进行防护。

## （九）产品召回管理

食品企业应根据国家有关规定建立产品召回制度。当发现生产的食品不符合食品安全标准或存在其他不适于食用的情况时，应当立即停止生产，召回已经上市销售的食品，通知相关生产经营者和消费者，并记录召回和通知情况。对被召回的食品，应当进行无害化处理或者予以销毁，防止其再次流入市场。对因标签、标识或者说明书不符合食品安全标准而被召回的食品，应采取能保证食品安全且便于重新销售时向消费者明示的补救措施。最后，应合理划分并记录生产批次，采用产品批号等方式进行标识，便于产品追溯。

## （十）培训

食品企业应建立食品生产相关岗位的培训制度，对食品加工人员及相关岗位的从业人员进行相应的食品安全知识培训。培训的目的是促进各岗位从业人员遵守食品安全相关法律法规标准和执行各项食品安全管理制度的意识和责任，提高相应的知识水平。为确保培训效果，企业应根据食品生产不同岗位的实际需求，制订和实施食品安全年度培训计划并进行考核，做好培训记录。培训计划应根据实际培训效果的评估定期进行审核和修订，培训内容也应根据食品安全相关法律法规的调整进行实时更新。

## （十一）管理制度和人员

食品企业应配备食品安全专业技术人员、管理人员，并建立保障食品安全的管理制度。食品安全管理制度应与生产规模、工艺技术水平和食品的种类特性相适应，应根据生产实际和实施经验不断完善食品安全管理制度。管理人员应了解食品安全的基本原则和操作规范，能够判断潜在的危险，采取适当的预防和纠偏措施，确保有效管理。

## （十二）记录和文件管理

食品企业应建立记录制度，对食品生产中采购、加工、贮存、检验、销售等环节进行详细记录。记录内容应完整、真实，确保对产品从原料采购到产品销售的所有环节都可进行有效追溯。记录内容包括：食品原料、食品添加剂和食品包装材料等食品相关产品的名称、规格、数量、供货者名称及联系方式、进货日期等内容；食品的加工过程（包括工艺参数、环境监测等）、产品贮存情况及产品的检验批号、检验日期、检验人员、检验方法、检验结果等内容；发生召回的食品名称、批次、规格、数量、发生召回的原因及后续整改方案等内容。

食品原料、食品添加剂和食品包装材料等食品相关产品进货查验记录、食品出厂检验记录应由记录和审核人员复核签名，记录内容应完整。保存期限不得少于 2 年。另外，企业应建立客户投诉处理机制。对客户提出的书面或口头意见、投诉，企业相关管理部门应作记录并查找原因，妥善处理。对记录所形成的文件应建立文件的管理制度，并鼓励企业采用智能化、信息化手段进行记录和文件管理。

## 三、食品企业 GMP 实施实例

食品企业在不违背国家操作规范的基础上，可结合企业自身实际情况建立更加具体、明确的自身 GMP 体系，下面节选了某方便面厂 GMP 中"厂区环境、厂房及设施""机器设备""仓储及运输管制"及"记录处理" 4 个部分的内容。

### （一）厂区环境、厂房及设施

#### 1. 厂区环境

（1）厂区周围没有污染工厂及其他污染源。

（2）公司内路面铺设水泥，保持清洁卫生。排水系统良好，无积水。厂区内部空地及车间周围尽量绿化。厂区外路面铺设水泥并有绿化带。

（3）厂区内无有碍食品卫生的物体及其他设施。也没有活的畜禽。

（4）厂区应定期或在必要时进行除虫灭害工作，要采取有效措施防止鼠类、蚊、蝇、昆虫等的聚集和滋生。对已经发生的场所，应采取紧急措施加以控制和消灭，防止蔓延和对食品的污染。

#### 2. 厂房及设施

（1）厂房按流程分为多个独立的车间、仓库、办公场所，大致分为包材车间、调味包生产车间、方便面生产车间、原物料仓库、成品仓库、厂务楼办公室、行政楼办公室等，各车间按不同功能划分多个区域。不同区域间以墙体或软门帘分隔。

（2）厂房设施清洁度按表 5-1 区分。

表 5-1　厂房设施清洁度区分表

| 厂房设施 | 清洁度区分 | 备注 |
|---|---|---|
| 品保办公室、制造办公室、其他办公室、检验室、更衣消毒室、厕所等 | 非食品处理区 | |
| 原物料仓库、包材车间、成品库 | 一般作业区 | |
| 调理前处理车间、调理粉包混料室、调理酱包车间冷却室、制面配料室 | 准清洁作业区 | 管制作业区 |
| 调理酱包包装车间、调理粉包包装车间、方便面生产车间 | 清洁作业区 | |

（3）检验中心与车间、仓库隔离。检验中心分理化、微生物检测两个实验室。微生物检测实验室包含无菌实验室。实验室具有足够的空间、设备、仪器、药品以进行日常的分析、检验工作。

（4）工厂及办公室均采用钢梁、人工砼结合其他建筑材料如砖墙等。厂房结构坚固，所使用的材料无毒、防水，不会对食品产生污染，也可以有效地阻止各种有害物体进入生产场所。

**3. 车间设施**

（1）生产车间按加工工艺流程合理布局有足够的使用空间。原料仓库、前处理、包装工序等均按清洁度要求不同进行区隔。

（2）车间内设备按流程设置。设备与墙体之间均留有较大空间以利于作业。该空间足以保证员工衣服及身体不会污染食品、食品接触面、内包装材料。

（3）车间加工区地面为水泥地面，表面涂有油漆，易于清洁。有明沟排水。采用地道向内送风换气。明沟及地道口均有防止有害动物侵入的装置。

（4）车间大门采用自动门或滑动门，大门可以保证车间不受有害动物的侵入。

（5）车间内墙材料无毒、平滑，不透水，不会对食品造成污染。

（6）车间均配有灭蝇灯以诱杀进入车间的蚊蝇。

（7）车间门、窗、天窗要严密不变形；窗台要设于地面 1m 以上，内侧要下斜 45°；非全年使用空调的车间、门、窗应有防蚊蝇、防尘设施，纱门应便于拆下洗刷。

（8）车间屋顶采用防水材料，不透水。车间天花板平滑，不会堆积灰尘，易于清洁。

（9）车间内部小门设有防虫蝇的聚氯乙烯（PVC）软帘。

（10）车间内排水沟排水方向均按照由高清洁区向低清洁区方向，或者直接由清洁区向外排放，并均有防止倒流的设施。

（11）车间内部地沟处通风口设有细密网状防锈隔离装置，防止虫、蝇、鼠类进入车间。

**4. 照明设施**

（1）厂内各处均安装有适当的照明措施。车间照明设施使用安全型的，有防爆灯罩，以防破裂时污染产品。

（2）照明设施的亮度均能满足加工需要。使用的光源不会影响观察被加工的物体本色。

**5. 通风设施**

（1）车间内安装有通风设施，保持车间内空气新鲜。

（2）车间换气采用由外向内送风方式，通风口均装有易于清洗、耐腐蚀的不锈钢网罩。

**6. 供水系统**

（1）工厂所使用饮用水都是自来水公司供应的符合要求的自来水。

（2）工厂水管系统都是饮用水。使用后的废水直接进入下水道到污水处理车间。工厂每年两次将水质的各项指标送卫生部门进行全项检查。

（3）检验室每月一次或需要的时候对水的微生物指标进行检查。

（4）工作人员每周对供水系统进行检查。如发现异常，经排除后，须经检验室进行微生物检验。

（5）配料车间所使用的软水是经过钠离子交换器产生的。钠离子柱每五天清理一次以保证其效果。厂务部至少 24h 对软水的硬度检测一次。检验室每月或有需要时对软水的微生物指标检验一次。

**7. 洗手、消毒设施**

（1）工厂车间管制作业区总入口处、调理前处理、配料室、厕所等场所均设有足够数目的洗手池。

（2）洗手池旁边备有液体清洁剂。管制作业区总入口处洗手池边备有消毒液、感应式洗手和干手设备等。

（3）所有洗手池均用砖砌、外铺水泥，表面贴防水瓷板。其设计和构造均不易藏污纳垢和易于清洁、消毒。

（4）洗手池开关均采用脚踏式、肘动式、感应式开关。

（5）洗手池的排水处，设有防止逆流、有害动物侵入及臭味产生的装置。

（6）在洗手池旁边墙上张贴有洗手作业指导书。

（7）管制作业区总入口处设有独立的泡鞋消毒槽，员工从入口进入管制作业区必须经过消毒槽将鞋底进行消毒。

**8. 更衣室**

（1）工厂管制作业区总入口前面设有独立的足够大的更衣室，更衣室隔开分男、女更衣室。每间更衣室内设有一面大镜子。作业员从大镜子内可以看到自己全身。

（2）更衣室具有适当的照明系统。

（3）更衣室内使用紫外线等进行工作服、空气灭菌。

（4）更衣室具有足够的更衣柜供各位员工放置衣服及其他个人物品。且更衣柜中个人衣物与工作服、鞋需分开放置。

**9. 仓库设施**

（1）工厂具有足够的仓库空间以保证各物品得到妥善保存。仓库使用无毒、坚硬的材料建成。

（2）仓库设有滑动门或自动门，门下沿装有胶皮以防止有害动物侵入。

（3）仓库内保持清洁，定期消毒，有防霉、防鼠、防虫设施。

（4）仓库按照所贮存物品不同，分为原物料库（一、二）、面粉仓库、棕油仓库、冷冻库、生鲜库、半成品（小料）仓库、成品库、中转库、干燥库、精料库等。各仓库均为独立结构，并根据各物品特性分开贮存，以达到最佳贮存效果，防止品质劣化。

（5）对于贮存有温、湿度要求的原物料的仓库，设有温、湿度计以随时测量仓库内环境的温、湿度，以利于管理。

（6）仓库内设有足够数量的木制或塑料栈板用来放置原物料，以保证所贮存物品与地面至少有 5cm 高度。仓库也有足够的空间，各物品放置的位置距离墙面至少有 5cm。

### 10. 厕所设施

（1）工厂在合适的地方建有足够数目的厕所，厕所地面及墙面均贴有不透水的瓷砖，易于清洁和消毒。

（2）厕所均采用冲水式设施，能保证里面清洁、卫生。

（3）厕所出口处均有洗手池，供员工如厕后手部清洁消毒。

（4）厕所排气、通风良好。厕所外门均未朝向管制作业区或具有缓冲地带。

## （二）机器设备

### 1. 设计

（1）工厂内所有食品加工用机器设备的设计和构造能防止危害食品卫生，易于清洗消毒。易于检查、拆装。使用时可避免润滑油、金属碎屑、污水或其他可能引起食品污染的物质混入食品。

（2）工厂内所有食品加工用机器设备的食品接触面均平滑、无凹陷或裂缝，可以减少食品碎屑、污垢及有机物的堆积，使微生物的生长减至最低程度。

（3）工厂内所有机器设备设计简单，易于排水和保持干燥。

（4）贮存、运送及制造系统（包括重力、气动、密闭及自动系统）的设计与制造均能维持适当的卫生状况。

（5）在食品制造或处理区，不与食品接触的设备用具，其构造均易于保持清洁状态。

### 2. 材质

（1）工厂内所有用于食品处理区及可能接触食品的设备用具均由不会产生毒素、无臭味及异味、非吸收性、耐腐蚀且可承受重复清洗和消毒的材料制造。所使用材料不会在使用时产生接触腐蚀。

（2）工厂内所有机器设备的食品接触面均不使用木质及其他不当材料。

### 3. 生产设备

（1）工厂具有足够的生产设备，可保证生产的顺利进行。

（2）工厂内所有生产设备均按照生产流程合理安排，能保证作业顺畅进行并避免交叉污染，各设备之间能很好地配合。

（3）工厂内所有用于测定、控制或记录的测量器或记录仪，都能适当发挥其功效，结果准确无误，并得到定期校正。

（4）用于清洁机器的压缩空气，能得到合理的处理，以防止产生间接污染。

### 4. 品管设备

（1）工厂具有足够的检验、品质控制设备供例行的品质检验，管理及审核原材料、半成品及成品的卫生品质。对于工厂不能检验的项目，工厂按照规定的检验频率委托相关检验机构进行检验。

（2）公司对各原物料、半成品、成品都规定有明确的规格标准。并依照规格标准进行相关检验。公司根据检验需要购买了相关检验设备，包括电子天平、pH 计、分光光度仪、微生物检测设备等各种设备。

（3）化验室具有足够且适于操作的实验台、实验架、实验柜、实验仪器和药品、试剂。

（4）化验室具有足够且适当的供水及洗涤设施，可以保证化验室的工作顺利进行。

### （三）仓储及运输管制

#### 1. 仓储作业与卫生管制

（1）公司设有原料仓库、半成品仓库、成品仓库、面粉仓库、干燥库等。按照不同物料不同的贮存要求进行适当的仓储工作。以保障各原物料、半成品、成品在贮存过程中不会因阳光、雨水、温度、湿度等变化而对贮存物料的品质造成重大影响。

（2）工厂仓库的管理人员经常对仓库进行整理、整顿。仓库所贮存物品均按照分类品种有序放置。

（3）工厂仓库的管理人员经常检查库存物品状况。发现有包装破损、结块等感官异常者迅速知会品保人员按不合格品进行处理。

（4）工厂规定对两个月未发生异动或异动量低于 20% 的原物料、半成品、成品进行列管。属于列管品的原物料、半成品、成品如要使用、出货，必须先报经品保部检验，确认品质合格后方可使用或出货。

#### 2. 运输作业与卫生管制

（1）工厂规定仓储品必须遵照先进先出原则进行出货。

（2）工厂内使用叉车或专用车辆运送原物料、半成品及成品，不会对原物料、半成品、成品造成污染。

（3）工厂对成品出货用车辆进行检验，如发现有异味或运载过其他化学品的车辆，不许其运载成品，以免污染成品。

（4）每批成品均经过检验确认品质合格后方予以出货。

### （四）记录处理

#### 1. 记录

（1）生产部门的作业人员按照作业情况填写制造记录、制程管制记录并记录异常矫正及再发防止措施等。

（2）品管人员记录生产管制状况、车间卫生状况，内容包括清洗消毒工作及人员卫生状况，并记录异常矫正及再发防止措施。

（3）工厂记录一律使用钢笔、圆珠笔、签字笔等不可擦除的文具。每项纪录均有记录人员及审核人员签名确认。

（4）记录如有修改，均在原文旁边注明修改内容，原文用笔简单划线以示修改，并可辨识原文。修改后，修改人在修改的内容后面签名确认。

#### 2. 记录核对

所有记录由部门主管审核，以确认所有作业均符合规定。如发现异常，立即进行异常处理。

#### 3. 记录保存

所有记录按照需要期限保存。原物料、半成品相关记录保存半年。成品记录保存至该批成品保质期后一个月。

## 第二节　卫生标准操作程序

　　食品企业为了在既定的时间和成本内生产出质量稳定、符合要求的产品，必须对各个作业环节的流程、方法和条件加以规范化与标准化，即制定标准作业程序（standard operation procedure，SOP）。卫生标准操作程序（sanitation standard operation procedure，SSOP）是食品企业针对卫生要求制定的 SOP 文件，以指导食品加工过程中具体实施的清洗、消毒和卫生保持的操作。SSOP 也是食品企业为了满足 GMP 所规定的要求，在卫生环境和加工要求等方面所需实施的具体程序，其以文件的形式出现。SSOP 的正确制定和有效执行，对控制危害是非常有价值的。企业可根据法规和自身需要建立文件化的 SSOP。

### 一、SSOP 的起源与发展

　　20 世纪 90 年代，美国频繁暴发食源性疾病，造成每年 700 万人次感染和 7000 人死亡。调查数据显示，其中有大半感染或死亡的原因与肉、禽产品有关。这一结果促使美国农业部（USDA）重视肉、禽产品的生产状况，并决心建立一套涵盖生产、加工、运输、销售所有环节在内的肉禽产品生产安全措施，从而保障公众的健康。1995 年 2 月颁布的《美国肉、禽类产品 HACCP 法规》中第一次提出了要求建立一种书面的常规可行程序——卫生标准操作程序，确保生产出安全、无掺杂的食品。同年 12 月，美国 FDA 颁布的《美国 FDA 水产品HACCP123 法规》中进一步明确了 SSOP 必须包括的 8 个方面及验证等相关程序，从而建立了 SSOP 的完整体系。从此，SSOP 一直作为 GMP 和 HACCP 的基础程序加以实施，成为完成 HACCP 体系的重要前提条件。

### 二、SSOP 的基本内容

　　SSOP 主要包括以下 8 项基本内容：与食品接触或与食品接触物表面接触用水（冰）的安全；与食品接触的表面（包括设备、手套、工作服）的卫生状况及清洁度；防止交叉污染和二次污染；手的清洗与消毒，厕所设施的维护与卫生保持；防止食品被污染物污染；有毒化学物质的标识、存储和使用；雇员的健康与卫生控制；昆虫和鼠类的扑灭及控制。

#### （一）与食品接触或与食品接触物表面接触用水（冰）的安全

　　生产用水（冰）的卫生质量是影响食品卫生的关键因素，食品加工厂应有供应充足的水源。对于任何食品的加工，首要的一点就是要保证水的安全。食品加工企业一个完整的 SSOP，首先要考虑与食品接触或与食品接触物表面接触用水（冰）的来源和处理应符合有关规定，并要考虑非生产用水及污水处理的交叉污染问题。

　　食品企业在加工过程中所使用的原水应符合《生活饮用水卫生标准》（GB 5749—2022）的规定。工厂可采用市政供水系统或自来水公司提供的居民生活饮用水，也可自备水井供水。对于自备水井，通常要认可水井周围环境、深度，井口必须斜离水井以促进适宜的排水，并可密闭以禁止污水的进入。对贮水设备要定期进行清洗和消毒。无论是城市用水还是自备水井都应每年对原水进行至少一次取样，委托市级质量监督机构或有资质的第三方机构进行常规项目的检验。对于食品饮料生产企业，还可制定企业内部的水质量控制文件。对原水、半成品水、清洗消毒用水和成品水等不同环节用水做出进一步规范要求。

为防止水的污染，食品工厂应将不同类别供水管路进行区分和标识；在设计阶段确保供水系统不交叉混合，不发生回流、虹吸，防止未达卫生要求的水进入产品或产品接触面造成交叉污染；车间地面应平整并具有一定斜度以易于排水和清洁。排水系统应设有废弃物排除装置及防虫害装置，生产污水及清洗消毒污水直接经排水沟排至污水处理系统，不存在回流。水流向要从清洁区到非清洁区。食品企业应定期对生产用水及供水系统进行检查，如发现异常，应立即停止使用，查找原因并制订纠正方案，待指标正常后重新开始使用。水质检测报告及纠偏措施报告应形成完整规范的文件记录进行留存。

## （二）与食品接触的表面（包括设备、手套、工作服）的卫生状况及清洁度

食品接触面的清洁主要是通过控制与食品直接接触的器具、设备、管路及其他接触物（手、手套、工作服等），使食品接触面的状况达到食品安全卫生要求。其中包括与食品接触面直接接触的操作台面、设备、包装物，以及间接接触的操作人员的手或手套、工作服（包括围裙）、车间和卫生间的门把手、设备按钮、电灯开关等。

食品工厂设施设备的设计与安装应该易于清洁。与产品接触的设备、工器具应由耐腐蚀、不生锈、表面光滑易清洗的无毒材料制作。不用黄铜制品及含锌、含铅材料，不使用多孔和难以清洗的木头等材料作为食品接触面。设计和安装应无粗糙焊缝、凹陷、破裂，且排水良好，不同表面接触处设有平滑过渡，以防止积存污物或避开清洁和消毒化合物。大型设备或车间表面（如地面、墙壁等）应在当日收工后进行清洁和消毒。通常先用清水冲洗表面，擦干后使用75%的乙醇或其他消毒剂进一步消毒，并结合实际情况选择性使用紫外线和臭氧等物理性杀菌措施。

包装材料同样为食品接触面，其物料库应保持清洁卫生、防霉、防潮。内外包装材料要严格分开，且对其进行合理的防护；包装库内应设有防虫设施以防止其在存放期间发生污染。在使用前，应使用含氯/臭氧的消毒剂对包装物料进行喷淋冲洗。对于加工包装一体化的生产线，还应针对不同包装材料的特点，设计采用不同的杀菌方式分开灭菌消毒。

车间的品控员应定期对食品接触面的卫生进行系统性检查并采取纠偏措施，如及时维修或替换不能充分清洗的食品接触面；对不干净的食品接触面重新进行清洗消毒；对可能成为食品潜在污染源的手套、工作服应进行清洗消毒或更换；加强员工的教育培训；对可能被不洁净的接触面污染的食品，应进行安全评估。以上消毒和检查检验操作应形成规范的记录文件以及时发现问题并纠正。

加工人员的手、工作服及手套的要求参见第四部分"手的清洗与消毒，厕所设施的维护与卫生保持"及第七部分"雇员的健康与卫生控制"。

## （三）防止交叉污染和二次污染

食品、食品包装材料和食品接触面（包括手套、工作服在内的其他食品接触面）在受到不清洁物品的污染后会造成交叉污染及二次污染。造成交叉污染的具体来源包括：工厂选址、设计、车间不合理；加工人员个人卫生不良；清洁消毒不当；卫生操作不当；与产品接触的包装物料和成品未隔离；生产用水系统管理不当。

工厂在设计规划阶段应进行合理布局。控制人流和水流方向为高清洁区到低清洁区，对

气流进行入气控制、正压排气，做到人走门、物走传递口。另外，应采用适当的时间、空间分隔避免物流的交叉污染，如原材料和成品需分开贮存，原料冷库和熟食冷库隔离。车间应密封良好。窗户封闭，向外打开的更衣室门安装自动关闭装置，通风口设纱网。对于洁净车间，应安装空气过滤系统且室内保持正压，防止空气的交叉污染。生产区应按产品流程设计进行布局，一般作业区、准清洁作业区、清洁作业区相互隔离，实现产品加工从低清洁区向高清洁区过渡。生产用水在设备管道内流动，与产品接触的包装物料主要在设备系统内流动，减少和避免加工过程中出现的交叉和倒流。产品的处理应严格遵照生产流程，不可任意调整加工步骤及加工区域。

为防止加工过程中的交叉污染，不同清洁作业区的人员不得相互串岗，不同清洁区所用的工器具不能交叉使用；与产品接触的包装物料、半成品、成品要严格分离，防止与产品接触的包装物料、污染物与成品一起堆放而造成交叉污染；加工用水的水龙头不能直接接触地面，不用时应将水龙头放在水管架上。水龙头不能进入低于水边缘的水槽中。直接用于洗涤的软水管，使用完毕应卷起离地放置。用于制造、加工、调配、包装等的设施与器具使用前应确认其已被清洁消毒，并与地面保持 15cm 高度以避免二次污染。内包装材料不允许直接接触地面，应放置在洁净、干燥的仓库内。

废弃物料、残渣排放应符合规定，避免交叉污染。其中包括由生产过程所产生的废油、废纸、废瓶、废盖等生产废弃物，由机械维修所产生的维修废弃物，以及个人垃圾和失效废弃物。车间内应设排水沟以利排水，清洁区与非清洁区有各自的污水排放系统。排水沟的侧面和底面平滑且有一定弧度。水道每日清扫，保持排水畅通，无淤积现象。生产区与非生产区废水的排放严格分开，单独排向车间外部。废水直接流入下水道，防止溢溅，不倒流。

车间品控员应每日对卫生状况进行监察，若发生交叉污染要及时采取措施防止再发生，必要时停产直至改进。如有必要需评估产品的安全性，并对日常检查和纠偏措施进行记录。

### （四）手的清洗与消毒，厕所设施的维护与卫生保持

洗手消毒和卫生间设施的维护主要是通过控制加工过程中食品接触面的安全卫生，加强手部清洁卫生及卫生间设施的维护，以确保加工品的安全。企业应保证工厂有充足的、布局合理的洗手消毒和卫生间设施，并使加工人员按卫生标准规范操作使用。

工厂应建有与生产车间相连的更衣室，在更衣室与加工车间之间设有缓冲带；更衣室的门不能直接开向生产加工车间，并应维护保养状况良好，每班次后由清洁工进行清洗和消毒并保持地面干燥，每日由卫生管理员对更衣室的清洗消毒情况进行监督检查。在工作区所有的入口处均应设有完善的洗手消毒设施并配有皂液器、干手器、消毒剂等。为防止二次污染，水龙头可采用膝动式、电力自动式、脚踏式或红外感应等开关方式。在入口的洗手消毒处还设有标牌，明示洗手消毒程序，在车间入口处设有风淋室。卫生间独立设置在生产车间以外，与生产车间相隔离，具有自动关闭、不能开向加工区的门。卫生间的墙壁、地面需用瓷砖贴附，地面铺设塑料隔离垫，排水通畅。卫生间的数量应视工人数量而定。设置有间隔的男、女卫生间且保持上下水通畅及通风良好。卫生间内配有手动延时开关的洗手池、洗涤剂、干手器。工厂应安排人员每日对厕所的设施及人员的如厕洗手消毒情况进行随机监督检查并填写记录。

清洁人员对洗手、消毒、厕所设施每天至少进行两次清洁维护。更衣室每天下班后开启

30min 紫外线灯对空间进行消毒。洗手消毒间、厕所内要有醒目的标志，标明洗手消毒程序，以此提醒员工。清洁工负责适时更换洗手液及消毒液。卫生间由清洁工负责每天打扫两次。对不符合卫生要求或损坏的设施要及时报修或更换。保证所有的卫生设施齐全存放，方便清洁，污水排放畅通，并有专人管理。

　　进入车间的工作人员要穿戴整齐洁净的工作服、工作帽、工鞋；工作人员严禁染指甲和化妆，并严格执行洗手消毒程序，出现下列情况时应彻底洗手消毒：工作以前及上厕所以后；吃饭、吸烟或与嘴部接触后；接触头发、耳朵或鼻子以后；接触废物、垃圾、脏的器皿后；对着手打喷嚏或咳嗽后；任何原因离开工作区域返回后。在进入生产车间时，规范的洗手消毒程序为：换工鞋，戴帽，更换工作服，清水洗手，皂液洗手，清水冲洗，将手浸入消毒液或 75%乙醇，干手。更衣室内设有紫外线灯，每班工作结束后工作服要及时清洗。

　　卫生管理员负责检查皂液、乙醇等消毒用品是否处于安全液位，洗手设施是否能正常使用，如缺少应及时补充。当发现卫生清洁不彻底时，应立即通知清洁人员清洁。当发现厕所不能正常使用时，应挂上警示牌并立即修理，并搞好修理后的清洁工作。品控员负责对工人进入生产车间时的洗手消毒程序进行随机性监督检查，并定期对员工洗手消毒后手的卫生状况进行微生物检测。如发现问题应及时纠正员工的不良卫生习惯。若产品出现污染，应隔离并评估污染情况，以便重新加工或废弃。

## （五）防止食品被污染物污染

　　防止外来污染物的进入是防止食品、食品包装材料和食品接触面受外部化学的、物理的及生物的污染。加工者需要了解可能导致食品被间接或不被预见地污染，而食用不安全的所有途径，如被润滑剂、燃料、杀虫剂、冷凝物和有毒清洁剂中的残留物或烟雾剂污染。工厂的员工必须经过培训，达到防止和认清这些可能造成污染的间接途径。

　　具体的污染来源包括：非食品级的润滑油，因为它们可能含有有毒物质；允许使用的杀虫剂和灭鼠剂；不恰当使用的化学品、清洁剂、消毒剂；不卫生的包装材料；无保护装置的照明设备；不洁净的设备、工器具；虫、鼠的污染；地面污物等。另外，不卫生的冷凝水和死水也会产生污染。被污染的水滴或冷凝物中可能含有致病菌、化学残留物和污物，导致产品被污染。缺少适当的通风会导致冷凝物或水滴滴落到产品、食品接触面和包装材料上；地面积水和池中的水可能溅到产品、产品接触面上，使得产品被污染。

　　为控制外来污染，工厂应针对性地采取卫生措施。对于常见的水滴和冷凝水，采用的控制措施通常包括将车间顶棚设计成圆弧形、保持良好通风、提前降温和及时清扫。在冲洗地面或排水沟时应注意防止污染的水滴飞溅到食品中或食品接触面，所以地面只能拖洗，再用地刮将水刮干。另外，还应注意墙壁、支柱和地面要采用无毒、不渗水、防滑、无裂缝、坚固耐久、易清洗消毒的彩钢板或钢化玻璃材质。每周清洗，不得有积垢、侵蚀等情形。天花板使用无毒、白色、防水、防霜、不脱落、耐腐蚀、易于清洗的材质。不得有成片剥落、积尘、积垢、侵蚀等情形。车间各入口、门窗及其他孔道需设有防虫蝇灯或风幕机、不锈钢纱窗。要每周清洗，不得有成片剥落、积尘、纳垢、侵蚀等情形。照明设施装有防爆灯罩，如需使用温、湿度计，原则上不用玻璃温、湿度计，如用则应具有相应的防护罩，以防发生意外时，造成玻璃碎片的污染。卫生管理员每日至少一次对车间的卫生情况进行检查并记录。如发现问题，应对可能造成产品污染的情况加以纠正，并对产品的质量进行评估。

## （六）有毒化学物质的标识、存储和使用

化学品的标识、存储和使用主要是通过对有毒有害物品的规范管理，防止有毒有害物品对食品造成污染。这些有毒有害物质主要包括清洁剂、消毒剂、加工助剂、杀虫剂、润滑油、喷码用的油墨及稀释剂、实验室化学药品和微生物试剂等。

企业应首先明确本厂所使用的有毒化学物品种类，最好编制相关的化学品清单。在购买时，必须具有主管部门批准生产、销售、使用的证明，列明主要成分、毒性、使用剂量和注意事项。灭鼠剂和杀虫剂若由协议的消杀公司提供，应在使用后立即带离工厂。消杀公司须向公司提供灭鼠剂和杀虫剂的相关资料。所有的有毒、有害的化学物品应统一购买，统一保管。原包装器具必须标有生产厂家、地址、生产日期、使用说明和正确的批号、物品名称。化学品要有生产、销售、使用说明的证明。日常使用的工作液容器表面也应标注品名、使用说明。对于不能用于食品的润滑剂、机油等，维修部门应在显著位置贴标注明。

化学品的贮藏和使用也应进行合理的管理。化学品设独立专库，上锁专人管理，保持通风良好，标识清晰。化验室化学药品和微生物试剂由化验室管理，危险性较高的化学品，如盐酸，应放入带锁的安全柜中，并设有警告标志。盛装消毒剂的容器必须耐腐蚀、坚固、封口严密。车间现场使用的化学品，包括喷码用的油墨及稀释剂、贴标用胶水等，使用后应及时存放于带锁的柜子。

所有的化学物品的出入库必须有相应的台账记录，凭"领料单"领取规定区域的化学品。在领取时应注明用途，并填写使用记录。所有的化学物品的用量都要符合规定要求，不能造成危害和污染。生产区域、仓储区域禁止使用杀虫剂和灭鼠剂，机器设备所用的润滑油必须是食品级。化学品不能放在生产设备、工器具或包装材料上。曾用来装过化学品的器具不能够用来贮存、运输或销售产品及原辅料，也不能用来贮存那些可能与食品接触面接触的清洁剂、消毒剂之类的东西。生产区未用完的化学品必须存放于原处，不使用相关化学品的生产区不得存放或短暂存放不相关的化学品。

## （七）雇员的健康与卫生控制

加工人员健康、人员卫生对于食品卫生的影响非常大，所以加强人员健康和卫生管理是保证食品卫生的一个重要环节。所有与生产加工相关的员工必须拥有健康的身体，新录用员工必须接受身体健康检查，并取得健康证后方可上岗。行政部门应每年组织员工进行健康检查并建立健康档案，持续保证员工健康证明有效。对患有肝炎、肺结核、肠道传染病、化脓性或渗出性皮肤病及其他有碍食品卫生的疾病的员工禁止进车间从事生产。患有严重感冒（如发热、经常掉泪、流鼻涕、严重咳嗽者）及手、皮肤外伤者，应调离生产岗位。

生产人员要养成良好的个人卫生习惯，勤洗手和剪指甲，勤洗澡和理发，勤洗衣服和被褥，勤换工作服。员工进入加工车间应更换清洁的工作服、帽、口罩、鞋等，不得化妆、戴首饰和手表，指甲长度不超过指尖等。在车间内工人不得有吃零食、嚼口香糖、喝饮料和吸烟等不良行为。与生产无关的个人物品不能存放在生产车间内。加工产品期间，不能挖、剔、抓挠身体的任何一部分。工作区域内，禁止随地吐痰、对着生产线打喷嚏、大声咳嗽等不良行为。生产人员必须积极接受检查：工作服是否干净、整齐，身上是否粘有异物，指甲是否过长，手是否有伤痕或化脓现象。车间管理员应每天检查一次车间员工个人

卫生并在生产过程中实时监督。食品企业应制订有卫生培训计划,定期对加工员工进行培训并记录存档。

### (八)昆虫和鼠类的扑灭及控制

食品企业应合理规划、规范管理,杜绝蚊、蝇、鼠等虫害进入车间及厂区活动,以防止由虫害因素对产品质量造成的危害。害虫的灭除和控制范围包括厂区的全部范围,重点区域为厕所、厂区下水道出口、垃圾箱周围及食堂。卫生间、更衣室、生产车间应按规定清洗和消毒,不能存在卫生死角和地面积水,及时清除引诱害虫的杂物及蜘蛛网等。为了防止虫害,车间、仓库采用风幕、纱窗、挡鼠板等,防止虫、鼠进入。窗户全部采用封闭式,不能打开且不通风,通风口安装不锈钢防虫纱网。在工作区内,任何人不得随意打开车间更衣室、卫生间等处门窗,已安有纱窗的除外。

生产场所排水沟出水口装有挡鼠网,并且排水口全部安装隔离纱网等防虫、防鼠设施。车间内所有的下水口均设有铁网,以防老鼠穿入。生产场所、更衣室、卫生间内的设备设施禁止使用木质材料,以防蛀虫的入侵。车间、仓库内所有与外界相通的开口均设有防护网,生产加工车间、仓库安装通风设备,保持车间内空气新鲜,通风设备中有防蝇、防虫和防尘设施。废弃物应及时处理,垃圾桶或箱要清洁消毒,限制对啮齿类动物和害虫的吸引。车间内部废弃品日产日清,废弃物桶每日清洗消毒。

另外,工厂还应建立灭杀虫害的措施。例如,在厂区和生产区设置灭鼠点并应用粘鼠胶、鼠笼。生产、仓储区域不能用灭鼠剂;车间、仓库虫害控制用捕虫灯,车间和仓库外由服务商定期喷药灭虫。在车间入口处、原料仓库、食堂安装捕虫灯,24h 打开捕杀蚊、蝇。对捕捉到的鼠要进行卫生处理。发现生产场所有害虫存在时,应及时杀灭,并考虑增加杀虫频率,还应检查硬件防虫设施是否为有效状态或加以改进。

食品企业应根据上述的 8 个卫生层面,并结合本企业自身情况来制定具体的 SSOP。在建立 SSOP 之后,企业还需设定监控程序,实施检查、记录和纠偏措施。企业设定监控程序时必须指定由何人、何时及如何完成监控。对监控要实施,对监控结果要检查,对检查结果不合格者还必须采取措施进行纠正。对以上所有的监控行动、检查结果和纠偏措施都要记录。记录说明企业不仅遵守了 SSOP,而且实施了适当的卫生措施。食品加工企业日常的卫生监控记录是工厂重要的质量记录和管理资料,应使用统一的表格,并归档保存。一般记录在审核后存档,保留两年。

### 延伸阅读

建立一套科学完善的 SSOP 体系是保证食品卫生质量的基础,但如果没有食品企业的认真执行,那么质量保证体系就形同虚设。在实际应用过程中,由于部分企业领导对 SSOP 的重要性认识不足,或为了追逐利润,将 SSOP 计划流于形式,仅仅当作应付检查的手段,不遵守卫生操作程序,伪劣食品案件时有发生。2022 年"3·15"报道的湖南某公司生产的土坑酸菜就是典型事例之一。据报道,土坑极不卫生,有村民直接光脚踩上去,甚至把烟头丢到满是酸菜的土坑中。事情发生后,相关企业也得到了政府管理部门的调查和处理。

食品卫生质量关乎民众的健康和生命,食品生产企业应引以为戒,加强管理,自觉担当起维护食品安全的法律和道德责任,生产出更多让人民放心的食品。

## 思 考 题

1. 食品企业良好操作规范主要包括哪几项内容？
2. 工人在进入生产车间前应做哪些手部清洗及消毒工作？
3. 食品企业在日常生产中需要做哪些记录？

（编者：王蔚然，唐春红）

# 第六章 危害分析与关键控制点

【本章内容提要】本章主要介绍危害分析与关键控制点（HACCP）的概念和基本内容，协助理解其系统、规范实施的科学原理等知识点。为了结合实践便于更加立体地掌握HACCP体系，同时提供其在食品生产中的应用实例（雪蟹），因为无论是国内或国外，最早实施HACCP的都是水产品体系。同时简要分析 ISO、HACCP、SSOP 和 GMP 等管理体系的异同，便于理解全产业链安全控制的管理特点。

## 第一节　HACCP 概述

许多食品安全问题，都是始于科学而终于管理。科技的进步让我们认识到食品安全问题的科学本质，而管理则是通过机制运作，力求将食品安全问题限定在可控范围内。食品安全管理是一项包括食品企业、政府和消费者三方在内的系统工程，建立食品生产企业自己的质量管理体系是企业确保产品质量的关键。危害分析与关键控制点（hazard analysis and critical control point，HACCP）是一种以食品安全预防为基础的现代食品安全质量控制体系，由食品的危害分析（hazard analysis，HA）和关键控制点（critical control point，CCP）两部分组成。HACCP 体系强调企业本身的作用，而不是依靠对最终产品的检测或者政府部门取样分析判定产品的质量。与一般传统的监督方法相比较，HACCP 注重的是食品安全的预防性，具有较高的经济效益和社会效益，在国际上被认可为控制由食品引起疾病的最有效的方法，获得了 FAO/WHO 和国际食品法典委员会（CAC）的认同。HACCP 的引进与应用对规范我国食品企业卫生安全管理，保障食品安全，助力健康中国具有重要意义。

## 一、HACCP 的起源

HACCP 是对可能发生在食品加工过程中的食品安全危害进行识别、评估，进而采取控制措施的一种预防性食品安全控制方法，是现代食品安全的起源。HACCP 最初是由美国国家航空航天局（NASA）、美国陆军纳迪克（Natick）实验室和美国皮斯尔百利（Pillsbury）公司联合研究的，在20世纪60年代为了生产百分之百安全的航天食品而形成的食品安全控制系统。当时，为了确保宇航食品安全，Pillsbury 公司花费大量的人力、物力进行检测，而最终成本难以接受，并且发现靠检验终产品不能控制食品质量，也不能减少不合格产品。为解决这一问题，Pillsbury 公司率先提出了通过"过程控制"保障食品安全的概念，这就是HACCP 的雏形。为了满足食品产业链内经营与贸易活动的需要，协调全球范围内关于食品安全管理的要求，探寻一套重点突出、连贯且完整的食品安全管理体系，2001 年，丹麦标准协会（DS）向国际标准化组织食品技术委员会（ISO/TC34）提交了食品安全管理体系标准的工作草案，融合了丹麦食品标准 DS3027 的内容，成为 ISO 22000 的前身。之后国际标准化组织成立了 ISO/TC34，2005 年正式发布了《食品安全管理体系 食品链中各类组织的要求》（ISO 22000—2005），该标准借鉴 ISO 9001：2015 结构框架，参考国际食品法典委员会（CAC）的《食品卫生通则》，内含《HACCP 体系及其应用准则》的内容，体现了相互沟通、体系管理、前提方案、HACCP 原理等关键原则，使 HACCP 的结构和技术内容不断得到扩展、完善和提升，形成了第一个完整的食品安全管理体系国际标准。

## 二、HACCP 的发展进程

HACCP 有别于传统的质量控制方法，通过主动控制整个食品链，实现各工序中的食品安全危害管控，确保食品加工者能为消费者提供更安全的食品。目前，HACCP 理念和食品安全控制体系已被国际与国内所认可和接受，并被广泛应用于食品及相关产品中。

### （一）HACCP 的国际发展进程

国际食品法典委员会（CAC）是 FAO/WHO 共同组建的政府间涉及食品管理法规、标准问题的协调机构，从 1961 年成立至今已拥有 189 个成员（188 个成员方和欧盟），覆盖世界 99%的人口。食品质量和安全控制是 CAC 所有工作的核心内容。CAC 已制定了 78 项指南、221 项商品标准、53 项操作规范和 106 项食品污染物最高水平限定，其中涉及卫生、安全、技术方面的法规 40 多个。《食品卫生通用规范》（CAC/RCP 1-1969, Rev.4-2003）和《HACCP 体系及其应用准则》是在食品安全管理体系中应用最广泛的两个标准。《HACCP 体系及其应用准则》于 1993 年实施，1997 年和 1999 年又做了两次修订，该标准在国际上已被广泛地接受并采纳。新的《食品安全管理体系 食品链中各类组织的要求》（ISO 22000—2018）标准整合了 HACCP 体系和 CAC 制定的实施步骤。

HACCP 于 20 世纪 60 年代起源于美国，1971 年，美国食品药品监督管理局（FDA）开始研究 HACCP 体系在食品企业的应用。20 世纪 80 年代，美国国家海洋渔业局（NMFS）运用 HACCP 保证水产品安全，对 30 多家企业的 40 多个产品进行分析，建立了多种 HACCP 模式。FDA 在 1994 年公布了食品安全保障计划，倡导在整个食品行业中使用 HACCP 体系。1995 年，美国发布了联邦法规《水产品 HACCP 法规》，并于 1997 年正式施行，美国也是首个制定 HACCP 强制性法规的国家。1996 年，美国农业部食品安全检验局（FSIS）颁布了肉、禽产品加工企业的 HACCP 体系最终法规，并于颁布之日起生效。为了便于企业建立 HACCP 体系，FSIS 提供了肉、禽类食品一般 HACCP 模式。1999 年首次运用 HACCP 原理修订《低酸罐头食品法规》。2002 年，FDA 颁布了果蔬汁产品实施 HACCP 的法规。HACCP 显著提高了食品安全水平，目前，HACCP 已用于指导从"农田到餐桌"所有环节的食品加工及进口。

### （二）HACCP 在国内的发展

HACCP 体系在我国建立始于 20 世纪 80 年代。起初对于 HACCP 的实施只是探讨和由于进口国的要求处于应对发展阶段。90 年代初，出入境检验检疫系统为了提高出口冻鸡肉、冻猪肉、冻烤鳗、冻虾仁、芦笋罐头、蜂蜜等食品的国际竞争力，在研究 HACCP 应用和推广方面做了大量工作，并陆续发布了《出口食品厂、库卫生要求》和《出口畜禽肉及其制品加工企业注册卫生规范》等 9 个卫生规范，为 HACCP 的实施奠定了基础。HACCP 在国内的发展可分为以下三个阶段。

（1）HACCP 体系的引进和内化阶段。1988 年，国际食品微生物标准委员会（ICMSF）对该体系的基本原理作了详细叙述。我国检验检疫部门分别在 1990 年、1992 年、1994 年、1996 年、1998 年派遣食品专家参加 HACCP 的国际会议或有关培训，1993 年 7 月，国家进出口商品检验局完成了《HACCP 体系应用准则》中文译本；1994 年，中国检验检疫部门将 FDA《水产品 HACCP 法规》译成了中文，并于 1996 年将最终法规（21CFR-123 和 21CFR-1240）译成中文印发；1997 年，美国海产品 HACCP 联盟编写的《水产和水产品危害控制指南》和《水产品 HACCP 管理官方培训教材》分别被翻译成中文印发。

（2）HACCP 的企业实践阶段。1990 年，国家进出口商品检验局在对发达国家出口产品的工厂中试行 HACCP，包括水产品、肉类、禽类和低酸性罐头食品等 10 种食品被列入计划，近 250 家工厂志愿参加了这一计划，自此接受 HACCP 是有效地加强食品安全的方法的理念。建立各类食品、工厂和加工方法的 HACCP 推荐模式，并监督和评审企业对法规的执行和 HACCP 的实施情况。现在，HACCP 体系已成为中国商检食品安全控制的基本政策，2010 年已有 500 多个水产品加工企业建立和实施 HACCP 体系。

（3）HACCP 体系的全面监管阶段。2002 年 3 月 20 日，国家认证认可监督管理委员会发布了第 3 号公告《食品生产企业危害分析与关键控制点（HACCP）管理体系认证管理规定》，自 2002 年 5 月 1 日起实施。2002 年 5 月 20 日起施行《出口食品生产企业卫生注册登记管理规定》，规章要求列入《卫生注册需评审 HACCP 体系的产品目录》的出口食品，其生产企业应遵守《出口食品生产企业卫生要求》和国际食品法典委员会《HACCP 体系及其应用准则》，建立相应的 HACCP 体系，包括水产品、肉及肉制品、速冻蔬菜、果蔬汁、含肉及水产品的速冻食品、罐头产品等 6 类出口企业，这是我国首次强制性要求食品生产企业实施 HACCP 体系。随后，2004 年、2005 年相继出台了《基于 HACCP 的食品安全管理体系规范》《食品安全管理体系要求通用评价准则》《食品安全管理体系 食品链中各类组织的要求》等规范和标准。2021 年 7 月 30 日，为进一步优化我国食品农产品认证制度体系和推动 HACCP 体系认证的实施，国家认证认可监督管理委员会相继公布了《乳制品生产企业 HACCP 体系认证实施规则（试行）》《食品企业 HACCP 体系认证实施规则》《国家认监委关于完善"危害分析与关键控制点"（HACCP）认证有关要求的公告》和《国家认监委关于更新〈危害分析与关键控制点（HACCP 证书体系）认证依据〉的公告》等多份规则，也修订发布了《危害分析与关键控制点（HACCP）体系认证实施规则》。

## 三、HACCP 体系的特点

HACCP 体系是一种控制食品安全危害的预防体系，是用来使食品安全危害的风险降低到最小或可接受的水平，但不是一种零风险体系。其特点如下。

（1）相关性：HACCP 不是一个孤立的体系，而是建立在企业良好的食品卫生管理系统基础上的管理体系。

（2）预防性：建立在过程控制的基础上，着重对所有潜在的生物性、物理性、化学性危害进行分析，确定预防措施，防止危害发生，不依赖对成品的检验。

（3）过程控制：HACCP 体系是根据不同食品加工过程确定的，从原料到成品、从加工厂到加工设施、从加工人员到消费者方式等的全过程控制。

（4）利于自行控制：促使加工者具有自检、自控、自纠能力。

（5）可追溯性：可以追溯加工及控制记录，产品出现问题时有据可查。

（6）经济性：降低了对成品的检测费用，食品安全系数增加。

（7）动态性：可及时修订，适应发展和变化。

（8）科学性：HACCP体系是基于科学分析建立的体系，需要强有力的技术支持。

## 四、实施HACCP的意义

通过建立HACCP体系，主要针对各关键控制点（CCP）保证质量，以较低的成本保证较高的安全性，使食品生产最大限度地接近于"零缺陷"。因此，这种理性化、系统化、约束性强、适用性强的管理体系，对政府监督机构、消费者和生产商都有利。HACCP是保证食品安全和防止食源性疾病传播的质量管理体系；是全球性的食品安全管理体系；是一种体系化的控制体系，及时识别生物、化学、物理等所有可能发生的危害，建立预防性措施，提高食品安全性；是过程管理，弥补传统的质量检测和监督方法的不足；HACCP控制程序通过预测潜在的危害物，提出控制措施，为采用新工艺和新设备提供依据；HACCP已被政府监督机构、媒介和消费者公认为目前最有效的食品安全性与卫生质量控制体系。企业可通过实施HACCP提高其在消费者中的信誉度，促进产品的销售。

**延伸阅读**

随着经济的发展，人民生活水平的提高，以及我国政府对食品安全重视程度的加强，食品安全管理体系的实施和认证加速发展。国家食品法律法规和各职能管理部门的资料显示，饲料、保健品、乳制品、肉制品、面粉及出口食品等高风险或影响面大的行业将率先实施食品安全认证，并有逐渐过渡到强制性认证的趋势。从HACCP在国际上的发展趋势推断，在我国食品企业实施食品安全管理体系是大势所趋。

# 第二节　HACCP的基本内容

HACCP的使用经历了从官方强制要求，转变到企业自愿采用、自觉接受第三方审核的过程。从内容上看，HACCP自身也在不断更新升级，优化了具体操作中不容易实现的原则，加上前提方案、预防性控制措施、食品防护等各种补丁，可以适用于避免过敏原、供应链等新问题带来的新危害。本节内容主要介绍HACCP的基本术语、基本原理及建立流程。

## 一、HACCP的基本术语

CAC在《HACCP体系及其应用准则》及《食品企业HACCP实施指南》中规定的HACCP的一些关键术语及定义如下。

（1）危害分析（hazard analysis，HA）：指收集和评估有关的危害及导致这些危害存在的资料，以确定哪些危害对食品安全有重要影响因而需要在HACCP计划中予以解决的过程。

（2）关键控制点（critical control point，CCP）：指能够实施控制措施的步骤。该步骤对于预防和消除一个食品安全危害或将其减少到可接受水平非常关键。

（3）良好操作规范（good manufacture practice，GMP）：是为保障食品安全、质量而制定的贯穿食品生产全过程的一系列措施、方法和技术要求。它要求食品生产企业应具备良好的生产设备、合理的生产过程、完善的质量管理和严格的检测系统，确保产品的质量符合标准。

（4）卫生标准操作程序（sanitation standard operating procedure，SSOP）：食品企业为保障食品卫生质量，在食品加工过程中应遵守的操作规范。具体可包括以下范围：水质安全；食品接触面的条件和清洁；防止交叉污染；洗手消毒和卫生间设施的维护；防止掺杂品；有毒化学物质的标记、贮存和使用；雇员的健康情况；昆虫和鼠类的消灭与控制。

（5）流程图（flow diagram）：指对某个具体食品加工或生产过程的所有步骤进行的连续性描述。

（6）HACCP 计划（HACCP plan）：依据 HACCP 原则制定的一套文件，用于确保在食品生产、加工、销售等食物链各阶段与食品安全有重要关系的危害得到控制。

（7）控制点（control point，CP）：能控制生物、化学或物理因素的任何点、步骤或过程。

（8）关键控制点判定树(CCP decision tree)：通过一系列问题来判断一个控制点是否是关键控制点的组图。

## 二、HACCP 的基本原理

HACCP 是一种对某一特定食品生产工序或操作的有关风险进行鉴定、评估，以及对其中的生物、化学、物理危害进行控制的预防体系性方法，其基本原理如下。

### （一）原理 1：进行危害分析（conduct a hazard analysis）

危害分析是建立 HACCP 计划的第一步。企业应根据所掌握的食品中存在的危害和潜在危害，包括可能存在于与原料、收购、加工制造、贮存、销售和消费等有关的某些或全部环节上有损于消费者健康的生物、化学、物理等方面的风险，结合工艺特点采取相应的预防和控制措施。在进行危害分析时，应包括下列因素：危害产生的可能性及其影响健康的严重性；危害存在的定量和（或）定性评价；相关微生物的存活或繁殖；食品中产生的毒素、化学或物理因素的产生及其持久性；导致上述因素的条件。HACCP 小组必须对每个危害提出可应用的控制措施。

### （二）原理 2：确定关键控制点（determine critical control point）

通过有效地控制 CCP，防止和消除危害，使之降低到可接受水平。原料生产、收获与选择、加工、产品配方、设备清洗、贮运、雇员与环境卫生等都可能为 CCP。

**1. CCP 点确定**

当危害能被预防时，这些点可以被认为是关键控制点，如通过冷冻储藏或冷却的控制来预防病原体的生长。能将危害消除的点可以被确定为关键控制点，如能将病原体杀死的蒸煮工序。能将危害降低到可接受水平的点可以被确定为关键控制点，如通过从已被认可海区获得贝类使某些微生物和化学危害减少到最低限度。

应该注意的是，虽然对每个显著危害都必须加以控制，但每个引入或产生显著危害的点、步骤或工序未必都是 CCP。

一种危害有时可由几个 CCP 来控制。例如，鲭鱼罐头生产中，组胺的防范需要共同控制原料收购、缓化、切分等三个关键控制点。若干个危害也可以只由一个 CCP 控制。例如，实际生产中的加热杀菌工序，可以钝化生物酶、杀死有害的微生物、消灭致病菌和寄生虫，起到控制多重危害的作用。由此可见，关键控制点具有变化的特点，而且值得注意的是，食品中引入危害的点不一定就是危害的控制点。

### 2. CCP 判断树方法

确定 CCP 的方法很多，常用的是"CCP 判断树"，也可以用危害发生的可能性及严重性来确定。用"CCP 判断树"来确定 CCP 是通过回答 4 个问题来判断该点（步骤或过程）是否为 CCP（图 6-1）。按顺序回答图 6-1 中的问题。

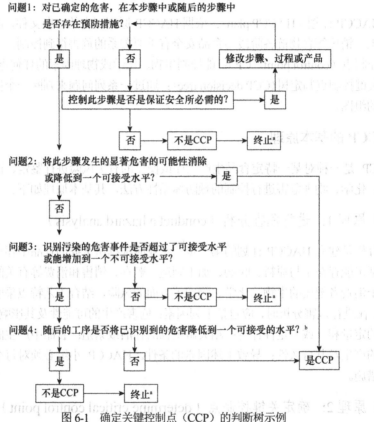

图 6-1　确定关键控制点（CCP）的判断树示例

a. 按描述的过程进行至下一个危害；b. 在识别 HACCP 计划中的关键控制点时，
需要在总体目标范围内对可接受水平和不可接受的水平做出规定

CCP 判断树是判断关键控制点的有用工具，判断树中 4 个互相关联的问题构成判断的逻辑方法，但它并非唯一的工具。因判断树有其局限性，不能代替专业知识，更不能忽略相关法律法规的要求。当 CCP 判断树的结果与相关法律法规或相关标准相抵触时，判断树就不起作用了。因此，判断树的应用只能被认为是判定 CCP 的工具而不作为 HACCP 法规中的强制要素。CCP 确定必须结合专业知识及相关的法律法规要求。

CCP 或 HACCP 是由产品/加工过程的特异性决定的。如果当工厂位置、加工过程、仪器设备、配料供方、卫生控制和其他支持性计划及用户改变时，CCP 都可能改变；如果一种危害在某一步骤中已被确认需要通过控制以保证食品安全，但在该步骤或任何其他的步骤中都没有相应的控制措施存在，那么在该步骤或其前后的步骤中，应对产品或操作过程予以修改，以使其包括相应的控制措施。

## （三）原理 3：建立关键限值（establish critical limit）

对每个关键控制点必须规定关键限值（CL），如有可能还须予以确认。在某些情况下，对某一特定步骤需要建立一个以上的关键限值。通常采用的指标包括温度、时间、湿度、物理尺寸、pH、水活度（$A_w$）、细菌总数、有效氯含量及感官参数等。

关键限值是确保食品安全的界限，应该合理、适宜、可操作性强、符合实际。当关键限值过严时，就要求采取纠偏措施；当关键限值过松时，又会造成不安全的产品流通到消费者手中。

## （四）原理 4：建立监控程序（establish monitoring procedure）

通过一系列有计划的观察和测定（如温度、时间等）活动来评估 CCP 是否在控制范围内，同时准确记录监控结果，以备将来核实或鉴定之用。使监控人员明确其职责是控制所有 CCP 的重要环节。负责监控的人员必须报告并记录没有满足 CCP 要求的过程或产品，并且立即采取纠偏措施。凡是与 CCP 有关的记录和文件都应该有监控员的签名。

监控程序尽可能采用连续的理化方法；如不能连续，则要求能有足够的频率次数来观察测定每个 CCP 的变化规律。

## （五）原理 5：确立纠偏行为（identify corrective action）

当监控表明偏离关键限值或不符合关键限值时应采取的程序或行动为纠偏措施。

纠偏措施必须保证关键控制点（CCP）重新处于受控状态，采取的措施还必须包括受影响的产品的合理处理。偏离和产品处置过程必须记载在 HACCP 体系记录保存档案中。

纠偏措施一般包括两步：第一步，纠正或消除发生偏离关键限值的原因，重新加工控制；第二步，确定在偏离期间生产的产品，并决定如何处理。采取的纠偏措施和产品的处理情况应加以记录。

## （六）原理 6：建立验证程序（establish verification procedure）

验证程序用来确定 HACCP 体系是否按照 HACCP 计划正常运转，或者计划是否需要修改。可以采用包括随机抽样和分析在内的验证与审核方法、程序和检测来确定 HACCP 体系是否正确地运行。验证的频率应足以证实 HACCP 体系运行的有效性。验证活动如下：HACCP 体系和记录的复查；偏离和产品处理的复查；证实关键控制点处于受控状态。如有可能，确认活动应包括对 HACCP 计划所有要素功效的证实。

## （七）原理 7：记录保持程序（record-keeping procedure）

企业在实行 HACCP 体系的全过程中，须有全面大量的技术文件和日常的监测记录，应包括：HACCP 计划的目的和范围；产品描述和识别；加工流程图；危害分析；HACCP 审核表；确定关键限值的依据；对关键限值的验证；监控记录，包括关键限值的偏离；纠偏措施；验证活动的记录；校验记录；清洁记录；产品的标识与可追溯性；害虫控制；培训记录；对经认可的供应商的记录；产品回收记录；审核记录；对 HACCP 体系的修改、复审材料和记录。

在实际应用中，记录为加工过程的调整、防止 CCP 失控提供了一种有效的监控手段，因此记录是 HACCP 计划成功实施的重要组成部分。在整个 HACCP 执行程序中，分析潜在危害、识别加工中的 CCP 和建立 CCP 关键限值三个步骤构成了食品危险性评价，属于技术范围，由技术专家主持，而其他步骤则属于质量管理范畴。

## 三、HACCP 的建立流程

### （一）建立 HACCP 的基本要求

HACCP 体系建立在一系列前提条件的基础之上，因此，为了使消费者得到更安全的食品，食品加工企业首先应找到组织适用的有关法律法规或强制性国家标准规定的 GMP 要求，并形成自己的文件；应形成具有可操作性的 SSOP；还有一些与危害控制有关的其他前提条件，如产品回收（召回或撤回）应急准备和响应、产品防护等方面也应该有文件要求；应按照 CAC 发布的《食品卫生通则》的"准则"建立 HACCP。食品生产加工企业建立和实施 HACCP 的前提条件至少包括以下 4 个方面。

#### 1. 基础条件

要实施 HACCP 体系，GMP 是整个食品安全控制体系的基础；SSOP 是根据 GMP 的要求制定的卫生控制程序，是执行 HACCP 计划的前提计划之一，CAC 的《食品卫生通则》是建立 HACCP 的准则。

GMP 从人员、原料、设备和方法 4 个方面规定了食品生产加工的规范性要求，是政府的一种法规性文件，是国家规定食品企业必须执行的国家标准，也是卫生行政部门、食品卫生监督部门监督检查的依据，具有强制性，为企业 HACCP 体系的建立提供了理论基础。SSOP 涵盖了加工过程用水卫生、接触面卫生、防止交叉污染等 8 个方面的要求，具体列出了卫生控制的各项指标，可以减少 HACCP 计划中的关键控制点数量。

事实上，在进行风险分析时，大量的危害是通过 SSOP 进行控制的。如果企业没有达到 GMP 的要求，或者没有制定有效的 SSOP 并有效实施，那么 HACCP 体系就是一句空话。

#### 2. 管理层的支持

在明确实施 HACCP 体系之前，公司各级管理层必须明确 HACCP 体系是公司质量方针和目标的一部分，并在人力、物力、财力等方面提供全力支持。

#### 3. 教育与培训

有经过专业培训、具备操作资格的人员是 HACCP 计划有效实施的重要条件。不少食品安全事故均是由人为的因素直接或间接造成的，因而相关人员的教育和培训是必要的；企业的管理层、普通员工、HACCP 小组成员、实验室作业人员等都应该接受相关培训，通过培训让所有员工了解食品安全知识，都能够按照 SSOP、HACCP 的要求参与生产活动；当 SSOP、HACCP 有修改时，要组织企业员工重新进行培训，以使员工及时了解并执行。

同时，过程控制方法、关键控制点监测、关键限值的违背、纠偏行为的妥当性和产品（过程）记录，都需要不断的监督，以确保员工能遵守各种指令，HACCP 能全面运行。

#### 4. 产品的标识、追溯和回收

虽然 HACCP 是保证食品安全的最佳方案，但 HACCP 体系绝对不是零风险体系。企业建立了 HACCP 体系，但不安全因素有时在生产中仍然不可避免，且会超出生产者的控制范围，仍然会生产出不安全的食品。为保证公众健康，产品标识管理、产品追溯程序等都是必不可少的。

产品标识的内容至少应包括产品描述、级别、规格、配料、生产日期、包装、最佳食用期或保质期、标准代号、批号、生产商和生产地址等。在实际组织生产过程中，应做好标识的保管和使用过程中的检查及记录工作。产品的标识和可追溯性能帮助企业确定产生问题的根本原因，进而明确需要采取的纠偏措施，实现良好的批次管理。回收计划的目的是保证有企业标志的产品在任何时候从市场回收时都能尽可能有效、快速和完全进入调查程序。

## （二）HACCP 计划的制订和实施

HACCP 计划的制订和实施可分为以下三个阶段。第一阶段是准备阶段，包括成立 HACCP 专业组、产品描述、确定预期用途和消费群、绘制工艺流程图、确认流程图；第二阶段是实施阶段，包括危害分析及确定控制措施、确定 CCP、确定各 CCP 的关键限值和容差、建立各 CCP 的监控制度；第三阶段是纠偏验证阶段，包括建立纠偏措施、建立验证（审核）措施、建立记录保存和文件归档制度、回顾 HACCP 计划等。

### 1. 成立 HACCP 专业组

HACCP 小组成员来自本企业与质量管理有关的代表，小组成员应具备的相关知识和经验：能够进行危害分析，识别潜在危害，识别必须控制的危害，推荐控制方法、关键限值、监控、验证程序、纠偏，寻求外部信息，确认 HACCP 计划。所以 HACCP 小组应至少包括质量保证与控制专家、食品工艺专家、食品设备及操作工程师及其他人员。必要时，企业也可以在这方面寻求外部专家的帮助。

### 2. 产品描述

对产品及其特性、规格与安全性等进行全面的描述，内容应包括产品的原辅料、具体成分、物理或化学特性、包装、安全信息、加工方法、贮存方法和食用方法等。

描述产品可以用食品中主要成分的商品名称，也可以用最终产品名称或包装形式等。描述销售和贮存的方法是为了确定产品是如何销售、如何贮存（如冷冻、冷藏或干燥等），以防止错误处理造成的危害，但这种危害不属于 HACCP 计划控制范围内。

### 3. 确定预期用途和消费群

实施 HACCP 计划的食品应确定其最终消费者，特别是要关注特殊消费人群，如儿童、老人、妇女、体弱者或免疫系统有缺陷的人等，使用说明书应说明适合的消费人群、食用目的、食用方法等内容。

### 4. 绘制工艺流程图

产品流程图的步骤是对加工过程清楚的、简明的和全面的说明。在制订 HACCP 计划时，按流程图的步骤进行危害分析。在制作流程图和进行系统规划时，应有现场工作人员参加，为潜在污染的确定及提出控制措施提供便利条件。

### 5. 确认流程图

流程图中的每一步操作需要与实际操作过程进行确认比较（验证），当验证有误时，HACCP 通过改变控制条件、调整配方、改进设备等措施在原流程图偏离的地方加以纠正，以确保流程图的准确性、适用性和完整性。工艺流程图是危害分析的基础，不经过现场验证，难以确定其准确性和科学性。

**6. 危害分析及确定控制措施**

危害分析是 HACCP 最重要的一环。按食品生产的流程图，HACCP 小组要列出各工艺步骤可能会发生的所有生物性的、化学性的和物理性的危害。并不是所有识别的潜在危害必须放在 HACCP 中控制，一个危害如果同时满足：发生的可能性较大，一旦发生对消费者造成的损害较大，后果较严重时才是显著危害，而 HACCP 控制显著危害。

在生产过程中，危害可能是来自原辅料、加工工艺、设备、包装贮运、人为因素等方面，危害分析必须考虑所有的显著危害，并对危害出现的可能性、分类、程度进行定性和定量评估。控制措施是用以防止、消除或将其降低到可接受的水平必须采取的任何行动和活动。对食品生产过程中每一个危害都要有对应的、有效的预防措施。这些措施和办法可以排除或减少危害的出现，使其达到可接受水平。HACCP 危害分析工作表如表 6-1 所示。

**表 6-1　HACCP 危害分析工作表**

| 建表日期： | | | 工厂名称： | | |
|---|---|---|---|---|---|
| 工厂地址： | | | 产品描述： | | |
| 销售和贮藏方法： | | | 预期用途和消费者： | | |
| (1)配料/加工步骤 | (2) 本步存在的潜在危害 | (3) 潜在危害是显著危害吗（是/否） | (4) 对（3）列判断的理由 | (5) 用什么预防措施来预防显著危害 | (6) 这一步骤是关键控制点吗（是/否） |
| | 生物的危害 | | | | |
| | 化学的危害 | | | | |
| | 物理的危害 | | | | |
| | 生物的危害 | | | | |
| | 化学的危害 | | | | |
| | 物理的危害 | | | | |

**7. 确定 CCP**

尽量减少危害是实施 HACCP 的最终目标。可用一个关键控制点去控制多个危害，同样，一种危害也可能需几个关键点去控制，决定关键点是否可以控制主要看是否能防止、排除或减少到消费者能接受的水平。

关键控制点判定的一般原则如下。

（1）在某点中存在 SSOP 无法消除的明显危害。

（2）在某点中存在能够将明显危害防止、消除或降低到允许水平以下的控制措施。

（3）在某点中存在的明显危害，通过本步骤中采取的控制措施，将不会再现于后续的步骤中；或者在以后的步骤中没有有效的控制措施。

（4）在某点中存在的明显危害，必须通过本步骤中与后序步骤中控制措施的联动才能被有效遏制。

将危害分析过程整理成文十分重要。CCP 的数量取决于产品工艺的复杂性、性质和范围。HACCP 执行人员常采用判断树来认定 CCP。

**8. 确定各 CCP 的关键限值和容差**

关键限值，即保证食品安全的允许限值，决定了产品的安全与不安全、质量好与坏。关键限值的确定，一般可参考有关法规、标准、文献、实验结果，如果一时找不到合适的限值，实际中应选用一个保守的参数值。

一个好的关键限值应直观、容易检测、仅基于食品安全、纠偏措施只需销毁或处理少量产品、不能打破常规方式、不是 GMP 或 SSOP 措施、不能违背法规。例如，在生产实践中，考虑用温度、时间、流速、pH、水分含量、盐度、密度等参数作为微生物指标的关键限值。

当显著危害或控制措施发生变化时，HACCP 小组应重新进行危害分析并确定关键控制点。所有用于限值的数据、资料应存档，以作为 HACCP 计划的支持性文件。

### 9. 建立各 CCP 的监控制度

监控是按照原定的方案对关键控制点控制参数或条件进行测量或观察，识别可能出现的偏差，提出加工控制的书面文件，以便应用监控结果进行加工调整和保持控制，从而确保所有 CCP 都在规定的条件下运行。

每个监控程序应包括 3W 和 1H，即监控什么（what）、怎样监控（how）、何时监控（when）和谁来监控（who）。

（1）监控什么：通过测量一个或几个参数、检测产品或检查证明性文件，评估某个 CCP 是否在关键限值内。例如，当温度是控制危害的关键时，测量加热或冷冻的温度。

（2）怎样监控关键限值和控制措施：监控方法必须能提供快速（实时）的结果，要根据监控对象和监控方法的不同选择监控设备，如自动温度记录仪、计时器、pH 计、化学分析设备等。

（3）监控频率：即何时监控，监控可以是连续的或间断的。在可能的条件下，应采用连续监控。只能间断性监控时应尽量缩短监控的时间间隔，以便及时发现可能的偏离。

（4）谁来监控：可以承担监控任务的人员有流水线上的加工人员、设备操作者、监督员、维修人员、质量保证人员等。负责监控 CCP 的人员应该接受有关 CCP 监控技术的培训；完全理解 CCP 监控的重要性；能及时进行监控活动；准确报告每次监控工作；发现偏离关键界限应立即报告，以便能及时采取纠偏措施。所有有关 CCP 监控的记录和文件必须由实施监控的人员签名，并由评估人员进行确认。

### 10. 建立纠偏措施

纠偏措施是针对关键控制点控制限值所出现的偏差而采取的行动。纠偏行动要解决两类问题：一类是制订使工艺重新处于控制之中的措施；另一类是拟定好 CCP 失控时期生产食品的处理办法。所采用的纠偏措施是经过有关权威部门认可的，纠偏措施实施后，CCP 一旦恢复控制，有必要对这一系统进行审核，防止再次出现偏差。纠偏措施要授权给操作者，当出现偏差时，停止生产，保留所有不合格品，并通知工厂质量控制人员；在特定的 CCP 失去控制时，使用经批准的可代替原工艺的备用工艺。对每次所施行的这两类纠偏行为都要记录，并应明确产生的原因及责任所在。

### 11. 建立验证（审核）措施

验证的目的是确认制订的 HACCP 方案的准确性，通过验证得到的信息可以用来改进 HACCP 体系。

验证内容包括：检验原辅料、半成品产品合格证明；检验仪器标准，审查仪器校正记录；复查 HACCP 计划的制订及记录有关文件；审查 HACCP 内容体系及工作日记与记录；复查偏差情况和产品处理情况；检查 CCP 记录及其控制是否正常；对中间产品和最终产品的微生物检验；评价所制定的目标限值和容差，不合格产品的淘汰记录；调查市场供应中与产品有关的意想不到的卫生和腐败问题；复查已知的、假想的消费者对产品的使用情况及反映记录。

验证报告的内容包括：HACCP 计划表；CCP 的直接监测资料；检测仪器校正及正常运作情况；偏离与矫正措施；CCP 在控制下的样品分析资料；HACCP 计划修正后的再确认；控制点监测的操作人员的培训等。

**12. 建立记录保存和文件归档制度**

记录是采取措施的书面证据，认真、及时和精确的记录及资料保存是不可缺少的。HACCP 程序应文件化，文件和记录的保存应合乎操作种类和规范。

记录保存文件的内容包括：说明 HACCP 系统的各种措施；用于危害分析的数据；所做出的与产品安全有关的决定；监控方法及记录；由操作者签名和审核者签名的监控记录；偏差与纠偏记录；审定报告及 HACCP 计划表；危害分析工作表；HACCP 执行小组会上报告及总结等。

归档制度包括：①严格审核记录内容等归档文件，如 CCP 监控记录、限值偏差与纠正记录、验证记录、卫生管理记录等。各项记录在归档前要经严格审核，并在规定的时间（一般在下班、交班前）内及时由工厂管理代表审核，如通过审核，审核员要在记录上签字并写上当时的时间。②所有的 HACCP 记录归档后妥善保管。

**13. 回顾 HACCP 计划**

如有下列情况发生，应该进行 HACCP 计划回顾：原料、产品配方发生变化；加工体系发生变化；工厂布局和环境发生变化；加工设备改进；清洁和消毒方案发生变化；重复出现偏差，或出现新的危害，或有新的控制方法；包装、贮存和发售体系发生变化；人员等级和（或）职责发生变化；假设消费者使用发生变化；从市场供应商获得的信息表明产品可能具有卫生或腐败风险。

在完成整个 HACCP 计划后，要尽快以草案形式成文，并在 HACCP 小组成员中传阅修改，或寄给有关专家征求意见，吸纳对草案有益的修改意见并编入草案中，经 HACCP 小组成员一次审核修改后成为最终版本，上报有关部门审批或在企业质量管理中应用。

# 第三节　HACCP 与各体系间的关系

自 20 世纪 90 年代以来，质量管理体系在食品加工业中得到了越来越广泛的应用。国际标准化组织颁布了 ISO 9000 质量管理标准，我国许多食品加工企业以此为基础建立了质量管理体系，并通过了认证。同期，美国 FDA 和美国农业部自 1995 年陆续发布了水产品、禽肉和果蔬汁的 HACCP 法规，强制要求加工上述食品的企业建立和实施 HACCP 食品安全管理体系，CAC 也于 1997 年发布了建立 HACCP 体系的指南，从而大大促进了该体系在我国，特别是在出口加工企业中的应用。

## 一、HACCP 与 GMP、SC、SSOP 的关系

GMP 是食品生产全过程中保证食品具有高度安全卫生性的良好生产管理系统。它运用物理、化学、生物、微生物、毒理等学科的基础知识来解决食品生产加工全过程中有关安全卫生和营养的问题，从而保证食品的安全卫生质量。GMP 不仅规定了一般的卫生措施，也规定了防止食品在不卫生条件下变质的措施，把保证食品质量的工作重点放在从原料的采购到成品及其贮存运输的整个生产过程的各个环节上，不仅仅着眼于最终产品，这一点与 HACCP 是一致的。

SC，即食品生产许可，国家食品药品监督管理总局令第 16 号《食品生产许可管理办法》（自 2015 年 10 月 1 日起施行）中规定：食品生产许可证编号由 SC（"生产"的汉语拼音字母缩写）和 14 位阿拉伯数字组成。在 SC 实施以前，我国一直采用的是"QS"，即食品质量标准"quality standard"的英文缩写，合格且在最小销售单元的食品包装上标注食品生产许可证编号并加印食品质量安全市场准入标志（"QS"标志）后才能出厂销售。《食品生产许可管理办法》与 2015 年版的《食品安全法》同步实施，明确规定食品生产许可证编号将由 SC 开头，意味着被大家广为熟知的"QS"认证退出历史舞台。QS 体现的是由政府部门担保的食品安全，SC 则体现了食品生产企业的主体地位，监管部门则从单纯发证变成了持续监管。

　　SSOP 既能控制一般危害，又能控制显著危害，而 HACCP 仅用于控制显著危害。一些由 SSOP 控制的显著危害在 HACCP 中可以不作为 CCP，从而使 HACCP 中的 CCP 更简化、更具有针对性，避免了 HACCP 因关键控制点过多而难以操作的矛盾。

　　总的来说，GMP 和 SC 是政府部门以法规或标准形式，对食品生产、加工、包装、贮存、运输和销售提出的规范性要求，强调工厂设施和环境的建设及其规范化，是原则性和强制性的，也是食品加工企业必须达到的基本条件，是企业的基础性硬件建设。SSOP 是食品加工企业为保证达到 GMP 和 SC 所规定的要求，消除加工过程中不良的人为因素，使其所加工食品符合卫生要求而制定的，指导食品生产加工过程中如何实施清洗、消毒和卫生保持的作业指导文件，是具体和非强制性的，着重强调的是企业的软件建设，是食品企业生产的卫生管理体系。HACCP 是指导食品企业建立食品安全体系的基本原则，强调的是生产过程中的质量管理，是保证食品安全的预防性管理体系，为企业的软件建设。GMP 和 SC 是 SSOP 的依据和法律基础，SSOP 是具体的卫生操作和管理指导。SSOP 支持 GMP 和 SC，但不具有 GMP 和 SC 的强制性。GMP、SC 和 SSOP 共同构成 HACCP 的基础，是 HACCP 计划有效实施的基础和前提条件。HACCP 体系是确保 GMP、SC 和 SSOP 贯彻执行的有效管理方法。实施 SSOP 可简化 HACCP 计划，使 HACCP 计划重点解决最突出的安全问题。

　　应用 HACCP 体系的基本原理，建立实施 HACCP 计划，必须以 SSOP 和 GMP、SC 为基础和前提，也就是说，只有把 HACCP 与 GMP、SSOP、SC 有机地结合起来，HACCP 才能更完整、更有效、更具有针对性，才能形成一个完整的质量保证体系。

## 二、HACCP 与 ISO 9000 的关系

　　ISO 9000，即质量管理与质量保证系列标准，是一个族的通称，是近来较为流行的一种质量管理体系。ISO 9000 质量管理体系是国际标准化组织颁布的在全世界范围内通用的关于质量管理和质量保证方面的系列标准，起源于英国 BS 5750 标准，于 1987 年正式颁布（第一版），迄今已被近 200 个国家或地区等同或等效采用。

　　ISO 9000 族标准明确规定了为保证产品质量而必须建立的管理机构及职责权限；组织的产品生产必须制定规章制度、技术标准、质量手册、质量体系操作程序，并使之文件化；质量控制是对生产的全过程加以控制，是面的控制而非点的控制。

　　国际食品法典委员会（CAC）认为，HACCP 可以是 ISO 9000 系列标准的一个部分。ISO 9001：2015 共有 20 个要素，其中"过程控制"这个要素是保证最终产品质量的一个重要程序。过程控制所涉及的活动主要包括过程策划、过程实施、过程监控、过程评审、过程改进、作业程序和实施环境控制、设备控制、技能控制等。而 HACCP 体系中关于危害分析、关键

控制点的确定及其监控、验证程序等，与这些活动都是相似和对应的。如果推行 ISO 9000 的食品加工企业把"过程控制"这个要素突出出来，就相当于抓住了 HACCP 的根本，可以收到事半功倍的效果。

是否推行 ISO 9000 质量保证体系是食品企业的自愿行为，而 HACCP 则不同。国际贸易对食品企业实施 HACCP 已进入法规化的阶段，欧洲不少国家实行 HACCP 是法规规定的，美国的 HACCP 系统已被所有的执法机构采用并强制食品加工者执行。

### 三、HACCP 与 ISO 22000 的关系

ISO 22000 是由国际标准化组织食品技术委员会（ISO/TC34）制定的一套专用于食品链内的食品安全管理体系，采用了 ISO 9000 标准体系的结构，在食品危害风险识别、确认及系统管理方面，参照了国际食品法典委员会颁布的《食品卫生通则》中有关 HACCP 体系和应用指南的部分。ISO 22000 引用了国际食品法典委员会提出的 5 个初始步骤和 7 个原理，将HACCP 原理作为方法应用于整个体系；明确了危害分析作为实现安全食品策划的核心，同时将 HACCP 计划及其前提条件或前提方案进行动态、均衡的结合；可贯穿于食品生产整个供应链——从农作物种植到食品加工、运输、贮存、零售和包装。

从使用范围来看，ISO 22000 适用于食品链相关的组织，涉及食品企业、消费者、政府等各个行业，可以与企业的各种制度、各种保证食品安全的措施管理体系（SSOP、GMP 系列、HACCP 等）整合；HACCP 主要针对食品生产企业，针对生产链的全部过程的卫生安全。

## 第四节　　HACCP 在食品生产中的应用实例

一个完整的 HACCP 体系包括 HACCP 计划、GMP 和 SSOP 三个方面。图 6-2 为 CAC 推荐的 HACCP 体系的实施步骤。本节我们以××××鱼品加工厂的雪蟹制品为例阐述 HACCP 的建立和执行。此加工厂最早接受的是美国 FDA《水产品 HACCP123 法规》，为了达到美国《水产品 HACCP 法规》的要求，工厂在符合我国"出口水产品加工卫生规范"要求的基础上，完善和充实了 SSOP 的内容并制定了 HACCP 计划。整个过程和步骤如下。

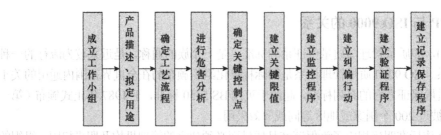

成立工作小组 → 产品描述、拟定用途 → 确定工艺流程 → 进行危害分析 → 确定关键控制点 → 建立关键限值 → 建立监控程序 → 建立纠偏行动 → 建立验证程序 → 建立记录保存程序

图 6-2　HACCP 体系的实施步骤

### 一、组建 HACCP 小组

企业按要求成立包含厂长、副厂长、主管科室人员、生产单位的负责人、工艺技术人员、质量检测人员、设备管理人员、工段（班）长、关键控制点的操作人员、产品的化验人员等的 HACCP 领导小组。

## 二、进行产品描述、拟定用途

产品描述包括 8 个方面：产品名称（冷冻雪蟹）；产品的原料和主要成分；产品的理化性质（包括水活度、pH 等）及杀菌处理（如热加工、冷冻、盐渍、熏制等）；包装方式；贮存条件；保质期限；销售方式；销售区域。

在本例中，雪蟹加工完成后，消费者购买解冻后，普通群体均可直接食用，因此在危害分析工作单首页上部的"预期用途和消费者"后填上：加热后直接食用，一般公众食用。

## 三、确定工艺流程

HACCP 小组成员通过草图绘制及到加工现场一一核实每一个加工工序，最终确定流程图（图 6-3）。

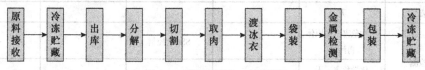

图 6-3　雪蟹制品加工流程图

## 四、进行危害分析（原理一）

根据雪蟹制品生产工艺流程，从生物、物理、化学三个方面来进行危害分析。生物危害主要包括病原微生物、微生物毒素及其他生物毒素、寄生虫及虫卵，不洁净的生产环境和与产品有直接接触的设备、器具、操作人员都有可能造成产品的微生物污染。化学有毒有害物质包括原料肉的农药、兽药残留，生产过程中超量、超范围及非法使用添加剂，重金属含量超标等。物理危害主要指砂石、毛发、铁屑等。危害分析表如表 6-2 所示。

**表 6-2　雪蟹制品加工危害分析工作单**

企业名称：××××雪蟹制品加工厂
企业地址：××省××市××路××号
产品：雪蟹制品是冷冻的、熟的、去壳蟹肉
包装形式：单冻（或块冻）每袋定量放置在纸箱中
销售和贮藏方法：冷冻贮藏
预期用途和消费者：加热后直接食用，一般公众食用

| (1)<br>加工步骤 | (2)<br>确定潜在危害 | (3)<br>是显著危害吗 | (4)<br>说明做出栏目(3)<br>判断的理由 | (5)<br>用什么预防措施<br>来防止显著危害 | (6)<br>这一步骤是关键<br>控制点吗（是/否） |
|---|---|---|---|---|---|
| 原料接收 | 生物危害：<br>病原体 | 是 | 蒸煮存活的病<br>原体 | 原料进口有检验<br>检疫卫生证明 | 否 |
| | 化学危害：无 | | | | |
| | 物理危害：无 | | | | |
| 冷冻贮藏 | 无 | | | | |
| 出库 | 无 | | | | |

续表

| (1) | (2) | (3) | (4) | (5) | (6) |
|---|---|---|---|---|---|
| 分解 | 无 | | | | |
| 切割（CCP1） | 生物危害：病原体再污染 | 否 | SSOP 控制 | | |
| | 化学危害：无 | | | | |
| | 物理危害：金属碎片 | 是 | 加工过程中刀具破损 | 每隔 1h 检查刀具，发现刀具破损立即更换刀具，产品过金属检测器 | 是 |
| 取肉 | 无 | | | | |
| 渡冰衣 | 无 | | | | |
| 装袋 | 无 | | | | |
| 金属检测（CCP2） | 生物危害：病原体再污染 | 否 | SSOP 控制 | | |
| | 化学危害：无 | | | | |
| | 物理危害：金属碎片 | 是 | 切割、取肉带入的金属碎片 | 过金属检测器 | 是 |
| 包装 | 无 | | | | |
| 冷冻贮藏工序 | 无 | | | | |

## 五、确定关键控制点（原理二）

HACCP 小组对每道工艺存在的确定潜在危害进行危害的显著性分析，用 CCP 判断树对上述显著危害进行分析，最后确定"切割""金属检测"工序为关键控制点，并编制"HACCP 计划表"。

棒、爪、爪下切割作为控制金属碎片危害的关键控制点（CCP1）。理由是，假如该工序不控制此种显著危害，以后的工序均无法消除该危害或将其降低到可接受水平。

金属检测作为控制雪蟹原料带有的或加工过程中产生金属碎片的关键控制点（CCP2）。理由是，前面各步骤对此项均没有相关的预防措施。

## 六、建立关键限值（原理三）

完成 CCP 判定后，要对每个 CCP 设定关键限值，并填写到 HACCP 计划表的第三栏。对每个 CCP 必须尽可能规定关键限值，并保证其有效性。

以下是对本例的两个 CCP 设立的关键限值。针对 CCP1 雪蟹切割工艺的金属残留危害的关键限值是目测能够发现的刀具缺口。CCP2 产品金属检测的关键限值是金属探测器灵敏度应至少能检出直径（$\phi$）为 1.0mm 的铁金属，至少能检出直径为 2.8mm 的非铁金属。

通过具体措施的实施来降低或消除显著危害，结合分析的潜在危害对每个 CCP 的关键限值进行分析说明，制定合理的可操作的关键限值，见表 6-3 的 HACCP 计划表。

表 6-3　HACCP 计划表

| （1）关键控制点 | （2）显著危害 | （3）每个预防措施的关键限值 | 监控 | | | | （8）纠偏行动 | （9）记录 | （10）验证 |
| --- | --- | --- | --- | --- | --- | --- | --- | --- | --- |
| | | | （4）对象 | （5）方法 | （6）频率 | （7）人员 | | | |
| 切割 | 金属 | 目测能够发现的刀具缺口 | 刀具 | 人工检查刀具破损情况 | 每小时一次 | 操作工 | 发现刀具破损立即更换刀具，将产品过金属检测器 | 切割机运行记录 | 检查操作记录 |
| 金属检测 | 铁金属<br>非铁金属 | $\phi=1.0mm$<br>$\phi=2.8mm$ | 金属 | 过金属检测器 | 连续 | 操作工 | （1）若机器不正常或不灵敏，应检修机器，把上次检查合格的成品重新过机<br>（2）若机器运行中报警，应首先用专用金属测试牌检测机器灵敏度：①如属运行不正常则采取措施，②如正常则应将发生报警的每件产品过机直到找出金属并分析来源。属于现场工具破损的应更换工具<br>（3）金属测出品要交由顾客处理或废弃。以上由操作工和班长执行 | 产品金属检测记录 | （1）每周核查操作记录<br>（2）每小时左右用专用测试牌测试机器灵敏度，应考虑可控制因素对调试结果的影响，确定产品的过机位置、高度，并将测试牌放置在预过机产品的中央上、中央下、左、右方位分别调试<br>（3）每日成品检验记录<br>（4）每年或条件发生变化时复审计划 |

## 七、建立监控程序（原理四）

监控程序主要完成"监控什么、怎样监控、监控频率、谁监控"的任务，使 CCP 应完全处于受控制下，见表 6-3 的 HACCP 计划表。

## 八、建立纠偏行动（原理五）

必须对 HACCP 体系中每个 CCP 制定特定的纠偏措施，以便在出现偏差时进行处理。纠偏行动首先要找出不符合 CL 的原因，及时解决，保证 CCP 重新处于控制状态；同时还要对受到影响的产品进行合理处理。偏差和产品的处置方法必须进行记录（表 6-3）。

## 九、建立验证程序（原理六）

验证程序的内容主要包括 HACCP 计划的确认、HACCP 体系的验证和 CCP 的验证三部分。验证频率为每年一次，或者当系统发生故障或产品加工方法改变时需进行验证。其要素包括必须进行监督检查和现场验证；监视和测量装置的适宜性。

## 十、建立记录保存程序（原理七）

应用 HACCP 体系必须有效、准确地记录。HACCP 工作小组在考虑记录表的格式时，既要考虑监控数据的客观性和完整性，又要考虑记录表格的现场可操作性。记录必须统一归档所有记录档案，并保存三年以上，以便随时查询和追溯。

# 十一、效果评价

鱼品加工厂的质量管理体系符合标准《水产品危害分析与关键控制点（HACCP）体系及其应用指南》（GB/T 19838—2005）的规定。十几年来，该企业质量管理体系正常运行，没有发生不合格品和产品的召回现象，国外客户经过多方考察后，十分信赖鱼品厂在食品安全管理方面的能力，合作伙伴纷至沓来，效益大增。

## 延 伸 阅 读

2020 年，上海主动对标国际先进质量管理方法，预防控制食品安全风险，在食品生产企业全面推行危害分析与关键控制点（HACCP）体系建设，制定《上海市小微型食品生产企业危害分析与关键控制点（HACCP）体系实施指南》，为食品生产拴牢"安全锁"，为"上海制造"食品生产高质量发展提供先进控制体系保障，上海计划在 2020 年内推进HACCP 体系 100% 全覆盖。

HACCP 是国际公认、最经济有效的预防性食品安全控制体系。国际食品法典委员会（CAC）也向世界各国进行了推荐，先后被许多国家和地区采纳并实施，已逐渐成为各国、各地区保障食品安全的重要抓手。因此，食品企业一旦取得 HACCP 认证，对取信用户和消费者更有直接说服力，能增强其在国内、国际市场上的竞争力，有助于扩大市场份额。另外，HACCP 体系的建立可大大改善企业的内部管理，确保企业生产非常稳定地运行。

## 思 考 题

1. HACCP 系统是怎么产生和发展的？
2. 简述 HACCP 的 7 个基本原理。
3. HACCP 和 GMP、SSOP、ISO 9000 等相关体系有什么关系？
4. 草拟一份你所熟知的食品加工的 HACCP 计划表。

（编者：梁志宏，冯 敏）

# 下 篇
## 其他利益相关方的食品安全社会共治

# 第七章　食品安全社会共治

【本章内容提要】食品安全是全社会的问题，解决食品安全需要依靠全社会的力量。2015年的《中华人民共和国食品安全法》修订版中首次提出了食品安全"社会共治"的原则，通过激发社会力量共同治理食品安全问题。除了本书前序章节已介绍的政府和食品企业，本章还讲述了食品安全社会共治需要依靠的行业协会、第三方机构、媒体、科研工作者及消费者等利益相关的社会主体，它是一项系统复杂的工程，是参与食品安全治理的主体、行为、责任、能力及制度等要素的有机结合。

## 第一节　行业协会：自律监管体系

　　行业协会通常是指由单一行业的竞争者所构成的非营利性组织。食品行业协会一般是由食品行业的企事业单位和科研院所、专业组织及行业工作者等自愿结成的行业性、非营利性的社会组织。我国的食品行业协会按所提供的服务类型分为综合性食品行业协会和专业性食品行业协会。综合性食品行业协会的代表是中国食品工业协会，在食品工业协会下通过分支机构的形式设立各专业协会，使用"专业委员会"的名称，如白酒专业委员会、豆制品专业委员会、发酵工程专业委员会、食品物流专业委员会。专业性食品行业协会一般由该行业内经营同类产品的企业组建而成，如中国粮食行业协会、中国肉类协会。

　　食品行业协会的定位是政府和食品企业之间的中介组织，协会成员的主体是食品企业，而协会的活动接受登记管理机关、党建领导机关、有关行业管理部门的业务指导和监督管理。食品行业协会的主要职能和任务是协助政府在食品行业开展统筹、规划、协调工作，加强对食品企业的指导和服务。例如，开展食品及食品相关行业产业结构、组织结构、生产、经营等方面的调查研究，就食品工业发展的规划、方针和产业政策及法律法规等有关问题向政府部门提出建议；制定并监督执行行规行约，规范行业行为，加强行业自律，协调行业关系，创造和维护行业公平竞争环境与市场秩序；维护会员合法权益，协调会员关系，向政府反映会员的意见和要求；组织人才、技术和职业技能培训，为行业培养人才，逐步提高从业人员素质；参与或经国家有关部门授权组织制定食品行业有关标准，并组织宣传和贯彻实施等。

　　食品安全的行业协会监督是指食品行业协会对本协会会员的经营状况、竞争手段、技术设备等可能直接或间接影响食品安全的状况及生产经营的产品质量的监督。在食品安全方面，食品行业协会的职责包括调查、研究和分析我国食品安全基本情况，及时向政府有关部门提出提高食品安全总体水平的意见和建议，协助立法机关和行政机关制定、完善食品安全方针政策、法律法规、技术标准和执法措施，积极宣传贯彻落实《中华人民共和国食品安全法》及相关法规，总结推广保障食品安全，提高食品质量的先进管理制度、科学方法和应用技术。食品行业协会在食品安全监管方面具有独特的信息和组织优势，可以在食品安全的社会共治中发挥重要作用。

## 一、行业协会食品安全监管的权利来源

### （一）《中华人民共和国食品安全法》提供的法律基础

《中华人民共和国食品安全法》（以下简称"《食品安全法》"）第九条规定："食品行业协会应当加强行业自律，按照章程建立健全行业规范和奖惩机制，提供食品安全信息、技术等服务，引导和督促食品生产经营者依法生产经营，推动行业诚信建设，宣传、普及食品安全知识。"该条款赋予了行业协会提供食品安全信息和建立行业规范及奖惩机制的权利。《食品安全法》第八十九条规定："食品行业协会和消费者协会等组织、消费者需要委托食品检验机构对食品进行检验的，应当委托符合本法规定的食品检验机构进行。"该条款表明食品行业协会提供的食品安全信息的来源之一可以是行业协会对相关领域食品样品委托检验的结果。《食品安全法》第二十八条规定："食品安全国家标准审评委员会由医学、农业、食品、营养、生物、环境等方面的专家以及国务院有关部门、食品行业协会、消费者协会的代表组成，对食品安全国家标准草案的科学性和实用性等进行审查。"第三十二条规定："食品生产经营者、食品行业协会发现食品安全标准在执行中存在问题的，应当立即向卫生行政部门报告。"这两项条款赋予了食品行业协会参与监督食品安全国家标准执行情况的权利。另外，《食品安全法》第一百一十六条规定："食品生产经营者、食品行业协会、消费者协会等发现食品安全执法人员在执法过程中有违反法律、法规规定的行为以及不规范执法行为的，可以向本级或者上级人民政府食品安全监督管理等部门或者监察机关投诉、举报。"该条款也赋予了食品行业协会监督政府食品安全监测执法的权力。

### （二）行业协会成员的契约机制

食品行业协会是由食品行业的企业单位为主体自愿结成的社会组织，并没有执法权力。食品行业协会是成员之间因契约而构建的，协会成员通过契约条款让渡自己部分自主权于行业协会，而行业协会通过契约获得成员让渡的权利并将之集合成为自治权。食品行业协会的奖惩仅限于规范协会成员的行为。食品行业协会通过其成员的让渡而获得权力，因此食品行业协会必然需要为大多数成员的利益服务。食品安全问题事关食品行业的整体利益，如果行业协会的某个成员在食品安全方面出现问题，必然影响该行业其他企业的信誉与利益。食品行业协会建立行业规范，并要求协会成员遵守，这进一步加强了协会成员信誉与利益的关联性。食品行业协会对其成员进行监督，符合大多数食品行业协会成员的利益。

## 二、行业协会食品安全监管的优势

### （一）信息优势

食品安全的政府监管和消费者监管最大的障碍源于信息不对称性，而食品行业协会在食品安全信息方面具有独特的优势。随着现代食品工业的迅速发展，食品行业不同细化领域所涉及的原材料、工艺和技术日益复杂，食品安全监管所需的知识和经验要求越来越高。食品行业协会对本行业内食品的生产技术、原料配方、工艺流程、添加剂种类、产品质量等方面

的信息具有更加深入的认识，对于潜在的食品安全问题具有预见性的判断。食品行业协会获得食品安全信息的途径更便捷，成本更低，相关调研工作也更易开展。

### （二）组织优势

食品行业协会是在食品企业成员共同认可并订立契约为前提成立的，因此食品行业协会开展食品安全监管工作具有组织优势。首先，相对于政府监管和消费者监管，食品行业协会的监管属于内部监管，食品行业协会与其成员属于同一阵营，更便于监督会员的日常行为。其次，通过食品行业协会发现的食品安全问题更有利于企业产品质量的保障，而带来的行政或信誉的负面影响更低，因此从接受度而言，食品行业协会的监管更容易被成员企业所接受和支持。再次，食品行业协会实现食品安全监管的经费出自成员企业，为了降低食品安全监管的成本，成员企业更易配合行业协会的工作，使食品行业协会开展食品安全监管工作的难度降低。

### （三）纵向模式优势

目前我国政府部门对食品安全的行政监管采取的是"分段监管为主、品种监管为辅"的形式。各个行政部门负责监管食品原料、生产、销售的不同环节，属于横向监管模式。消费者对产品的监管则是终点监管，重点关注食品工业最终产品的安全性。与上述两种模式不同，食品行业协会可以采取纵向监管模式，由于关注的领域较为集中，可以采取纵向模式全程监管某一类食品"从农田到餐桌"全过程的食品安全。纵向监管模式更加有利于追踪食品安全问题的形成原因和过程，有利于食品安全问题的解决。行业协会的纵向监管模式可以与政府部门的横向监管模式、消费者群体的终点监管模式交织为严密的监管网络，共同构建食品安全的社会共治体系。

## 三、行业协会食品安全监管的方式

### （一）企业诚信评价体系

食品企业诚信是指食品企业运行活动中对承诺的履行和可信度的依存关系。食品工业企业自愿向评价机构提出食品工业企业诚信管理体系评价申请，其中的评价机构通常为食品行业协会。在企业诚信评价体系中，食品安全占据重要内容。例如，中国粮食行业协会《粮油行业信用评价实施办法》中规定"食品安全与质量管理"为 6 项评价项目之一，具体评价内容为"食品安全与质量管理是根据国家质监局对质量信用评价的指导原则，重点考察食品安全保障制度、产品合格率、产品质量稳定度、标准与规范生产、质量保证、计量检测和标准化体系等方面，以确保真实反映企业全过程的质量管理水平"。信用评价工作按照"三公开"的原则进行，中国粮食行业协会设立监督举报专线电话，接受企业、媒体和政府有关部门及社会各方面的监督。企业信用等级每年进行年审，中国粮食行业协会对取得信用等级的企业实行实时监管，随时调查了解企业信用的动态状况。企业诚信评价体系为食品行业协会对自愿申请的食品企业进行食品安全监管提供了可行的制度依据，食品企业也借助于企业诚信评价体系获得食品行业协会的信用背书。

### （二）质量安全专项认定

食品行业协会可开展针对本领域企业的质量安全专项认定工作。例如，中国粮食行业协会的"全国性放心粮油示范企业认定"工作，示范企业认定监管工作坚持自愿申请、严格审核、逐级推荐、择优认定、强化监管、公开公正的原则，充分发挥示范企业的示范引领作用。示范企业的证书标牌由认定单位颁发，示范企业称号在有效期内可用于企业宣传。认定工作对企业的厂区、厂房、车间、设备、设施、人员管理和健康，食品原辅料、生产过程、包装、贮存、运输、虫害控制等都进行了明确的规定，实行年审制，并配合有关行政管理机关加强对示范企业的监督管理和质量安全检查。对于发生质量安全问题、损害消费者合法权益行为或其他违规、失信行为情节较重的，以及拒绝接受监督检查的企业，终止其示范企业资格。这种质量安全专项认定，本质上是对符合一定食品安全标准的企业进行示范引领和宣传推广的奖励性措施。

**（三）制定团体标准**

团体标准是由团体按照其确立的标准制定程序自主制定发布，由社会自愿采用的标准，见二维码7-1。2022年2月，国家标准化管理委员会、中共中央网络安全和信息化委员会办公室等17部门联合发布《关于促进团体标准规范优质发展的意见》，指出"发展团体标准能够充分释放市场主体标准化活力，优化标准供给结构，

二维码7-1

提高产品和服务竞争力，助推高质量发展"。中国食品工业协会已制定了《食品工业用富色食品》（T/CNFIA 101—2017）、《什锦果仁》（T/CNFIA 112—2019）、《益生菌食品》（T/CNFIA 131—2021）等几十项团体标准，对食品安全的要求和检测方法进行了详细的规定。团体标准由本团体成员约定采用或者按照本团体的规定供社会自愿采用。通常社会团体自行负责其团体标准的推广与应用。社会团体可以通过自律公约的方式推动团体标准的实施。

**（四）发布食品安全相关信息**

上述三种食品行业协会参与食品安全监管的方式主要针对食品行业协会的内部成员，并且采用自愿制、申请制的形式。对于非会员，由于食品行业协会没有行政权力，因此无法采取食品安全生产的监管措施，仅能采用对流通产品进行委托检测，并公布产品质量安全信息的方式，维护行业的整体信誉和利益。《中华人民共和国食品安全法》赋予了食品行业协会提供食品安全信息的权利，如食品安全政策信息、安全标准信息、产品质量检测结果信息、产品召回信息及食品安全科普信息等，也规定了如果食品行业协会公布的信息源自食品检验机构对食品的检测结果，应当委托符合本法规定的食品检验机构进行。食品行业协会也可以转发市场监管部门发布的抽检结果信息，提升食品安全信息的曝光率和时效性。

**（五）协助行政部门制定强制性国家标准和相关政策**

根据《中国食品工业协会章程》规定，食品工业协会调查、研究和分析我国食品安全基本情况，及时向政府有关部门提出提高食品安全总体水平的意见建议，协助立法机关和行政机关制定、完善食品安全方针政策、法律法规、技术标准和执法措施。各地食品工业协会充分发挥信息优势和组织优势，积极配合立法机关和行政机关的立法工作与决策工作，协助政府各部门制定、完善食品安全相关的各项法律法规和方针政策，在食品行业积极宣传并有效落实食品安全相关的各项法律法规和政策。食品行业协会能够通过向政府提供一种深入搜集行业广泛意见的机制，促进有效的企业磋商。协会还能作为信息渠道，告知其成员企业与它

们业务相关的政府政策重点。另外，食品行业协会也能告知政府企业有关规制事项的总体观点，包括提供有关技术问题、实际当中的约束条件、未预料的后果，以及潜在的商业影响方面的建议。这能够为规制影响评估提供信息、改善规制结果，并帮助政府平衡和达到保护公众利益和支持经济增长的双重目标。

### 四、行业协会食品安全监管的潜在问题

#### （一）行业协会的多元目标

食品行业协会是以食品企业成员为主体组成的团体组织，其目标既包括保障食品安全，又包括促进行业的发展，维护大多数成员的利益。在多数情况下，提升行业的食品安全水平，建立行业整体在消费者心中信誉的行为，与促进行业发展的目标是一致的。但在某些特殊情况下，二者存在矛盾。例如，当一些未被广泛认可的科学证据出现，需要对某些食品安全指标进行修改时，消费者团体倾向于严厉的指标，而行业协会可能会更加倾向于宽松的指标。当这种特殊情况出现时，食品行业协会在平衡食品行业发展和食品安全保障二者关系时，通常会面临更多的困难。

#### （二）行业协会的内部垄断性问题

行业协会的企业成员的产业规模各不相同，会直接或间接地导致不同成员在行业协会中的话语权有所差异，可能导致内部垄断性，在诚信评价和质量安全认定等活动中造成不公平现象。行业协会是一种自治组织，能否实现民主治理是衡量其自治程度的标准之一。目前，部分食品工业协会还存在着内部民主治理结构不完善的问题，如会员代表大会制度不完善、人事财务制度不够合理等。因此，必须加强政府和公众对行业协会的监督、管理和审查工作。

## 第二节　第三方机构：检验认证体系

第三方是指相对独立于两个存在相互关系的主体之外的客体，其功能包括第三方服务、第三方物流、第三方认证、第三方采购、第三方检测、第三方监造等。在食品安全领域存在着不同的相互关系，因此第三方的定义也是错综复杂的。例如，在食品安全监管行为中，两个存在相互关系的主体为政府主体和食品生产主体，因此食品安全监管领域的第三方机构是指除政府和食品生产主体以外的社会主体，它们通过一定的程序参与到食品安全监管的行政管理活动中。又如，在食品或食品材料的交易行为中，两个存在相互关系的主体是买卖双方，第三方机构是除买卖双方以外的社会主体，它们对产品的质量安全进行客观的分析，并给出产品的质量安全信息。第三方机构在食品安全社会共治中发挥重要作用，本节主要介绍第三方检测和第三方认证两类机构。

第三方检测机构是指在食品交易以外，以相关法律法规及标准为依据，对食品和食品添加剂及食品相关产品进行检验检测，并向社会出具检验数据及报告的检测机构。第三方食品检测机构需要保持独立和超脱的立场，而不能是某一方利益群体的代言人。

第三方认证机构是指在市场驱动下，通过对企业原材料采购至产成品完工的整个生产过

程进行关键点信息的搜寻、采集、分析处理，最终以加贴标签或是认证评级等方式将产品信息提供给消费者的独立机构。第三方认证机构是一种产品信息披露的社会治理工具，源于满足市场交易活动、建立信用及降低交易成本等需求。

## 一、第三方机构参与食品安全监管的权利来源

### （一）法律基础与国家政策

《中华人民共和国食品安全法》第三条规定："食品安全工作实行预防为主、风险管理、全程控制、社会共治，建立科学、严格的监督管理制度。"其中的"社会共治"意味着第三方力量将会在我国食品安全监管领域中发挥越来越重要的作用。国家政府部门也制定了一系列政策，鼓励第三方机构参与食品安全社会共治。早在 2007 年，《国务院办公厅关于印发国家食品药品安全"十一五"规划的通知》中就提出："整合并充分利用现有食品检验检测资源，严格实验室资质管理，初步建立协调统一、运行高效的食品安全检验检测体系，实现检测资源共享，满足食品生产、流通、消费全过程安全监管的需要，力争使国家级食品安全检测机构技术水平达到国际先进水平.促进检验检测机构社会化,积极鼓励和发展第三方检测机构。"2012 年的《国家食品安全监管体系"十二五"规划》中指出："完善食品安全检验检测体系。建立有效的食品安全检验检测机制，增强检验技术服务的独立性，使各类检验机构向所有食品安全监管部门提供同等检测服务；科学统筹、合理布局新建检验机构，避免重复建设。结合分类推进事业单位改革，有序推进政府所属食品检验机构社会化。通过政策引导和政府购买服务等多种方式，促进第三方食品检验机构发展。"2017 年的《"十三五"国家食品安全规划》中再次指出"开展食品安全第三方检验检测体系建设科技示范"，并"利用大专院校、第三方机构等社会资源开展培训"。

### （二）政府委托

县级以上人民政府食品安全监督管理部门和其他有关部门作为我国食品安全行政监督的主体，并依法享有食品安全监管权。县级以上人民政府食品安全监督管理部门在食品安全监督管理工作中可以采用国家规定的快速检测方法对食品进行抽查检测。对抽查检测结果表明可能不符合食品安全标准的食品，应当依照规定进行检验。抽查检测结果确定有关食品不符合食品安全标准的，可以作为行政处罚的依据。政府部门可以通过行政委托的方式将食品安全监管中的部分权力授权给第三方检测机构。行政委托是行政机关在其职权职责范围内依法将其行政职权或行政事项委托给有关行政机关、社会组织或者个人，受委托者以委托机关的名义实施管理行为和行使职权，并由委托机关承担法律责任。第三方机构的主观角色则体现为政府监管的协助者和技术合作伙伴，这是在社会经济生活中与其他社会行为主体的互动中形成的。在行政专业化的趋势下，政府需要第三方机构承担繁重的检测任务，面对食品安全犯罪技术化，政府需要与第三方机构合作来掌握先进的检测技术。将政府食品安全监管中的部分权力授权给第三方机构，这与国务院简政放权的改革思路是一致的。

### （三）市场委托

《中华人民共和国消费者权益保护法》赋予消费者（自然人消费者或买方法人）安全保

障权和知情权。安全保障权是指消费者在购买、使用商品和接受服务时享有人身、财产安全不受损害的权利。消费者有权要求经营者提供的商品和服务，符合保障人身、财产安全的要求。知情权是指消费者享有知悉其购买、使用的商品或者接受的服务的真实情况的权利。消费者有权根据商品或者服务的不同情况，要求经营者提供商品的价格、产地、生产者、用途、性能、规格、等级、主要成分、生产日期、有效期限、检验合格证明、使用方法说明书、售后服务，或者服务的内容、规格、费用等有关情况。食品质量安全信息在食品安全市场上对于供给者与需求者双方都有着至关重要的作用，理性消费者需要完备的信息来做出效用最大化的购买决策。当消费者认为产品的质量安全信息不实时，为了维护自身的安全保障权和知情权，可以个人或团体的形式委托第三方机构对产品的质量安全信息进行客观评价，进而根据第三方机构的检测报告，借助法律手段维护自身合法权益。

## 二、第三方机构参与食品安全监管的优势

### （一）专业性技术优势

第三方机构的专业性源于面向领域的集中化和市场竞争机制。地方政府监管部门负责的行政区域有限，但需要监管的产品对象繁复庞杂，这种情况下往往缺乏全面技术革新的动力和资源。与政府监管部门相比，第三方机构可以仅仅面向自己所擅长的某几类食品产品的安全性问题，而不必追求全面性解决社会所面临的全部食品安全问题，这为有限资源下实现某一领域的食品安全技术革新提供了可能性。此外，第三方机构可以突破行政区划的限制，承接不同地方政府的食品安全监管行政委托，使其技术革新带来的收益增大，为技术革新提供动力。政府的食品安全监管部门在筛选第三方检测机构时，着重从业务水平、检测设备的先进性、创新能力、科研能力、历史业绩等多个方面进行考察，确定出合格机构，并分配一部分检测任务，通过这样的筛选，刺激同行业良性竞争并进行动态调整，进而提升第三方机构的能力，这种市场竞争机制下的良性循环进一步提升了第三方机构的专业性技术优势。

### （二）客观性优势

政府部门具有维护公民生命健康和促进经济发展两方面的责任。在面对食品安全问题时，地方政府可能会存在权衡食品安全性水平和地方食品产业发展的心态，导致地方保护主义的出现。在市场竞争体制下，第三方机构的目标更加明确，责任更加清晰：能够给出准确的食品安全信息，则有利于实现自身机构的利益最大化；不能给出准确的食品安全信息，则会逐渐被市场淘汰。因此，第三方机构在食品安全监管中是利益相对独立的主体，通常能够给出更加客观的食品安全信息。

## 三、第三方机构参与食品安全监管的方式

### （一）第三方检测机构

第三方检测机构在性质上应该是独立的，能够独立承担责任，检测报告和检验数据应具有权威性和真实性。食品安全领域的第三方检测机构可以接受政府委托，在食品安全监管中执行某些被授予的权力，也可以接受市场委托，在食品或食品材料的交易或消费过程中扮演一定的角色，为企业或个人提供产品检验服务。

目前我国第三方食品检测机构分为三类：官方投资设立的第三方检测机构、民间投资设立的第三方检测机构、中外合资的第三方检测机构。官方投资设立的第三方检测机构包括各级政府和监管部门投资设立的检验检测机构和国务院国有资产监督管理委员会下属企业投资设立的第三方检测机构，此类机构是目前我国检测检验行业中数量最多、比例最大的第三方检测机构，主要承担政府委托的市场抽查、监管和强制检验等业务。民间投资设立的第三方检测机构包括民营的私人企业和高校设立的实验室。前者主要为国内食品企业提供食品检验、培训等服务，后者主要是为了满足高校科研需求。中外合资的第三方检测机构包括国外官方机构投资的合资检测机构和国外民间企业投资的合资检测机构。前者是检验两国的农副产品，检验合格后可直接出口合资国；后者则提供各类检测和咨询服务，服务对象主要是食品出口企业。

官方投资设立的第三方检测机构通常起源于政府食品安全监管部门下属的检验检测事业单位，负责承担上级监管部门下达的检测任务，常存在行政干预重、检测效率低、竞争意识弱、检测结果缺乏权威性等问题。在国务院"十一五""十二五"国家食品安全规划中提到的"促进检验检测机构社会化，发展第三方检测机构"，"十三五"规划中提到的"开展食品安全第三方检验检测体系建设科技示范"，是指增强官方投资设立的第三方检测机构与民间投资设立的第三方检测机构的竞争机制，一方面促进官方机构从"事业单位"到"第三方机构"的定位改变，鼓励官方第三方检测机构承接更多的市场委托任务，拓展官方第三方检测机构的经费渠道。另一方面鼓励民营第三方检测机构参与承接政府的行政检测任务，加强行政检测任务承接的竞争性，提升行政检测任务的完成效率。

### （二）第三方认证机构

第三方认证产生作用的相关机制为消费者在对产品不知情的状况下，会对食品质量产生先验判断，并形成既定的主观感受，从而对产品质量的认可度提高，在该心理支持下完成消费。第三方认证在各个行业中均存在，在我国的食品安全领域中，中国国家认证认可监督管理委员会是主要监督者，统一实施对认证机构、实验室和检验机构等相关机构的认可工作，即认证机构的认证机构。取得认证机构资质，应当经国务院认证认可监督管理部门批准。未经批准，任何单位和个人不得从事认证活动。中国国家认证认可监督管理委员会下设认证机构专门委员会，负责确保第三方认证机构认可工作的公正性、规范性和有效性。认证机构专门委员会在符合公正性的原则下，主要由与认证机构认可工作有关的政府部门、认证机构、认证服务对象、认证结果使用方和专业机构与技术专家等代表组成。认证机构专门委员会的构成应符合利益均衡的原则，任何一方均不占支配地位。

目前国家认证认可监督管理委员会认可的具有食品安全管理体系（ISO 22000）认证资质的第三方机构有 38 家，具有良好操作规范（GMP）认证资质的第三方机构有 6 家，具有良好农业规范（GAP）认证资质的第三方机构有 17 家，具有危害分析与关键控制点（HACCP）认证资质的第三方机构有 34 家。第三方认证机构可以分为事业单位性质的第三方机构和民营企业性质的第三方机构，前者如中国质量认证中心、农业农村部农产品质量安全中心等，后者如中鉴认证有限责任公司、华夏认证中心有限公司等。第三方认证机构之间形成良好的竞争机制，可提升认证工作的客观性与高效性。中国合格评定国家认可委员会认可制度体系表见二维码 7-2。

二维码 7-2

## 四、第三方机构参与食品安全监管的潜在问题

### （一）民营第三方机构的权威性易受质疑

近年来，随着我国食品安全监管制度的不断完善，居民生活水平和食品安全水平的不断提升，政府的食品安全监管部门及其下属的事业单位性质的检测或认证机构的权威性逐步树立，"以官方为准"的思想逐步在食品企业及消费者群体中建立。在权威性方面，民营第三方机构存在先天劣势，当民营第三方机构给出不利于食品企业的检测或认证结果时，食品企业更易质疑，申请复核，造成资源的浪费。这种观念上偏见的改正，首先需要第三方机构参与食品安全监管工作的长期实践与示范，其次需要加强第三方机构的监管与过失惩罚机制，最后需要第三方机构不断提升自身专业水平，进行技术革新，建立统一稳定的技术标准，保障检测或认证结果的准确性。

### （二）第三方机构资源配置的逐利性

食品安全管理工作属于政府的公共事务，在食品安全管理中引入一定比例的市场化第三方机构以增强竞争性，有利于提升食品安全管理的效率，但食品安全管理的过度市场化是否有利于社会公平仍有待考察。市场化的第三方机构本质上是以实现自身利益最大化为主要目标，而并非以保障食品安全及维护人们生命健康为主要目标。例如，从食品安全治理的角度而言，发达地区和欠发达地区的食品安全检测工作同样重要，但是从第三方机构的视角，承担发达地区政府委托的食品安全检测项目，可以获取更大的利润，久而久之，可能出现发达地区第三方检测资源过剩，而欠发达地区第三方检测资源欠缺的情况。因此，在食品安全管理中引入第三方机构的竞争需要维持在合理限度内，并且要加强政府对第三方机构的指引作用。

# 第三节　媒体：舆论监督与宣传教育

媒体是指人类用来传递信息与获取信息的工具、渠道、载体、中介物或技术手段。媒体参与食品安全管理最直接的表现是对食品安全事故的揭露与报道，这实际上是对食品企业进行舆论监督的一个环节。此外，媒体还可以通过对消费者宣传教育的方式参与食品安全管理。

舆论监督是我国社会监督体系中外部监督的一种，其实质是公众的监督。舆论监督作为公民监督权的体现和常见形式，是社会公众运用各种传播媒介对社会运行过程中出现的现象表达信念、意见和态度的活动。舆论则是公众对特定话题所反映的多数意见的集合，是一种社会评价和社会心理的集中体现。与政府的行政监督相比，舆论监督没有明确的评价标准，而是以民众朴素的道德观念为准绳，以公众舆论及由舆论导致的消费行为变化为奖惩机制。食品安全的媒体舆论监督可以与政府的行政监督形成互补互通的监督体系。

开展食品安全的公益宣传是媒体在食品安全方面应承担的另一项重要社会责任。在公益宣传方面，电视台、广播电台、报纸、互联网等新闻媒体的受众广、传播速度快、信息量大、社会影响深远，是开展食品安全公益宣传的主阵地。媒体应当发挥其自身优势，以群众喜闻乐见的形式，如开设食品安全知识专栏，制作食品安全方面的宣传片、公益广告，

邀请专家开设食品安全宣传讲座等多种方式开展食品安全法律法规及食品安全标准和知识的公益宣传。

## 一、媒体参与食品安全管理的权利来源

在欧美国家，媒体被认为是"行政权、立法权、司法权"之外的第四种政治权力。在我国，新闻舆论监督是人民群众行使社会主义民主权利的有效形式，其主要监督方式有报道、评论、讨论、批评、发内参等，但其核心是公开报道和新闻批评。因为舆论监督的实现需要两个环节：一是提供足够的舆论信息，即可以形成舆论的事实和情况，使人们对经济生活、政治生活及社会生活有充分的了解；二是在拥有信息的情况下，对各种政治、经济和社会现象及有关人进行理性的、坦率的评论。

我国尚未颁布专门的新闻法或媒体法，媒体的新闻舆论监督的权利在宪法及其他法律中有所体现。《中华人民共和国宪法》第二十二条规定："国家发展为人民服务、为社会主义服务的文学艺术事业、新闻广播电视事业、出版发行事业、图书馆博物馆文化馆和其他文化事业，开展群众性的文化活动。"《中华人民共和国民法典》第九百九十九条规定："为公共利益实施新闻报道、舆论监督等行为的，可以合理使用民事主体的姓名、名称、肖像、个人信息等；使用不合理侵害民事主体人格权的，应当依法承担民事责任。"这些法律规定为新闻媒体在社会生活中行使舆论监督权提供了指导性、原则性的依据。

在食品安全管理方面，《中华人民共和国食品安全法》第十条规定："新闻媒体应当开展食品安全法律、法规以及食品安全标准和知识的公益宣传，并对食品安全违法行为进行舆论监督。有关食品安全的宣传报道应当真实、公正。"该法条赋予了新闻媒体在食品安全管理中进行舆论监督和公益宣传的权利。

## 二、媒体参与食品安全管理的优势

媒体的时效性强，受众广泛，与食品企业有较少的利益关系，更易受到消费者群体的信任，在参与食品安全管理时具有独特的优势。

### （一）时效性优势

一般来说，政府部门的食品安全问题通报涉及比较专业的技术鉴定程序，需要对问题进行全面深入调查后发布，追求权威性和全面性。而媒体对食品安全问题的舆论监督则可以从事件本身的表象出发，将食品安全问题的表观真实情况准确、及时地报道出来，更加追求时效性。我国现阶段常出现"媒体先行，政府跟进，最后技术调查鉴定"的食品安全问题发现模式，媒体将其了解到的消息曝光后，政府部门开始重视，然后是专业的技术鉴定机关介入，发布正式的技术鉴定结论。这种模式反映出中国媒体对食品安全的监督起到了关键作用，也体现了媒体参与食品安全管理的时效性优势。

### （二）传播性优势

媒体具有更广泛的受众，与行政监督相比，食品安全的舆论监督对食品企业具有更广泛的威慑作用。媒体参与监管，有助于食品企业的长期稳定发展，一方面，通过媒体的曝光，那些生产低质量食品的企业的社会形象及企业声誉会受到影响，进而影响企业利润，理性的

企业为了避免这种情况的发生，便会主动履行社会责任，从而促进整个市场的正当竞争；另一方面，媒体作为食品企业与消费者之间的媒介，可以帮助消费者了解企业，帮助企业建立起与消费者之间的信任之桥。

### （三）补充性优势

食品安全的行政监督具有计划性、规范性和有限性的特点，政府相关部门依据法律法规和食品安全标准，定期按计划采样检验。对于未在监管和抽样计划中的食品加工环节和非常规的食品风险物质，行政监管可能存在鞭长莫及的情况。与政府的行政监督相比，舆论监督没有明确的评价标准，而是以民众朴素的道德观念为准绳，以新闻调查为手段，以事实为依据，不存在监督盲区。政府相关部门为食品安全保障构建了一个整体的框架。

## 三、媒体参与食品安全管理的方式

媒体没有行政管理的权力，但可以通过舆论监督和宣传教育等方式参与到食品安全管理之中。

### （一）舆论监督

政府是保障食品安全的主要责任主体，目前中国食品行业的集中度低，政府面临着庞大的企业数量，监管难度较大，政府难以全面监督到位。媒体对食品安全的报道和关注，将专业性较高、隐蔽性较强的食品安全问题向广大弱势消费者进行了披露，很好地解决了信息不对称问题。对于广大消费者而言，媒体的报道是消费者不可或缺的信息来源，且从实际情况来看，一旦媒体参与规制，食品安全事故便可以被迅速解决，政府部门、行业协会、第三方机构等各方社会主体均会迅速关注到该事件，使相关问题进一步暴露。从某种程度来看，这是对政府规制的一种补充，对食品企业、消费者和政府都有着深刻的影响。

媒体参与食品安全舆论监督的方式有：①新闻调查，是指记者独立调查、揭露被某些食品企业或相关组织故意掩盖的、损害公众利益的事实的过程。新闻调查是发现食品安全问题的有效手段，近年来的"汉堡王"事件、"土坑酸菜"事件均是由新闻调查的方式被揭露的。②接受消费者举报，消费者通过媒体曝光来维护自身权益，放大食品安全问题。③传播官方信息，通过转发官方的食品安全抽检结果或食品安全风险预警信息，扩大官方消息的传播范围。④政策建议，收集消费者与企业双方的观点，向政府部门提供食品安全管理相关的政策建议。媒体作为食品安全社会共治的重要一员，在沟通政府、食品企业、消费者之间起着重要的纽带作用，只有持续发挥媒体的功能，才能使媒体更好地发挥其规制作用。食品安全治理中的媒体监督能够引起广泛的社会关注，促进问题的快速解决，这是媒体监督独有的优势。而这种社会广泛关注及其形成的舆论压力，也直接或间接地推动了食品安全法规制度的健全和完善。

### （二）宣传教育

开展食品安全的宣传教育是媒体在食品安全方面应承担的社会责任。媒体的传播面广、接受度高，是理想的宣传教育平台。宣传教育的方式有访谈、网络讨论、电视广播、展览条幅、科学报告等。宣传教育应考虑受众的认知规律，影响认知规律的因素如下。

（1）受众文化背景。受众自身文化背景对其食品安全认知有重要影响。文化背景包括价值观念、知识水平、文化传统、宗教信仰、行为准则等。受众的价值观念主要涉及受众对生命健康和财产的重视程度；知识水平主要涉及受众对食品、医学、化学、生物学等领域的背景知识；文化传统主要涉及受众对饮食及饮食文化的重视程度；宗教信仰主要涉及宗教传统中对食品的特殊认识和规定；行为准则主要涉及面对风险事物时的行为原则与倾向。深入分析受众人群的文化背景是制定宣传教育策略的基础。例如，我国中老年受众人群整体上重视生命健康，对相关领域的知识背景较为缺乏，并且遵循"宁可信其有，不可信其无"的风险处理原则，这种情况下极易对食品安全相关风险产生系统性的悲观偏差。

（2）食品安全信息因素。受众接收到的关于食品安全信息的描述是决定其风险认知的关键因素。中国人民大学李佳洁等将影响食品安全认知的信息因素归纳为危害度、失控度、陌生度和激惹度4个维度。①危害度：是指危害严重度、致命性、人群影响范围、对个人的危害等。②失控度：是指风险的不可控性、不可逆性、科学对风险的失控度、国家权威机构对风险的失控度、个人对风险的失控度。典型的失控度所导致的受众风险认知的悲观偏差是"黄金大米"事件，黄金大米可为人体提供每日所需摄入的维生素A，并未发现显著的危害性，然而2012年湖南"黄金大米"事件的曝光，让受众产生了转基因食品科研和管理失控的认知，对"黄金大米"甚至转基因食品产生了过高的风险认知。③陌生度：是指对风险的理解片面度、非自发度、首次接触、不确定度。一方面，受众对黑天鹅事件，即陌生的、突发的小概率风险事件，容易产生过高的风险认知。例如，2012年白酒塑化剂事件刚被曝光时，受众首次接触"塑化剂"一词，对塑化剂的风险认知远超其客观的风险水平，对白酒行业产生了严重影响。而另一方面，受众对白犀牛事件，即熟悉的、确定的大概率风险事件，容易产生过低的风险认知。例如，高油高盐饮食带来的风险常被受众忽略。④激惹度：是指人为性、道德伦理性、社会公平度、对个人利益的影响。某些让受众感受到"被迫的、人为的、坏的记忆和经历、不公平、不可逆、欺诈不可信、涉及敏感人群、影响下一代、集中暴发的、令人厌恶恐惧"的词汇，都属于激惹性词汇，会使受众产生过高的风险认知。例如，2013年某进口乳制品产品被曝出"双氰胺"污染，由于"双氰胺"与"三聚氰胺"词汇上较为相似，引发了受众对于三聚氰胺事件的痛苦回忆，导致了风险认知的悲观偏差。在面对受众的宣传教育过程中，应提高"危害度"的客观信息所占的比例，正视其他三个维度对受众产生的必要影响，并降低其他三个维度对受众产生的不必要影响，以促使受众产生客观的风险认知。

（3）食品安全信息获取途径与时序。受众获取食品安全信息的途径与时序对于其风险认知有不可忽视的影响，应当加强官方信息的可靠性与时效性，及时遏制和打击负面谣言信息。在信息途径方面，受众对信息的信任程度与其对信息源的信任程度密切相关。在宣传教育工作中，既要提升受众对官方信息途径的信任度，又要加强受众固有信任途径的信息准确性。在信息时序方面，对食品安全相关的负面谣言应及时打击。依据信息的负面统治理论，正面信息和负面信息的关系是不对称的，人们往往认为失去的价值要大于收获的价值，负面信息对受众风险认知的影响力超过了正面信息。负面信息对人的影响更为深远，它们会比正面信息更容易被记住，在交流时对负面信息的产生和影响应持谨慎态度，一条负面信息的影响需要用约三条正面信息来抵消。当出现负面谣言信息时，一定要及时采取措施进行控制，否则后期需要释放大量正面信息才能平衡负面谣言信息所带来的影响。

## 四、新媒体

新媒体是利用数字技术，通过计算机网络、无线通信网、卫星等渠道，以及电脑、手机、数字电视机等终端，向用户提供信息和服务的传播形态。新媒体具有数字化、互动化、散布化、视听化的特征。①数字化：新媒体数字性的比特化特点使得信息得以通过"编码—解码"的过程来实现更好地传播，为文字、图片、视频等信息的存储、传说、分享及版权交易等提供了便利的条件，也加速了电视、互联网、手机等多终端的融合发展。②互动化：媒体是一种流动的、个体互动的、能够散布控制和自由的媒体，互动性使得新媒体在公共领域的传播不仅有大众传播的性质，还有人际传播的特征。③散布化：与传统媒体有明显的信息源中心不同，新媒体传播途径中信息来源复杂，且信息的受众可能会成为新的信息源中心。④视听化：手机与互联网的快速发展，使网络影视剧、网络视频、微电影和微视频成为用户文化消费的主要内容。

新媒体环境下，食品安全管理应做好以下工作：①建设以政府部门、领域专家为主体的新媒体权威互动平台，增加消费者获取可靠的食品安全风险信息的途径。②重视消费者科普工作，提升消费者谣言信息识别能力，构建针对食品安全谣言的群体免疫屏障。③提升网络舆情监控能力，严厉打击食品安全风险虚假信息的制造、宣传行为，加强网络安全建设。

# 第四节　科学家：科技支持体系

食品安全政策的制定需要科学家的参与，食品安全保障体系的构建需要科技的支持。现阶段，食品安全的科技支持体系已经形成了一门独立的科学，即食品安全学。食品安全学是一门系统学科，要求运用系统工程的原理来分析、研究和处理有关食品安全问题。从食品安全学的学科体系中可以看出，食品安全学的技术体系也涉及多个学科、多项技术。在食品安全的管理过程中涉及风险评估技术、检测技术、溯源技术、预警技术等。

## 一、食品安全相关的科学技术

### （一）风险评估技术

风险评估是以科学为基础对食品可能存在的危害进行界定、特征描述、暴露量评估和描述的过程。科学数据、技术模型、评估方法、专业队伍等技术要素是保障风险评估科学实施的基础。我国参照国际风险评估程序和资源需求，逐步从技术规范、基础数据、应用模型、技术方法等方面加强风险评估科学支撑。建立的一系列风险评估技术规范推动我国风险评估工作科学化、规范化；初步搭建的风险评估基础数据仓库包括风险监测数据库、食物消费量数据库、毒性数据库等；研发建立的相关技术已在联合暴露累积风险评估和高端暴露评估模型中得到应用。这些基础工作已成为我国目前科学开展食品安全风险评估的技术保障，提高工作整体质量是我国未来食品安全风险评估领域的主要方向。加强现代技术和科学数据的整合应用是全球风险评估的优先领域，也是我国食品安全风险评估未来的重点内容。

## （二）检测技术

近年来，随着新设备、新技术、新产品的开发和投入使用，我国的食品安全检测技术有了较大发展，并形成了相对完善的分析检测技术体系。基于不同检测技术开发的分析仪器正向便捷化、智能化发展，并能够对食品中有毒有害物质实现准确、灵敏的检测。基于色谱、光谱等原理的仪器分析方法是食品中有毒有害物质检测中常用的方法之一，具有灵敏度高、准确性好等优点，但通常对样品的前处理要求非常严格，且需要对检测人员进行培训，不适合现场及大量样品的筛选和快速测定。电化学方法是利用待测目标分子直接或间接在电极表面发生电化学反应而产生电化学信号，从而实现对目标物进行定量或定性分析测量的一项技术。电化学方法所需的设备仪器简单、操作方便，易实现自动化，现场分析兼具高灵敏度和成本低的特点。利用抗原与抗体特异性结合原理的免疫分析在食品安全快速检测中充当着至关重要的作用。酶联免疫技术、标记免疫层析、荧光免疫等多种方法在食品中重金属、农兽药残留、生物毒素、过敏原等污染物的检测上发挥着重要作用。

## （三）溯源技术

溯源是指从供应链下游向上游识别一个特定产品或一批产品来源的过程。食品溯源技术是食品安全监管的重要手段，是问题食品有效召回的基本前提。食品溯源体系建设的关键在于分析食品产业链结构，记录物流环节和信息流过程；研究用于食品追溯的关键自然指纹信息，选择与溯源目标相关联的特征指纹信息，确证追溯信息的稳定性和可靠性。这些工作是研究和建立食品溯源体系的关键技术环节和问题。最常用的高效、廉价溯源技术是标签技术，以物联网应用技术为基础构建的食品质量安全标签追溯体系可以有效掌握食品的营养信息、生产过程信息、产地信息，对于发展安全的食品产业链条和建立覆盖全面产业链的安全溯源系统具有重要支撑作用。同位素指纹溯源技术是有效的食品及污染物溯源手段，但污染物溯源及举证常常受成本、技术、环境和社会的复杂性制约。矿物元素指纹溯源技术是有效的食品原产地溯源手段之一。光谱指纹溯源技术是快速、廉价的溯源手段，但其针对的食品对象有一定的局限性。

## （四）预警技术

预警是一种提供有关有害事件信息的分析过程。预警信息的基本判断主要有两个方面：一是预警的数据来源是信息的收集过程，全面收集、汇总多因素的风险信息，即预警指标数据的采集；二是预警决策管理是信息处理、反馈过程，通过对相关信息收集、汇总、分析、归纳等处理，判断事物发展的走势，进行合理预测，提出不同警情的对策建议。基于大数据和人工智能的食品安全溯源及预警系统，通过大数据技术对食品流通各个环节所收集的原始数据，进行初步的数据过滤和抽样分析，获取宏观的数学模型和预警信息。常用的风险预警模型分析方法有层次分析法、支持向量机、反向传播神经网络、贝叶斯网络等。预警技术的建立，有利于食品安全管理工作的前移，实现食品安全风险的被动应对到主动发现的模式转变。

## 二、食品安全科学技术发展的政策支持

食品安全科学技术的发展需要经费的投入，我国政府历来重视对食品安全相关技术研发的经费支持，在我国重要的科研资助项目中，均设有食品安全相关的资助方向或资助专项。

## （一）科技部"食品安全关键技术研发"重点专项

科技部专门设立了"食品安全关键技术研发"重大科技专项，加强技术攻关与集成，应用示范与对策研究并重。以食品安全监控技术研究为突破口，针对一些我国迫切需要控制的食源性危害进行系统攻关，大力加强关键检测、监控技术与仪器设备研究开发研究，特别是农药与兽药残留、食品添加剂、饲料添加剂、环境持久性有毒污染物、生物毒素、违禁化学品、食源性疾病和人畜共患病病原体的监测与溯源技术及设备的研究；重点是对于食品安全标准体系的提升与完善，包括食品安全标准总体设计与重要标准和技术措施的制订；为推动"从农田到餐桌"全过程监管，以市场为导向促进政府、科技界、产业界紧密合作，开展了地方科技综合示范；开展食品安全科技战略与对策研究。希望以专项实施带动食品安全科技动力建设，带动食品安全人才培养和基地建设，以食品安全带动农产品安全生产，形成我国食品安全科技体系，推动食品安全科技工作的全面开展。

专项的总体目标为：针对我国食品源头污染严重、生产储运控制薄弱、监管支撑能力不足等突出问题，开展抗生素、生物毒素等重要危害物毒性机制、迁移转化规律及安全控制机制等基础研究，推进过程控制、检验检测、监测评估、监管应急等关键共性技术研发，强化区域和产业链融合综合示范。到2021年，阐明重要危害物的毒性机制、控制机制等，为科学有效保障食品安全提供重要的理论基础。在过程控制领域，实现从传统的危害分析与关键控制点向全链条控制技术转变；在检测领域，实现从定向检测到定向检测与非靶向筛查结合的转变；在监测评估领域，实现从动物实验为基础的传统评估向以人群为基础的新型评估的转变；在监管应急领域，实现从传统经营模式监管向传统与新兴经营模式监管并重的转变；建立国家溯源预警网络，实现食品安全事后监管向事前防控的转变，最终实现我国食品安全从"被动应对"到"主动保障"，全面提升食品安全保障水平，为确保人民群众"舌尖上的安全"提供技术支撑。

## （二）国家自然基金

2009年，国家自然科学基金委员会生命科学部开始设立食品科学学科，主要资助食品科学方面的基础研究，包括以食品及其原料为研究对象的食品生物学、食品化学和食品安全与质量等相关领域的基础研究。近年来，本学科需要重点关注的研究领域包括：自主知识产权的食品微生物菌种筛选、调控与发酵剂制备，食品酶表达系统及食品酶工程，食品营养组分及其加工过程中的变化规律与互作机制，食品绿色加工与综合利用的生物学基础，食品储运与采后品质的调控机制，食品有害物的形成机制、检测及控制，食品真实性及溯源，食品风味物质的分离、解析及形成机制。

# 第五节　消费者：公众参与体系

消费者是食品产品的最终购买者、使用者，以及食品安全监督管理体系的主要保护对象。消费者参与是食品安全社会共治的必然要求和重要组成部分，食品安全治理中的消费者参与既包括消费者的个人参与，也包括以社会组织为载体的组织参与。消费者参与是食品安全治理在社会层面的核心要素，需要充分引导其发挥出独特优势。

　　消费者参与食品安全管理是公众民主参与制度在食品安全领域的体现。公众参与民主制度是公共权力在立法、制定政策、决定事务或进行治理时，公众及利害相关者通过开放途径向公共权力机构提供信息、发表意见，以反馈互动的方式影响公共决策及治理行为的活动。保持消费者参与食品安全管理途径的畅通，是建设服务型政府的内在要求，也是推进服务型政府建设的必然路径。

## 一、消费者参与食品安全管理的权利来源

　　在我国法律体系中专门设立了《中华人民共和国消费者权益保护法》，以保护消费者的合法权益，维护社会经济秩序，促进社会主义市场经济健康发展。该法律赋予了消费者监督检举、成立协会组织和参与政策制定等方面的权利。在监督检举方面，该法第十五条规定："消费者享有对商品和服务以及保护消费者权益工作进行监督的权利。消费者有权检举、控告侵害消费者权益的行为和国家机关及其工作人员在保护消费者权益工作中的违法失职行为，有权对保护消费者权益工作提出批评、建议。"在成立协会组织方面，该法第十二条规定："消费者享有依法成立维护自身合法权益的社会组织的权利。"第三十六条规定："消费者协会和其他消费者组织是依法成立的对商品和服务进行社会监督的保护消费者合法权益的社会组织。"第三十七条规定："各级人民政府对消费者协会履行职责应当予以必要的经费等支持。消费者协会应当认真履行保护消费者合法权益的职责，听取消费者的意见和建议，接受社会监督。依法成立的其他消费者组织依照法律、法规及其章程的规定，开展保护消费者合法权益的活动。"在参与政策制定方面，该法第三十条规定："国家制定有关消费者权益的法律、法规、规章和强制性标准，应当听取消费者和消费者协会等组织的意见。"

## 二、消费者参与食品安全管理的优势

### （一）全面性优势

　　对于食品安全治理而言，政府监管能够带来一系列积极效应，其显著特征是政府以公共利益为目标，进行相关制度的安排，从总体上把握食品安全治理的发展方向。但是政府监管也可能存在不足，在食品安全领域表现为监管范围有限，其主要原因是我国食品生产与经营状态较为复杂。公众参与食品安全治理则可以充分发挥其外部监督作用，从而拓展食品安全监管范围。

### （二）主体性优势

　　在我国，一切权力的源头是人民，一切权力属于人民。消费者既可以监管食品生产企业，也可以监管负责管理食品安全事务的行政部门。

## 三、消费者参与食品安全管理的方式

### （一）个人投诉举报

　　（1）电话举报。2011 年，国家食品药品监督管理总局设立了全国统一的食品投诉电话"12331"，接受食品安全相关的消费者投诉。2019 年，由于行政机构改革，整合了工商、质检、食品药品、物价、知识产权等投诉举报热线电话，将"12315""12365""12331""12358"

"12330"等统一整合为"12315"热线，以"12315"一个号码对外提供市场监管投诉举报服务，国家市场监督管理总局统筹全系统"12315"的话务管理工作。

（2）网络平台。2017年开通的全国"12315"平台，负责接收消费者诉求、分流消费者诉求、处理消费者诉求、反馈消费者诉求处理结果、督办消费者诉求处理工作。各级工商部门可以实时掌握本辖区接收消费者投诉、举报情况和下级工商部门处理消费者诉求的情况。2022年，国家市场监督管理总局正式上线全国"12315"移动工作平台，为总局、省、市、县、所5级提供高效、安全的移动办公平台，实现了"12315"办理向移动端延伸，切实提升了"12315"工作效能，更好地服务群众。

### （二）成立消费者协会

消费者协会是对商品和服务进行社会监督的保护消费者合法权益的社会组织。消费者协会和其他消费者组织是依法成立的对商品和服务进行社会监督的保护消费者合法权益的社会组织。消费者协会履行下列公益性职责。

（1）向消费者提供消费信息和咨询服务，提高消费者维护自身合法权益的能力，引导文明、健康、节约资源和保护环境的消费方式。

（2）参与制定有关消费者权益的法律、法规、规章和强制性标准。

（3）参与有关行政部门对商品和服务的监督、检查。

（4）就有关消费者合法权益的问题，向有关部门反映、查询，提出建议。

（5）受理消费者的投诉，并对投诉事项进行调查、调解。

（6）投诉事项涉及商品和服务质量问题的，可以委托具备资格的鉴定人鉴定，鉴定人应当告知鉴定意见。

（7）就损害消费者合法权益的行为，支持受损害的消费者提起诉讼或者依照本法提起诉讼。

（8）对损害消费者合法权益的行为，通过大众传播媒介予以揭露、批评。

### （三）参与政策制定

（1）消费者个人或群体可以借助人民代表大会制度和政治协商会议制度向政府部门提交食品安全相关的政策建议。例如，在2022年全国两会上，有全国政协委员提出了关于加强农产品质量安全监管的提案，提出严格农药兽药生产经营管理、提升科学种植/养殖水平、加大农产品监测力度、改进监管方式方法、完善协调联动机制5条建议；还有全国代表人大代表建议对未成年人食品安全专门立法："通过未成年人食品安全的专门立法，或相关部门研究制定国家标准、行业标准，对未成年人食品的营养成分标识、食品添加剂要求、食品安全标准等进行明确规定，确保未成年人'舌尖上的安全'"。

（2）相关食品安全标准制定过程中的意见征求。《食品安全国家标准管理办法》规定在标准起草、审查等环节均要体现公开透明原则。要求标准在起草完成后，应当书面征求标准使用单位、科研院校、行业和企业、消费者等各方面意见。经审评委员会秘书处初审通过的标准，要在卫生部（现国家卫生健康委员会）网站上公开征求意见。鼓励社会广泛参与食品安全国家标准制（修）订工作。任何单位和个人都可以提出标准制（修）订的建议，对公开征求意见的标准草案发表意见，对标准实施过程中存在的问题提出意见和建议。

# 思 考 题

1. 为什么要鼓励开展食品安全社会共治？
2. 参与食品安全社会共治的社会主体有哪些？它们在食品安全监督中具有哪些优势？
3. 食品安全相关的第三方机构是否必须为非政府机构？食品行业协会能否算作第三方机构？
4. 新媒体环境下，公众参与食品安全监督管理的途径有哪些变化？

（编者：郭明璋，罗云波）

# 主要参考文献

曹世源，周莉莉，张鑫，等．2020．食品安全风险及其在食品质量管理中的运用．食品安全导刊，(9)：32．

岑俏媛，向诚，姚缀，等．2019．HACCP体系在食品行业中的应用研究进展．广东农业科学，46 (6)：133-141．

陈君石．2009．风险评估在食品安全监管中的作用．农业质量标准，(3)：4-8．

陈思，罗云波，李宁，等．2019．我国食品安全保障体系的新痛点及治理策略．行政管理改革，(1)：68-72．

陈彦丽．2012．市场失灵、监管懈怠与多元治理——论中国食品安全问题．哈尔滨商业大学学报：社会科学版，(3)：59-64．

陈宗岚．2016．中国食品安全监管的制度经济学研究．北京：中国政法大学出版社．

高静．2019．食品安全应急管理中预警体系的构建．中国质量与标准导报，(11)：36-39．

国家食品安全风险评估中心．2016．食品安全风险交流理论探索．北京：中国标准出版社．

姜雪，王涛，陈娜．2017．浅谈我国预包装食品标签法规体系的演进与现况．饮料工业，20 (2)：67-70．

焦鹏．2008．现代指数理论与实践若干问题的研究．厦门：厦门大学博士学位论文：174．

李鑫，黄登宇．2017．追溯技术在食品追溯体系中的研究进展．食品安全质量检测学报，8 (5)：1903-1908．

刘玮，路颖，于庆潭．2021．分子生物学技术在生物战病原微生物检测中的应用．国际检验医学杂志，42 (23)：2927-2930．

刘兆平．2018．我国食品安全风险评估的主要挑战．中国食品卫生杂志，30 (4)：341-345．

刘智英．2021．大数据技术下食品安全检验检测评估体系构建．中国测试，(S01)：1-3．

卢江．2020．对我国食品安全重大风险早期识别与快速预警机制建设的思考．中国食品卫生杂志，32 (2)：113-117．

罗云波．2015．食品质量安全风险交流与社会共治格局构建路径分析．农产品质量与安全，(4)：3-7．

罗云波．2018．食品安全管理工程学．北京：科学出版社．

罗云波，吴广枫．2008．从国际食品安全管理趋势看我国《食品安全法（草案）》的修改．中国食品学，(3)：1-4．

罗云波，吴广枫，张宁．2019．建立和完善中国食品安全保障体系的研究与思考．中国食品学报，19 (12)：6-13．

孟强，蔡文静，刘牧云．2021．食品安全突发事件应急管理体系建设的国际经验及启示——基于对美国、欧盟的考察．食品与机械，(8)：100-104．

缪娟，杜亚琼，李丹，等．2022．共同守护食堂安全——学校食堂食品安全监督管理的探讨．中国质量，491 (5)：112-114.DOI:10.16434/j.cnki.zgzl.2022.05.017．

钱和，王周平，郭亚辉．2020．食品质量控制与管理．北京：中国轻工业出版社．

秦俊莲，徐宁宁．2021．食品微生物检测技术和方法研究进展．食品安全导刊，(31)：174-176．

秦文，王立峰．2016．食品质量与安全管理学．北京：科学出版社．

任晨宇．2019．媒体参与食品安全规制机制研究．天津：天津财经大学硕士学位论文．

任万杰，曲志勇．2016．食品安全应急管理体系的现状及建议．食品安全导刊，(27)：49-50．

任筑山，陈君石．2016．中国的食品安全：过去、现在与未来．北京：中国科学技术出版社．

邵培．2016．第三方检测机构在我国食品安全监管体制中的角色作用研究．北京：首都经济贸易大学硕士学位论文．

谭琪．2013．我国食品安全的行业协会监督法律机制研究．重庆：西南政法大学硕士学位论文．

田卓，屈菲，薛伟锋，等．2020．预包装食品标签常见问题及分析．食品安全质量检测学报，11 (4)：1048-1052．

王柏兴．2018．预包装食品标签标识中常见问题的分析．现代食品，(12)：20-21．

王成．2014．食品安全与社会主义市场经济发展的关系．经济论坛，(2)：134-136．

王春艳，韩冰，李晶，等．2021．综述我国食品安全标准体系建设现状．中国食品学报，21 (10)：359-364．

王浩．2020．食品质量管理中食品安全风险分析的作用．食品安全导刊，(18)：67．

王虹，王成杰，刘向阳，等．2021．进口食品追溯体系的现状及发展趋势．食品与发酵工业，47 (13)：303-309．

王婧, 彭斌, 江生, 等. 2019. 食品安全风险预警研究现状与展望. 食品安全导刊, (21): 167-169.

王萌, 郑床木. 2020. 国家重点研发计划"食品安全关键技术研发"专项解析. 中国食物与营养, 26 (5): 23-28.

王硕. 2014. 食品安全快速检测技术研究动态. 食品安全质量检测学报, 5 (7): 1911-1912.

王卫华. 2006. 论市场经济条件下政府经济行为的优化. 集团经济研究, (01X): 109-110.

王雯慧. 2019. 食品溯源 用科技手段助力食品安全. 中国农村科技, (6): 21-24.

王晓明, 陈开兵. 2018. 电子鼻在食品分类和检测系统中的应用. 滁州职业技术学院学报, 17 (4): 52-54.

魏益民, 郭波莉, 赵海燕, 等. 2012. 论食品溯源技术研究方法与应用原则. 中国食品学报, 12 (11): 8-13.

吴广枫, 陈思, 郭丽霞, 等. 2014. 我国食品安全综合评价及食品安全指数研究. 中国食品学报, 14 (9): 1-6.

武鹏. 2017. 我国食品安全监督管理体制现存问题及对策研究. 中国卫生产业, 14 (10): 63-64.

徐国民, 肖文晖. 2019. ISO 22000:2018 食品安全管理体系标准关键变化和应对措施探讨. 标准科学, (5): 117-121.

徐海燕. 2017. 食品安全治理中的媒体监督研究. 上海: 华东政法大学硕士学位论文.

许巍巍. 2016. 食品安全溯源系统平台的设计与研究. 秦皇岛: 燕山大学硕士学位论文.

杨成彬, 王勇, 刘刚. 2021. 食品检验检测体系存在的问题及完善对策. 科技创新与应用, 11 (22): 135-137.

杨小琪, 张志强, 孙成均, 等. 2018. 食品安全标准与监管的思索. 标准科学, (6): 33-39.

姚春晓, 宋波, 吴素芳, 等. 2021. HACCP 体系在冷链即食食品生产中的应用. 食品工业, 42 (6): 342-346.

于丹. 2019. 食品检测中的前处理新技术. 食品安全导刊, (15): 117.

张红凤, 吕杰, 王一涵. 2019. 食品安全监管效果研究: 评价指标体系构建及应用. 中国行政管理, 19 (7): 132-138.

张鸿雁. 2019. 食品安全风险分析理论与应用. 北京: 科学出版社.

张敏哲. 2021. 我国农产品质量安全检验检测体系的现状和措施分析. 农业开发与装备, (4): 76-77.

张彦楠, 司林波, 孟卫东. 2015. 基于博弈论的我国食品安全监管体制探究. 统计与决策, (20): 61-63.

赵雨菡, 侯永萍, 于晶, 等. 2021. 预包装食品标签中常见不合格项分析. 食品安全质量检测学报, 12 (12): 5039-5045.

郑莉莹. 2016. 我国食品安全预警体系的建立研究. 食品安全导刊, (3): 21-22.

支桃英. 2021. 预包装食品标签中常见问题及对策. 食品安全导刊, (19): 44-46.

钟欣, 郭少雅. 2015-10-13. 社会共治, 形成合力. 农民日报.

周才琼, 张平平. 2016. 食品标准与法规. 北京: 中国农业大学出版社.

Al-Busaidi M. A., Jukes D. J., Bose S. 2017. Hazard analysis and critical control point (HACCP) in seafood processing: An analysis of its application and use in regulation in the Sultanate of Oman. Food Control, 73: 900-915.

Bakri J. M., Maarof A. G., Norazmir M. N. 2017. Confusion determination of critical control point (CCP) via HACCP decision trees. International Food Research Journal, 24(2): 747-754.

FAO. 1996. Rome Declaration on World Food Security and the World Food Summit Plan of Action. http://www.fao.org/docrep/003/w3613e/w3613e00.HTM[2022-12-20].

Jayan H., Pu H. B., Sun D. W. 2020. Recent development in rapid detection techniques for microorganism activities in food matrices using bio-recognition: A review. Trends in Food Science & Technology, 95: 233-246.

Joshi R., Banwet D. K., Shankar R. 2011. A Delphi-AHP-TOPSIS based benchmarking framework for performance improvement of a cold chain. Expert Systems Appl, 38(8): 10170-10182.

Malde R. 2015. Food Control. Oxford: Elsevier Publ Inc.

Mashile G. P., Nomngongo P. N. 2017. Recent application of solid phase based techniques for extraction and preconcentration of cyanotoxins in environmental matrices. Critical Reviews in Analytical Chemistry, 47(2): 119-126.

Muller L., Ruffieux B. 2020. What makes a front-of-pack nutritional labelling system effective: the impact of key design components on food purchases. Nutrients, 12(9):DOI: 10.3390/nu12092870.

Song Y. H., Yu H. Q., Tan Y. C., et al. 2020. Similarity matching of food safety incidents in China: Aspects of rapid emergency response and food safety. Food Control, 115: 107275.

Temple N. J., Fraser J. 2014. Food labels: A critical assessment. Nutrition, 30(3): 257-260.

Tonkin E., Coveney J., Meyer S. B., et al. 2016. Managing uncertainty about food risks-Consumer use of food labelling. Appetite, 107: 242-252.

Wu Y. N., Liu P., Chen J. S. 2018. Food safety risk assessment in China: Past, present and future. Food Control, 90: 212-221.

Yang J. H., Lin Y. B. 2019. Study on evolution of food safety status and supervision policy—a system based on quantity, quality, and development safety. Sustainability, 11(23): 6656.

Zhang Y. 2020. Food safety risk intelligence early warning based on support vector machine. Journal of Intelligent & Fuzzy Systems, 38(6): 6957-6969.